DIMENSIONEN

DIMENSIONEN

Figuren und Körper in geometrischen Räumen

Thomas F. Banchoff

Aus dem Amerikanischen übersetzt von
Susanne Krömker

Erschienen bei Spektrum DER WISSENSCHAFT in Heidelberg

Für meine Frau Lynore und unsere Kinder
Tom, Ann und Mary Lynn

Inhalt

Vorwort

Seit mehr als einem Jahrhundert fasziniert uns die Vorstellung, daß Objekte in verschiedenen Dimensionen existieren können – seien es nun höhere oder niedrigere als die vertrauten drei Raumdimensionen. Was bedeutet es, daß ein Objekt in mehr oder weniger als drei Dimensionen existiert? Dieses Buch behandelt eine ganze Reihe von Themen, bei denen der Dimensionsbegriff im Mittelpunkt steht, und zeichnet die verschiedenen Wege nach, auf denen Mathematiker und andere auf diesen Begriff gestoßen sind.

In vielen Zweigen der Mathematik hat man sich die Vorstellung der Dimension zunutze gemacht, um neue Einsichten zu gewinnen, aber allen voran entwickeln Geometer eine Vorliebe für Phänomene, die man sich in einer ganzen Reihe von Dimensionen vorstellen kann. Wissenschaftler, Philosophen und Künstler haben sich ebenfalls durch die Betrachtung der verschiedenen Dimensionen inspirieren lassen, und für diesen Einfluß gibt es zahlreiche Beispiele in den Kapiteln dieses Buches. In den vergangenen Jahren haben einige ausgezeichnete Werke die Bedeutung des modernen Dimensionsbegriffs in der Physik, der Philosophie und der modernen Kunst herausgestellt. Viele dieser Titel sind im Verzeichnis der weiterführenden Literatur am Ende des Buches zusammengestellt.

Seit vierzig Jahren bin ich von diesem Thema fasziniert, und immer dann, wenn ich gerade dachte, daß ich die Sache verstanden hätte, zeigten sich völlig neue Seiten. Zunächst war Dimension nur ein geheimnisvolles Wort, auf das ich in einem Einzelbild eines Captain-Marvel-Comics stieß. Darin trifft der Junge Billy Batson in einem futuristischen Labor auf eine wie Einstein aussehende Figur, die ihm stolz erklärt: „Hier erforschen unsere Wissenschaftler die siebte, achte und neunte Dimension."

Gedankenwölkchen steigen von Billy Batson (und von mir) in die Höhe: „Ich frage mich, was mit der vierten, fünften und sechsten Dimension geschieht?" Wenig später begegnete ich in einem Comic mit dem Titel *Seltsame Abenteuer* der klassischen Vorstellung von einem Wesen aus einer höheren Dimension, das in unsere Welt in der gleichen Weise eindringt, wie wir die flache Welt der Oberfläche eines unbewegten Teiches zerschneiden können. Wie wir sehen werden, kehren diese scheinbar bizarren Ideen in wissenschaftlichen Untersuchungen wieder. Eine wichtige Anregung zu diesen Geschichten war, wie ich erst sehr viel später feststellte, der Klassiker *Flatland** aus dem 19. Jahrhundert, der weiterhin die beste Einführung in die Beziehungen zwischen den Welten der verschiedenen Dimensionen darstellt.

Als ich in meiner Schulzeit Geometrie lernte, stellte ich bald fest, daß sich das Thema der Dimensionen wie ein roter Faden durch alle Gebiete der Mathematik zieht – und durch viele Bereiche jenseits der mathematischen Welt. Entwurfzeichnungen von Architekten und Weltkarten sollen die dreidimensionale Information in die Papierebene projizieren – ein Unterfangen, dessen Möglichkeiten und Grenzen mir bald bewußt wurden. Die Formeln für Fläche und Volumen und die elementare Algebra machen Muster der Beziehungen zwischen der Geometrie der Ebene und der Geometrie des Raumes deutlich – und solche Muster haben mich immer wieder angeregt, Verallgemeinerungen auf eine vierte oder höhere Dimensionen zu betrachten: Wenn ich mich in ein neues mathematisches Gebiet eingearbeitet hatte, versuchte ich mir klar zu machen, was die verschiedenen Begriffe in

---

* Die deutsche Übersetzung erschien 1982 unter dem Titel *Flächenland*. (Anmerkung der Übersetzerin)

9

den unterschiedlichen Dimensionen bedeuten könnten, aber ich scheiterte häufig an meiner Unfähigkeit, mir diese höherdimensionalen Konzepte bildlich oder als Modell vorzustellen. Seit dem 19. Jahrhundert fand man immer wieder neue Ansätze, um das Phänomen höherer Dimensionen zu behandeln, und ich begeisterte mich ebenso für diese Ideen und entwickelte ebenfalls ein Gespür für die Unzulänglichkeit einer bildhaften Vorstellung der Dimensionen.

Eine erste Gelegenheit, einen Beitrag zur Visualisierung höherer Dimensionen zu leisten, hatte ich vor mehr als 20 Jahren als junger Assistent an der Brown-Universität, als ich mich zum ersten Mal mit Computergraphik beschäftigte. Damit ließen sich komplizierte dreidimensionale Formen auf einem Monitor darstellen und manipulieren, und dies bot ideale Möglichkeiten, sich auch komplizierteren Formen zu nähern, die aus höherdimensionaler Geometrie hervorgehen. Vieles von dem, was in diesem Buch angesprochen wird, ergibt sich aus einer Beschreibung der computergraphischen Möglichkeiten, verschiedene Dimensionen auf eine Art darzustellen, über die noch vor einer Generation nicht nachgedacht werden konnte. Nicht nur in der Geometrie, sondern auch auf anderen Gebieten wird in dieser Richtung geforscht, so daß neue Erkenntnisse, die wir beim Studium von Strukturen in höheren Dimensionen gewinnen, wachsende Bedeutung für Technik und Kunst bekommen. Einige dieser Einflüsse finden sich auch in diesem Buch, aber das meiste bleibt einstweilen der Zukunft vorbehalten.

An der Entwicklung dieses Buches haben viele Personen mitgewirkt, und ich habe versucht, dies in der Danksagung abschließend zu würdigen. Mein besonderer Dank gilt den Studenten, die die neue Kunst für dieses Projekt auf Computern der Brown-Universität erzeugt haben: Davide Cervone, Nicholas Thompson, Jeff Achter und Matthew Stone.

Kein Buch kann ohne Zusammenarbeit zwischen Autor und Verlag erscheinen, aber mit dem Team der Scientific American Library hat diese Zusammenarbeit in ganz besonderem Maße zum Gelingen des Projekts beigetragen. Daß die Sprache einigermaßen klar erscheint, ist zu großen Teilen der gründlichen redaktionellen Bearbeitung von Susan Moran und Rita Gold zu verdanken. Diane Maass sorgte für sorgfältige Fahnenkorrekturen. Alice Fernandes-Brown verdankt das Buch die Gestaltung, John Hatzakis das Layout sowie Travis Amos die Auswahl der Photos. Susan Stetzer koordinierte die Produktion. Die Idee für dieses Projekt geht auf Neil Patterson zurück, und die Realisierung verdankt das Buch vor allem meinem Lektor und Freund Jeremiah J. Lyons.

Thomas F. Banchoff
April 1990

1. Zur Einführung von Dimensionen

Mit einem Mikroskop sehen wir einer Amöbe zu, wie sie sich in ihrer praktisch zweidimensionalen Welt in dem engen Bereich zwischen Objektträger und Deckglas bewegt. Wir beobachten von oben, wie die Amöbe anderen ähnlichen Lebewesen begegnet, Nahrung aufnimmt und Feinden ausweicht. Ein Teil der Zellmembran bildet eine Außenlinie, die die Amöbe völlig umrandet und ihren Kern im Inneren vor der Bedrohung durch andere Lebewesen auf dem Objektträger bewahrt. Die Begriffe *Inneres* und *umranden* bedeuten für uns im dreidimensionalen Raum jedoch nicht das gleiche wie für die Bewohner dieses nahezu flachen Raumes. Keine Amöbe dieses Raumes kann je in direkten Kontakt mit dem Kern einer anderen kommen. Wir aber können aus einer anderen Richtung herabschauen und genau ins Innere des Organismus blicken. Der Kern ist nicht nur unserem Blick ausgesetzt, wir können ihn auch mit einer Spitze berühren — ein seltsames, beunruhigendes Gefühl für den überraschten Einzeller. Aus unserer dreidimensionalen Sicht nehmen wir die mikroskopische Welt in völlig anderer Weise wahr als ihre Bewohner.

Vor etwa hundert Jahren wurde diese Grundidee der Wechselbeziehung zwischen Wesen unterschiedlicher Dimension in einem ausgezeichneten Buch entwickelt, um den Lesern Mut zu machen, die Fesseln einer beschränkten Denkweise zu sprengen und sich neuen geistigen Perspektiven zu öffnen. Der Autor, Edwin Abbott Abbott, war Geistlicher und Rektor einer Schule im Viktorianischen England. Er engagierte sich als Führer einer sozialen Bewegung dafür, jungen Männern und Frauen aller sozialen Schichten gute Ausbildungsmöglichkeiten zu bieten — und wurde durch die vorherrschenden Einstellungen zur Sozialpolitik und die etablierten Ansichten über Erziehung und Religion häufig enttäuscht. Eines seiner fünfzig Bücher spricht uns heute noch besonders an: sein kleines Meisterwerk mit dem Originaltitel *Flatland**; es ist eine soziale Satire und gleichzeitig eine Einführung in das Konzept höherer Dimensionen.

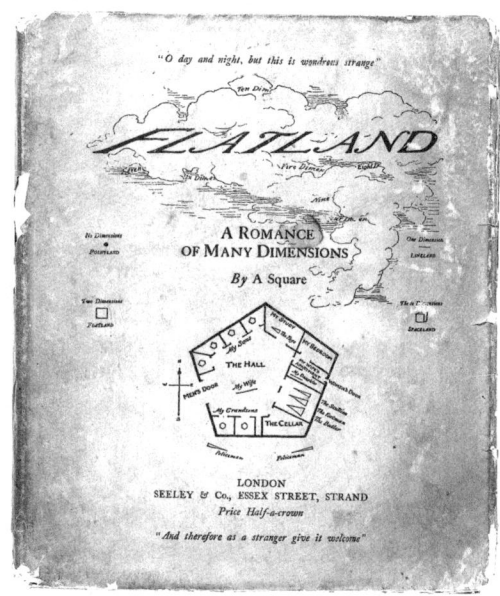

1.2 Das Titelblatt der 1884 erschienenen ersten Ausgabe von *Flatland* lud den Leser nicht nur in das Reich neuer Dimensionen ein, sondern sogar in das zweidimensionale Haus des Erzählers aus Plattland, Ein Quadrat. Auch wenn Ein Quadrat zu einer Zeit immer nur ein Zimmer sehen kann, ist sein Haus unserem Blick völlig offen.

1.1 Das Labyrinth illustriert die Beziehung zwischen zwei- und dreidimensionalen Welten. Wären wir fähig, auf eine zweidimensionale Welt herabzublicken, könnten wir jeden Teil der Struktur mit einem Blick so sehen, wie ein Vogel das gesamte Muster eines Labyrinths erkennt, das für den darin herumirrenden Wanderer unsichtbar bleibt.

---

* Um den satirischen Bezug von Abbotts Bezeichnung *Flatland* im Deutschen zu erhalten, wird im folgenden die Übersetzung *Plattland* und nicht *Flächenland* verwendet. (Anmerkung der Übersetzerin)

Abbott beschreibt ein ganzes Volk zweidimensionaler Wesen, die in der flachen Ebene leben und sich nicht der Existenz von irgend etwas außerhalb ihres eigenen Universums bewußt sind. Wie sie lebten, handelten und sich verständigten, ist eine faszinierende Geschichte, und der Erzähler, *Ein Quadrat*, bewährt sich vortrefflich darin, uns, die wir in „Raumland" leben, seine Gesellschaft und seine Welt zu erklären. Seine Aufgabe ist ungeheuerlich, denn schon unsere eigenen Schwierigkeiten, uns vorzustellen, wie die flache Welt ihren Bewohnern erscheint, ist nichts im Vergleich zu dem, was der zweidimensionale Erzähler leisten mußte — er kann unmöglich die ganze Realität von Raumland begreifen. Insbesondere vermag er die Art und Weise des völligen Einblickes in seine Existenz nicht zu erfassen — eine Einsicht, die wir besitzen. Wie ein Biologe die Bewegungen einer Amöbe beobachtet, können wir die sich ändernden Positionen der Wesen in Plattland erkennen. Wir können alle Teile eines Hauses und den Inhalt jedes Raumes, jeder Einzäunung gleichzeitig sehen. Vom Plattlandstandpunkt aus sind wir omnivident, allsehend. Es ist kaum ein Wunder, daß Ein Quadrat, als er zum ersten Mal von diesem überlegenen Sehvermögen hört, jedem, der es besitzt, Göttlichkeit zuschreibt.

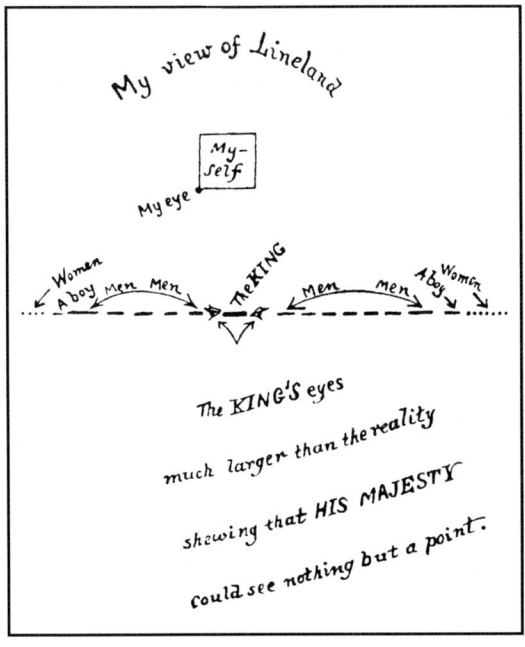

1.3 Ein Quadrat, wie er auf die Bewohner von Linienland schaut.

Um Ein Quadrat beim Verständnis der allumfassenden Einsicht von der dritten Dimension behilflich zu sein, stellt Abbott einen Vergleich der Dimensionen an. Er bittet Ein Quadrat, sich vorzustellen, wie es für ihn wäre, Linienland zu beobachten, ein eindimensionales Universum, das von Abschnitten bewohnt wird. Ein Quadrat könnte alle Wesen dieser Welt gleichzeitig sehen. Der König von Linienland, ein langer Abschnitt, wäre sehr erstaunt, wenn Ein Quadrat sein Inneres anstoßen würde, ohne eine seiner Extremitäten zu berühren.

Genau wie ein Plattlandwesen das gesamte Linienland sehen kann, haben wir im Raum einen übergeordneten Einblick in Plattland. In der Geschichte macht dieser Vergleich enormen Eindruck auf Ein Quadrat. Er fragt danach, wie es für ein Wesen der vierten Dimension wäre, „von oben herunter zu schauen" und alles im Dreiraum zu sehen, auch das Innere massiver Menschen. Was wäre mit Welten in fünf oder sechs Dimensionen, jede befähigt, auf ihren Vorgänger herabzuschauen, und jede offen für den allsehend erforschenden Blick der nächsten?

Abbott benutzte diesen eindrucksvollen Dimensionsvergleich, um die Frage zu stellen, wie wir die Welt sehen, wenn wir mit Transzendentem in Berührung kommen. Mehr als ein Jahrhundert lang haben Mathematiker und andere über die Natur höherer Dimensionen spekuliert, und heutzutage spielt der Begriff der Dimension in verschiedenen Bereichen eine immer wichtigere Rolle.

Die vielen Bedeutungen der Dimensionen

Architekten und Konstrukteure kalkulieren die Menge des benötigten Teppichbodens, Kabels und die Kapazität der Klimaanlage, wenn sie die Größe der Eingangshalle des Neubaues eines mathematischen Instituts

verdoppeln. Ein Radiologenteam untersucht eine Reihe von tomographischen Schichtaufnahmen, die den Tumor am Sehnerv eines Patienten zeigen und wie dieser auf die Behandlung im Laufe eines Monats anspricht. Eine Gruppe von Geologen, die sich mit globalen Erwärmungsmodellen beschäftigt, rekonstruiert die Klimageschichte des Mittleren Westens über einen Zeitraum von zehntausend Jahren. Eine Choreographin fordert ihre Schüler dazu auf, mit dem Rücken flach gegen eine Wand gelehnt zu tanzen. In einem interaktiv arbeitenden Labor für Computergraphik nutzen eine Mathematikprofessorin und ihre Studenten

1.4 Mit Hilfe moderner Computergraphik läßt sich die innere Struktur komplizierter mathematischer Objekte erforschen. Diese Bilder zeigen die sogenannte Pedalfläche einer Kurve im dreidimensionalen Raum; diese Fläche wird von Punkten sämtlicher die Kurve berührenden Ebenen erzeugt, wobei für jede Ebene der Punkt gewählt wird, der den geringsten Abstand zum Ursprung hat. Den roten Punkt der vollständigen Figur nennt man „Schwalbenschwanzkatastrophe" — die angeschnittenen Ansichten zeigen die Struktur der Fläche nahe bei einem solchen Punkt.

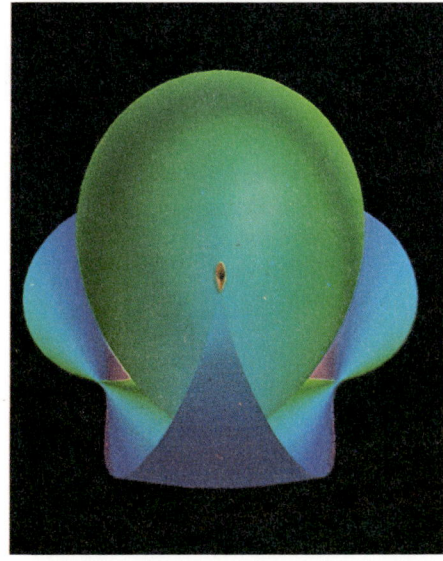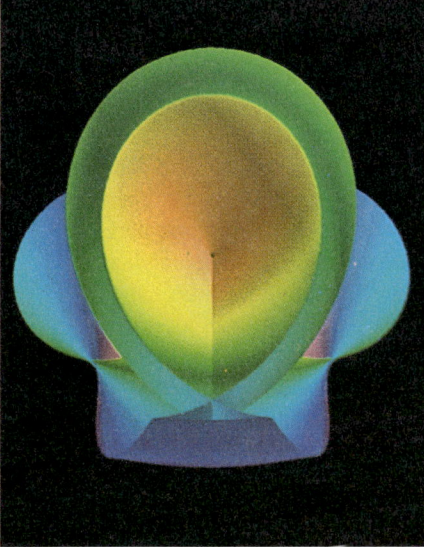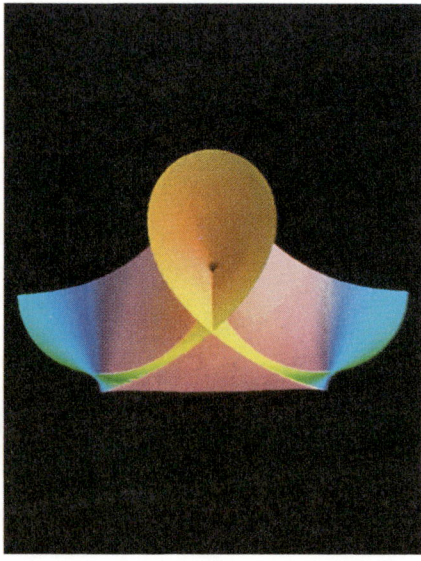

Computer zum Studium komplexer Oberflächen. Wie wir in den folgenden Kapiteln sehen werden, handelt es sich in all diesen Fällen um Anwendungen des Dimensionsbegriffs.

Wenn diese Beispiele auch alle von dem Begriff der Dimension Gebrauch machen, interpretieren sie ihn unterschiedlich. Das Wort *Dimension* wird umgangssprachlich in verschiedenen Bedeutungen verwendet, und es hat genauso verschiedene technische Bedeutungen. Wenn wir auf eine „neue Dimension" anspielen, bedeutet das fast immer, daß wir ein Phänomen in bezug auf eine neue Richtung vermessen. Das Wort kann als eine Metapher verwandt werden, zum Beispiel, wenn wir erkennen, daß eine eher „eindimensionale" Kollegin eine perfekte Gitarristin und Tontaubenschützin ist, was ihr zwei zusätzliche „Dimensionen der Persönlichkeit" verleiht. Im konventionellen Sprachgebrauch sind Dimensionen Maße, die den Ort näher bestimmen –, zum Beispiel die Länge, Breite und Tiefe der Position eines U-Bootes –, oder die Form beschreiben, – beispielsweise die Höhe oder den oberen und den unteren Radius einer spitz zulaufenden Fahnenstange. Eine Liste von Dimensionen kann auch andere Charakteristika enthalten, wenn wir einen Messing-Gong durch sein Gewicht, seine Dicke, den Radius, den Glanz und den Ton beschreiben. Wir brauchen auch Zeit wie Raum als Dimensionen, wenn wir uns um neun Uhr an der Ecke 4th Avenue und 23rd Street im 37. Stock mit jemandem verabreden. In den letzten Jahren haben Physiker damit begonnen, von elf- oder 26-dimensionalen Strings – eine Art „Kraftflächen" im Raum – zu reden. Mathematiker sprechen häufig von Strukturen im n-dimensionalen Raum.

Eine sehr gebräuchliche Art der Vorstellung von Dimension erhält man, wenn man „Freiheitsgrade" betrachtet. In diesem Fachbegriff der Physiker und Ingenieure steckt viel von unserer Alltagserfahrung, wie die folgende Szene zeigt. Eine Fahrerin befindet sich in einem Tunnel unter dem Hafen von Baltimore im Kriechtempo hinter einem großen Laster. Es gilt „Überholverbot". Sie steckt im Eindimensionalen fest und wird wirkungsvoll in der Schlange gehalten, blockiert durch die Fahrzeuge vor beziehungsweise hinter ihr.

Endlich außerhalb des Tunnels, ist sie wieder fähig, sich in zwei Dimensionen zu bewegen, denn jetzt hat sie einen zusätzlichen „Freiheitsgrad", nämlich die Spur nach links oder rechts zu wechseln. Wenig später sind alle Spuren durch Brückenarbeiten in Havre de Grace gesperrt. Lastwagen und PKWs haben sie von allen Seiten eingekeilt. Sie wünscht sich, in die einladende dritte Dimension entweichen zu können, wo ein Polizeihubschrauber ungehindert über dem Straßenverkehr schwebt. Ihre Freiheitsgrade sind nicht auf die räumlichen Dimensionen beschränkt. Sie könnte sich auch wünschen, auf andersdimensionale Weise ihr Problem verringert zu haben, nämlich mit der zeitlichen Dimension. Hätte sie nur ihre Fahrt so eingerichtet, daß sie zu einer ruhigeren Zeit ohne Verkehrsstau an der Brücke angekommen wäre.

Diese Begriffe der Dimensionen haben einige Wesenszüge gemeinsam, die wir besser einschätzen können, wenn wir versuchen, uns ein Bild von den dargestellten Beziehungen zu machen.

Dimensionen als Koordinaten

Fast alle diese Vorstellungen über Dimensionen gehen mit Zahleneinträgen (Koordinaten) einher, die einem Objekt oder Phänomen eine quantitative Größe zuschreiben. Beispielsweise kann die Fahrerin im Tunnel von Baltimore ihre Position dadurch bestimmen, daß sie die Hundertmetermarkierungen abliest und den Abstand zur Tunnelwand schätzt. Das bei weitem vertrauteste Beispiel solcher Koordinaten sind Länge, Breite und Höhe eines rechtwinkligen Kastens. Diese drei Zahlen geben die Gestalt des Kastens vollständig an. Wenn wir diese Zahlen einmal kennen, sind wir imstande, den Kasten zu bauen oder uns ein Bild davon zu machen, noch bevor er fertiggestellt ist. Wir können diese vertraute Vorstellung der Koordinaten eines Kastens zu Hilfe nehmen, um Datenstrukturen in verschiedenen Dimensionen — ein, zwei, drei und eventuell vier oder mehr Dimensionen — bildlich darzustellen.

In vielen mathematischen Anwendungen — von der Wirtschaftlichkeit des Gesundheitswesens bis zur Abbildung ferner Galaxien — besteht die zu behandelnde Information aus vielen unterschiedlichen Maßen der jeweiligen Beobachtung. Solchen komplizierten Datensammlungen einen Sinn abzugewinnen, ist eine der größten Anforderungen an Soziologen oder Physiker, und genau in diesem Bereich kann die Erfahrung von Mathematikern, die mit der Darstellung höherer Dimensionen vertraut sind, sehr hilfreich sein. Alle beobachtenden Wissenschaftler verlassen sich auf ihre Fähigkeit, Entwicklungstendenzen und Muster zu erkennen und Regelmäßigkeiten festzustellen, die zu vorhersagbarem Verhalten führen. Unser Gesichtssinn ist für die Wahrnehmung solcher Strukturen besonders gut ausgestattet. Unsere bildhafte Vorstellungskraft können wir sehr wirkungsvoll einsetzen, indem wir eine Reihe von Messungen für jede Beobachtung als einen Punkt im Raum geeigneter Dimension wiedergeben.

Eine Zahl genügt bereits, um die Körpergröße für jedes Mitglied einer Familie festzuhalten, und diese Koordinate kann für alle Personen auf derselben Zahlengeraden eingetragen werden, etwa am Türrahmen der Küchentür. Um sowohl Körpergröße als auch Spannweite der Arme für jedes Familienmitglied aufzuzeichnen, können wir die beiden Größen auf zwei verschiedenen Zahlengeraden markieren; es läßt sich aber sehr viel mehr Information festhalten, wenn wir die Daten auf einer zweidimensionalen Fläche, etwa einer Küchenwand neben der Türfüllung, darstellen. Für jedes Familienmitglied erhalten wir nun ein Rechteck, das Größe und Spannweite wiedergibt. Der deutlichste Vorteil einer zweidimensionalen Darstellung besteht darin, daß ein und derselbe Punkt an der Wand gleichzeitig Körpergröße *und* Spannweite der betreffenden Person anzeigt. Werden also zwei solche Eigenschaften gemessen, so führt das auf eine zweidimensionale Größe. Es fällt uns leichter, die Beziehungen zwischen den Größen zu erkennen, wenn sie im selben zweidimensionalen Diagramm dargestellt sind.

Als Beispiel für eine solche Beziehung zeigt sich bei den Körpermaßen von Erwachsenen, daß das Rechteck, das Größe und Spannweite aufzeichnet, im Mittel nahezu ein Quadrat ist. Wenn wir diese Tendenz einmal beobachtet haben, können wir die Dimension des Systems reduzieren. Wir brauchen die Spannweite nun nicht mehr aufzuzeichnen, weil sie sich aus der Körpergröße ableiten läßt. Dieses einfache Beispiel führt mitten hinein in die Methoden der modernen Datenanalyse.

17

Auch die Schuhgröße läßt sich zusätzlich zu Körpergröße und Spannweite für jedes Familienmitglied aufzeichnen, um wiederum den kleinsten rechtwinkligen Kasten zu bestimmen, der eine bestimmte Person repräsentiert. Die obere Ecke des Kastens gibt eine dreidimensionale Größe an, die alle drei Größen gleichzeitig aufzeichnet.

Die Aussagekraft dieses vertrauten Systems — sei es nun ein-, zwei- oder dreidimensional — wird offensichtlich, wenn wir damit ganz andere Beobachtungen beschreiben, die wenig mit Höhe, Breite und Länge zu tun haben. So können die drei Zahlen Körpergröße, Gewicht und Alter in demselben dreidimensionalen Gitter wiedergegeben werden, das wir für die räumlichen Koordinaten Größe, Armspanne und Schuhgröße verwendet haben.

Für ein-, zwei- und dreidimensionale Daten gibt es also sehr einfache schematische Darstellungsmöglichkeiten. Einträge auf einer Zahlengeraden, Punkte in einem Koordinatengitter auf einem Blatt Papier oder Punkte im Raum stehen gleichermaßen als Mittel der Darstellung einer Menge von Koordinaten zur Verfügung. Was aber, wenn wir uns für mehr als drei Messungen interessieren, sagen wir Größe, Spannweite, Gewicht und Alter? Wir hätten vier Meßwerte für jedes Familienmitglied. Wo sollten wir sie aufzeichnen, und wie könnten wir sie anschaulich darstellen?

Wenn wir die Daten einmal in einem vertrauten Gitter in zwei oder drei Dimensionen bildlich vor uns sehen, können wir Beziehungen erkennen, die uns einfach nicht auffallen, solange wir eine lange Liste von Meßwerten betrachten. Die Koordinatenstruktur bildet den Hintergrund, auf dem wir unsere Beobachtungen organisieren und unsere Einsichten gewinnen. Um die Daten auch für kompliziertere Situationen an-

schaulich darstellen zu können, müssen wir mit dem Koordinatengitter bei höheren Dimensionenen vertrauter werden.

Wie ein roter Faden zieht sich durch alle Überlegungen zu den Dimensionen der Versuch, die bei niedriger Dimension gewonnene Einsicht auf die nächsthöhere zu übertragen. Ein solcher Prozeß läuft zum Beispiel ganz automatisch bei uns ab, wenn wir um einen Gegenstand oder ein Gebäude herumgehen und dabei eine Folge von zweidimensionalen Bildern auf unserer Netzhaut visuell verarbeiten, aus denen unser Wahrnehmungssystem die Eigenschaften des dreidimensionalen Objekts rekonstruiert, von dem die Bilder hervorgerufen wurden. Wenn wir über unterschiedliche Dimensionen nachdenken, wird uns auch deutlich, was es heißt, ein Objekt bewußt zu sehen — eben nicht nur als eine Folge von Bildern, sondern eher als eine Form, ein im Geiste vorgestelltes Objekt. Dann können wir anfangen, diese Vorstellungskraft auch für Objekte heranzuziehen, die erst noch erforscht werden müssen, damit wir sie verstehen können, Objekte, die sich nicht im gewohnten Raum konstruieren lassen.

Fortschreiten zu höheren Dimensionen

Flatland war nicht der Anfang im Hinblick auf die Analogien der Dimensionen. Bereits in Platos Werk kann man die Aussagekraft solcher vergleichenden Betrachtungen verschiedener Dimensionen explizit feststellen. Im siebten Buch des *Staat* findet sich ein Dialog zwischen Sokrates und Glaukon über die Erziehung der Wächter in einem idealen Staat: Beginne mit den Grundrechenarten und dem Studium der Zahlengeraden, dann schreite fort zur ebenen Geometrie, die eine wesentliche Voraussetzung für jeden darstellt, der mit militärischer Verteidigung oder Stadtplanung betraut ist. Als Sokrates fragt, was darauf folgen solle, schlägt Glaukon die Astronomie vor. Sokrates schilt ihn, einen wesentlichen Schritt ausgelassen zu haben: das Studium der räumlichen Geometrie, ein Fach, das seiner Ansicht nach damals in den Schulen vernachlässigt wurde. Man müsse von der ersten Dimension zur zweiten und dann zur dritten fortschreiten, bevor man soweit sei, die Bewegungen der Himmelskörper betrachten zu können.

Plato erkannte, daß die Dimensionen aufeinander aufbauen, und er wußte, wie wirkungsvoll Analogien genutzt werden können, um die Sätze der räumlichen Geometrie mit Hilfe korrespondierender Sätze der ebenen Geometrie zu verstehen. Aber tatsächlich hat er sich durch die Suggestion des Fortschreitens von einer räumlichen Dimension zur zweiten und dritten nicht weiter in eine vierte Dimension tragen lassen. Dieser Schritt erfolgte erst viel später, Anfang des 19. Jahrhunderts, als Mathematiker in verschiedenen Teilen der Welt sich neuen Denkweisen in der Geometrie öffneten. Den Durchbruch bildete die Entdeckung der Nichteuklidischen Geometrien, die mit einer einzigen Ausnahme alle Axiome erfüllen, die Euklid für die ebene Geo-

metrie aufgestellt hatte. (Wir kommen darauf in Kapitel 9 zurück.) Ein weiterer entscheidender Schritt war die Erkenntnis der Mathematiker, daß unsere ebene und räumliche Geometrie den Anfang einer Reihe von Geometrien immer höherer Dimensionen bildet. Beide Entwicklungen waren eine Herausforderung für die herrschende Lehrmeinung, daß Geometrie völlig an die Beschreibung direkter physikalischer Erfahrbarkeiten gebunden sei. Die Unfähigkeit, zu erkennen, was Nichteuklidische und höherdimensionale Geometrien bedeuten, hat viele veranlaßt, sie zu verwerfen. Autoren wie Abbott, Carl Friedrich Gauß und Hermann von Helmholtz zogen Analogien zwischen Dimensionen, um die neuen mathematischen Ergebnisse der Vorstellungskraft näherzubringen.

Die Analogie ist sicherlich der entscheidende Gedanke in der Geschichte der Vorstellung der Dimensionen. Wenn wir einen Satz der ebenen Geometrie wirklich verstehen, sollten wir in der Lage sein, einen oder mehrere analoge Sätze in der räumlichen Geometrie zu finden, und umgekehrt werden die Sätze der räumlichen Geometrie häufig neue Beziehungen zwischen ebenen Objekten nahelegen. Die Sätze über Quadrate sollten den Sätzen über Würfel oder Quader entsprechen. Sätze über Kreise sollten den Sätzen über Sphären oder Zylinder oder Kegel ähneln. Und wenn wir schon soviel beim Fortschreiten von zwei zu drei Dimensionen lernen, werden wir dann nicht noch sehr viel mehr lernen, wenn wir von drei zu vier Dimensionen übergehen?

Die Mathematiker haben verschiedene Wege eingeschlagen, indem sie Abfolgen analoger Figuren auf der Dimensionsleiter entwickelten, wobei sie auf der untersten Ebene anfingen. Eine mögliche Entwicklung beginnt mit einem Punkt, der die Dimension Null und keinen Freiheitsgrad besitzt.

Den Punkt in gerader Linie zu bewegen, erzeugt eine Strecke mit zwei Endpunkten, ein grundsätzlich eindimensionales Objekt. Eine Strecke, senkrecht zu sich selbst in der Ebene bewegt, ergibt eine Figur mit vier Ecken, ein Rechteck oder ein Quadrat, die Grundfigur in der zweiten Dimension. Um in die dritte Dimension zu gelangen, verschieben wir ein Quadrat senkrecht zu sich selbst, so daß ein Würfel entsteht, ein dreidimensionales Grundobjekt. Auch wenn Ein Quadrat aus Plattland diesen Vorgang nicht länger vollständig erfassen könnte, wäre es ihm möglich, auf einer theoretischen Ebene zu folgen und auf gewisse Ei-

Eine Betrachtung der Ränder führt zu einer anderen Entwicklung. Eine Strecke hat zwei Randpunkte. Ein Quadrat ist von vier Strecken begrenzt. Der Rand eines Würfels besteht aus sechs Quadraten. Dieser Entwicklung folgend erwarten wir, daß der Hyperkubus durch Würfel berandet sein wird und daß acht solche Würfel existieren. Die Formel für die Anzahl der Randobjekte beliebiger Dimension läßt sich durch eine arithmetische Entwicklung bestimmen.

Existiert dieser Hyperkubus wirklich? Mathematiker fühlten sich in dieser Frage nicht zuständig. Sie können die Anzahl der

1.5 Um von einer Dimension zur nächsthöheren fortzuschreiten, kann die Grundfigur senkrecht zu sich selbst verschoben werden (schwarze Linien).

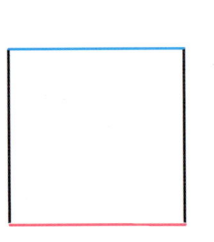
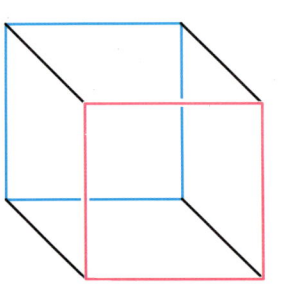
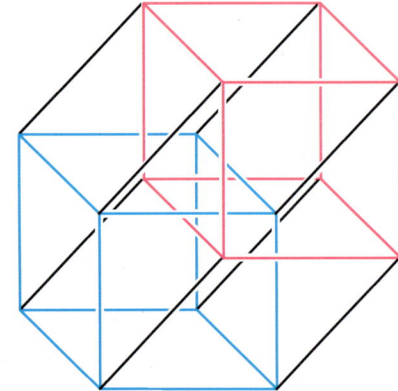

genschaften dieses Würfels, den er nicht sehen kann, zu schließen – beispielsweise, daß der Würfel acht Ecken hat. Nun fragen wir uns, was passiert, wenn wir einen Würfel entlang einer vierten Richtung senkrecht zu allen seinen Kanten verschieben. Wir würden ein vierdimensionales Grundobjekt erhalten, einen Hyperwürfel oder Hyperkubus, und auch wenn wir diesen Vorgang nicht länger vollständig begreifen können, so läßt sich voraussagen, daß solch ein Hyperkubus 16 Ecken besitzen wird. Die Anzahl der Eckpunkte erzeugt eine geometrische Entwicklung, und wir erhalten so eine Formel für die Anzahl der Ecken eines Würfels beliebiger Dimension.

Ecken und Randobjekte würfelähnlicher Gebilde in beliebiger Dimension angeben, unabhängig davon, ob sie nun einer physikalischen Wirklichkeit entsprechen oder nicht. Allerdings sind diese Zahlen immer noch unbefriedigend. In der ebenen Geometrie waren die Objekte nicht nur real, sondern sie konnten auch als Diagramme oder Modelle dargestellt werden, die etwas über bedeutsame Beziehungen aussagen. Wie aber läßt sich ein Hyperkubus anschaulich vorstellen? Wenn wir ihn nicht sehen können, woher wissen wir dann, daß unsere Annahmen darüber richtig sind?

Die Geometer haben während des letzten Jahrhunderts Methoden zur Darstellung von Objekten höherer Dimensionen ersonnen, und diese Methoden sind eine nähere Betrachtung – wir werden sie in diesem Buch eingehender untersuchen. Die Abbildungs- und Modellierungstechniken von vor hundert Jahren sind zwar in mancher Hinsicht sehr raffiniert, bringen aber oft auch unbefriedigende Einschränkungen mit sich und sind letzlich für die Interpretation komplizierter vierdimensionaler Objekte unzulänglich. Schließlich wurde die höherdimensionale Geometrie nicht nur auf Analogien, sondern auch auf Koordinaten gestützt, mit deren Hilfe sich die geometrischen Begriffe in eine numerische und algebraische Form bringen lassen. Auch wenn solche formalen Methoden den Mathematikern festen Boden unter den Füßen gaben, ging der Wunsch, höhere Dimensionen zu „sehen", nicht in Erfüllung.

Die Aufgabe, Objekte und Beziehungen in vier und mehr Dimensionen darzustellen, läßt sich heute mit einem idealen Instrument, nämlich modernen Graphikcomputern, in Angriff nehmen.

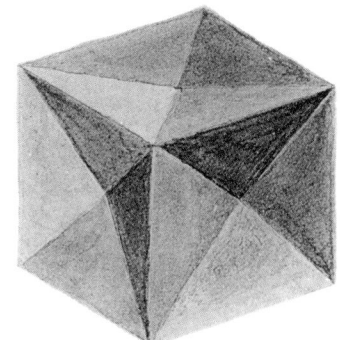

1.6 Stringham benutzte im Jahre 1880 Methoden der analytischen Geometrie, um Abbildungen zu produzieren, die regelmäßige, teilweise vollständig vierdimensionale Objekte in den dreidimensionalen Raum projiziert.

Eine Revolution
der Darstellungstechnik

Graphikcomputer sind das jüngste Beispiel in einer Reihe von Erfindungen, die unserer Vorstellung früher unzugängliche Bereiche erschlossen haben. Vor vier Jahrhunderten richtete Galileo Galilei sein Fernrohr auf Jupiter und sah dessen Monde, eine schier unglaubliche Erscheinung in einer Zeit, als sich nach dem herrschenden Dogma alle Himmelskörper um die Erde drehen sollten. Heutige Teleskope – die Nachfahren des Galileischen Fernrohrs – machen inzwischen Quasare sichtbar, die Billionen von Lichtjahren entfernt sind.

Ein Jahrhundert nach Galilei gelang es Antonie van Leeuwenhoek, mit seinem Mikroskop in Welten vorzudringen, von denen man sich zuvor nicht hätte träumen lassen; er spürte winzige Tiere und Pflanzen und sogar kleinste Bestandteile in unserem eigenen Blut und Sperma auf.

Hochleistungselektronenmikroskope machen heute Mikrostrukturen sichtbar, die um Größenordnungen kleiner sind – darunter auch die Struktur der Erbsubstanz.

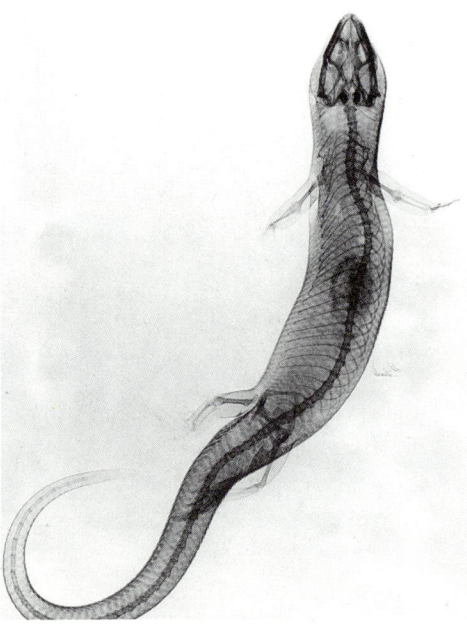

1.7 Ein Röntgenbild liefert ein zweidimensionales Bild vom Inneren eines Salamanders.

Seit der Entdeckung der Röntgenstrahlung im Jahre 1895 durch Wilhelm Conrad Röntgen kann man das im Inneren unseres Körpers verborgene Skelett mit auf Photoplatten aufnehmen und den Zustand der Organe genauer untersuchen. Insbesondere Marie Curie hat die Röntgenstrahlung medizinisch eingesetzt. Wieviel aussagekräftiger sind Schichtaufnahmen der heutigen Computertomographie und die NMR-Technik, die unseren Körper gleichsam scheibchenweise wiedergeben.

Die faszinierenden Bilder von Mikroskop und Teleskop, die uns in eine unerreichbare Ferne und in die genauso unerreichbare Mikrowelt führen, liefern Beweise dafür, daß wir über uns selbst hinausgehen und Grenzen des Sichtbaren überschreiten können. Ähnlich dramatisch ist die heutige Umwälzung im Bereich der Bildverarbeitung, die eine visuelle Vorstellung von Dimensionen vermittelt.

Dank der rasanten Entwicklung in der Computergraphik können wir jetzt unmittelbar mit Bildern von Objekten umgehen und experimentieren, die nur in höheren Dimensionen existieren. Wenn wir solche Bilder und ihre Bewegungen auf dem Graphikbildschirm eines Computers betrachten, stehen wir ähnlichen Herausforderungen gegenüber wie jene Wissenschaftler, die erstmals mit dem Teleskop oder Mikroskop oder mit Röntgenstrahlung arbeiteten. Wir sehen Dinge, die nie zuvor gesehen werden konnten, und wir lernen gerade erst, diese Bilder zu interpretieren. Wir stehen noch am Anfang.

1.8 Ein Computerbild von einer Kleinschen Flasche, einer gedrehten Fläche, die im gewöhnlichen Raum nicht gebaut werden kann, ohne sich selbst zu durchdringen, die aber ohne Selbstdurchdringung im vierdimensionalen Raum konstruiert werden kann (siehe Kapitel 9).

2. Skalieren und Messen

Viele Jahrhunderte, bevor man sich eine Vorstellung von höherdimensionalen Räumen machte, hatte man numerische und algebraische Gesetzmäßigkeiten der ebenen und räumlichen Geometrie erkannt. Künstler, Wissenschaftler und Mathematiker entwickelten schon früh Formeln, um die Regelmäßigkeiten zu beschreiben, die sie bei ihren Messungen beobachteten, und sie wußten, daß die Koeffizienten und Exponenten, die in diesen Formeln auftauchten, in Verbindung mit der Dimension des Raumes standen, in dem sie sich bewegten. Genauer gesagt, die Vorstellung der Dimension wurde mit den Exponenten identifiziert, wobei der Exponent Zwei in den Formeln der ebenen Geometrie und der Exponent Drei in den Formeln der räumlichen Geometrie der Körper auftaucht. Aber einige algebraische Modelle, die Analogien in zwei- und dreidimensionaler Geometrie aufweisen, besitzen ebenfalls Analogien zu einem Exponenten Vier oder größer. Welcher Art mag die Geometrie sein, die diesen neuen Beziehungen entspricht? Untersuchungen, wie numerische und algebraische Modelle in ebene und räumliche Geometrie eingehen, ebneten den Weg für die Vorstellung einer höherdimensionalen Geometrie.

In den Formeln treten Unterschiede auf, wenn wir Maße ähnlicher Objekte in verschiedenen Dimensionen betrachten. Wir können die charakteristischen Merkmale der Dimensionen am deutlichsten erkennen, wenn wir ein Objekt vergrößern oder verkleinern. Stellen Sie sich vor, Sie möchten eine Photographie verschicken. Eine quadratische Photographie benötigt eine bestimmte Menge Band und Einwickelpapier.

2.1 Die Pyramiden des alten Ägypten bleiben eine Quelle geometrischer Inspiration. Die Volumenformeln der Pyramiden folgen einem Muster, das sich auf höhere Dimensionen übertragen läßt.

Verdoppeln wir die Kantenlänge der quadratischen Photographie, so benötigen wir zweimal soviel Band und viermal soviel Papier. Die Größe eines Würfels derart zu verdoppeln, erfordert zweimal soviel Band, viermal soviel Papier und achtmal soviel Füllmaterial. Genauso verhält es sich, wenn wir beim Entwurf eines Gebäudes die Größe einer Eingangshalle verdoppeln wollen; dann werden alle linearen Größen, wie die Länge der Kabel, verdoppelt. Die Größen, die die Fläche betreffen — etwa die Farbmenge für die Wände oder die Quadratmeter Teppichboden — werden vervierfacht, und die Volumengrößen — wie die Kubikmeter Luft, die von der Klimaanlage umgewälzt werden müssen — wachsen mit dem Faktor Acht.

2.2 Bei der Vergrößerung einer Photographie auf die doppelten Seitenlängen vervierfacht sich die Fläche.

25

Die Größen Länge, Fläche und Volumen drücken die Materialmenge der Objekte in den verschiedenen Raumdimensionen aus. Wichtig ist dabei, daß wir die Dimension einfach dadurch bestimmen können, daß wir die Potenz von Zwei ablesen, mit der die Größe multipliziert wird, wenn wir die Ausdehnung des Objekts verdoppeln. Eine Größe wie Volumen wird dreidimensional genannt, wenn sie mit der dritten Potenz von Zwei wächst, während man die Ausdehnung verdoppelt. Die zweidimensionale Größe Fläche wird mit der zweiten Potenz von Zwei multipliziert, wenn wir die Ausdehnung verdoppeln, während die eindimensionale Größe Länge nur mit Zwei (das heißt der „ersten Potenz von Zwei") multipliziert wird. Falls wir auf eine Größe stoßen, die versechzehnfacht wird, was der vierten Potenz von Zwei entspricht, würden wir von einer vierdimensionalen Größe reden. Eine fünfdimensionale Größe wird bei Verdoppeln der Ausdehnung entsprechend mit 32 multipliziert.

Exponentielle Gesetzmäßigkeiten der Grundeinheiten

Gesetzmäßigkeiten, die in den Formeln der ebenen Geometrie auftreten, finden sich analog in den Formeln der räumlichen Geometrie wieder und legen möglicherweise

ähnliche Beziehungen in höheren Dimensionen nahe. Eine besonders einfache Gesetzmäßigkeit wird erkennbar, wenn wir Länge, Fläche oder Volumen in den Grundeinheiten jeder Dimension messen — nämlich den Abschnitt einer Linie, das Quadrat einer Fläche und den Kubus eines Raumes. Auf der Linie hat ein Abschnitt die Länge m, wenn wir ihn genau mit m Segmenten einer Längeneinheit überdecken können. Ähnlich wird im Zweidimensionalen ein Quadrat der Kantenlänge m mit genau m^2 Einheitsquadraten ausgefüllt. Und im Dreidimensionalen enthält ein Würfel der Kantenlänge m genau m^3 Einheitswürfel. Die Struktur ist in den Exponenten erkennbar:

In der Dimension n ist das Volumen eines n-dimensionalen Kubus, kurz n-Kubus, mit Kantenlänge m gerade m^n, so daß ein vierdimensionaler Würfel mit Kantenlänge m von genau m^4 vierdimensionalen Einheitswürfeln ausgefüllt würde.

Gibt es aber eine geometrische Gestalt, die zu diesem Ausdruck m^4 gehört? Sie müßte vierdimensional sein, und tatsächlich existiert sie im vierdimensionalen Raum, wenn wir das Wort *existieren* anders als umgangssprachlich üblich interpretieren. Wenn wir zwanglos über ein Quadrat sprechen, denken wir an Kreideskizzen auf der Tafel oder an eine exaktere Zeichnung eines Ar-

2.3 Ein Quadrat der Kantenlänge m setzt sich aus m^2 Einheitsquadraten zusammen.

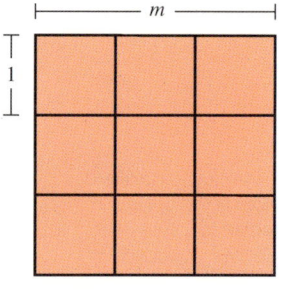

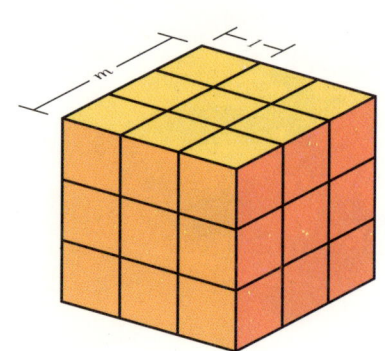

2.4 Ein Würfel der Kantenlänge m setzt sich aus m^3 Einheitswürfeln zusammen.

26

chitekten oder an automatisierte Routinen eines Computers. Aber die formalen Gesetzmäßigkeiten, die das Quadrat ausmachen, sind in keiner dieser konkreten Darstellungen so vollkommen erfaßt wie in der abstrakten Vorstellung des Quadrats, die vollkommener ist als alles, was zu konstruieren wir in der Lage sind. Die Anhänger Platos würden sagen, daß das wahre Quadrat nur als Idee existiert. Solch ein ideales Quadrat mit exakter Kantenlänge m wird präzise von m^2 Einheitsquadraten überdeckt. Genauso beziehen sich die Volumenausdrücke auf ideale Würfel und nicht auf deren körperhafte Darstellungen, die uns in unserer Umgebung begegnen. So wird auch die vierdimensionale Lesart des algebraischen Ausdrucks an ein idealisiertes

Objekt geknüpft, einen Hyperkubus mit Kantenlänge m, der mit m^4 vollkommenen Einheitshyperkuben ausgefüllt ist. Der Unterschied besteht darin, daß wir ein räumliches Modell der m^3 massiven Würfel konstruieren können, aber nicht in der Lage sind, ein ähnliches Modell der m^4 Hyperkuben zu bauen.

Volumengesetze für Pyramiden

In fast allen wichtigen Formeln zur Messung von Objekten erscheinen die verschiedenen Dimensionen in Exponenten oder Koeffizienten. Für das Volumen von Kegeln und Pyramiden tauchen die Dimensionen auf zweierlei Weise auf.

2.5 Der Inhalt dreier konischer Behälter füllt einen Zylinder mit gleichem Radius und gleicher Höhe exakt aus.

2.6 Der Inhalt dreier Pyramiden mit quadratischer Grundfläche füllt einen Quader mit gleicher Grundfläche und gleicher Höhe exakt aus.

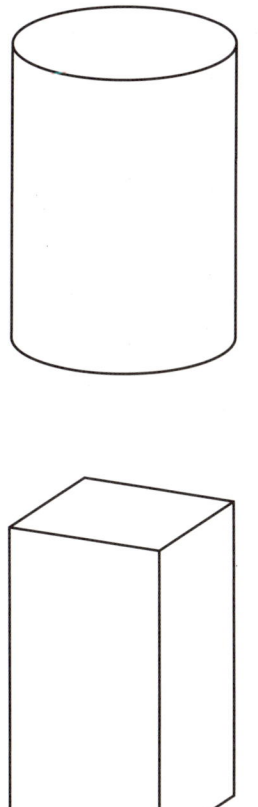
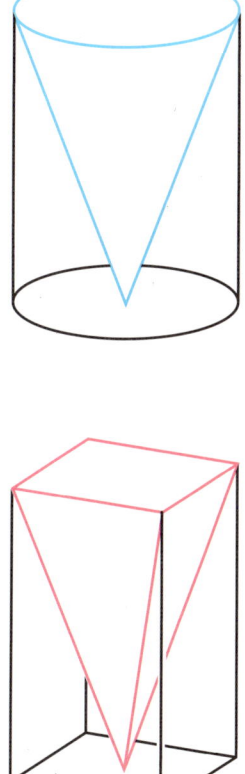
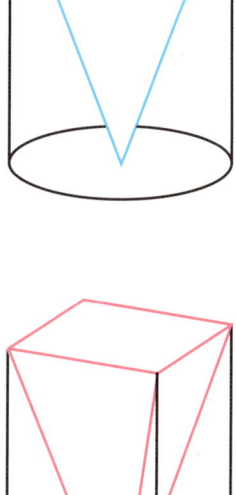
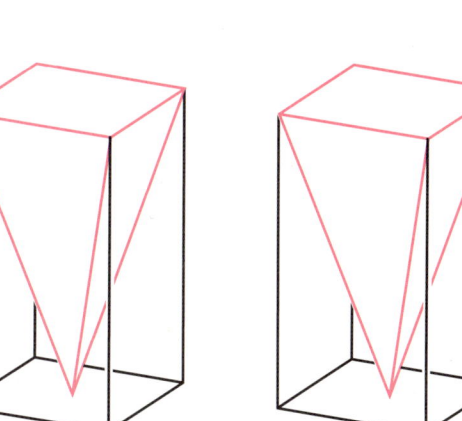

Es ist nicht überliefert, welcher antike Handwerker erstmals einen Kegel dreimal mit dem Wasser aus einem Zylinder füllte und dabei beobachtete, daß das Volumen eines Zylinders dem dreifachen Volumen eines Kegels mit gleicher Grundfläche (oder Basis) und gleicher Höhe entspricht. Diese Beziehung wurde später für eine ganze Reihe von Figuren als gültig wiedererkannt: Ein Prisma mit rechtwinkligen Seiten und quadratischer oder dreieckiger Basis besitzt das dreifache Volumen einer Pyramide mit gleicher Basis und Höhe. Wenn wir diese Beziehung erst einmal beobachtet haben, können wir sie in einer Formel ausdrücken: Das Volumen eines Zylinders oder Prismas entspricht dem Produkt aus der Grundfläche und der Höhe, und das Volumen eines Kegels oder einer Pyramide beträgt ein Drittel des Volumens des entsprechenden Zylinders oder Prismas.

Die Beziehung zwischen dem Volumen der Prismen und dem Volumen der Pyramiden verhält sich zur Beziehung zwischen der Fläche von Rechtecken und der Fläche von Dreiecken in der Ebene analog. Eine Diagonale teilt ein Quadrat in zwei kongruente, gleichschenklige rechtwinklige Dreiecke. Allgemeiner ist die Fläche eines Rechtecks gleich dem Produkt aus der Länge der Grundseite und der Höhe, und die Fläche eines Dreiecks entspricht dem Produkt aus der halben Länge der Grundseite und der Höhe. Die Gesetzmäßigkeit findet sich im Nenner des Bruches. Betrachten wir ein vierdimensionales Analogon einer Pyramide, dann sollte sein vierdimensionales Volumen ein Viertel des Volumens seiner dreidimensionalen Basis multipliziert mit der Höhe in der vierten Richtung sein.

Mathematiker begnügen sich nicht mit dem Erkennen eines Musters, sondern sie möchten auch begründen, warum das gleiche Muster immer wieder auftauchen wird. Ex-

periente mit wassergefüllten Pyramiden sind kein Beweis für die Volumenformel in drei Dimensionen. Glücklicherweise können wir diese Beziehung anhand der Zerlegung eines Würfels in drei Pyramiden begründen. Genau wie sich ein Quadrat in zwei kongruente Dreiecke zerlegen läßt, die sich entlang einer Diagonale berühren, kann ein Würfel in drei identische Teile zerlegt werden, die sich entlang einer Raumdiagonale des Würfels treffen. Jeder Teil ist eine Pyramide mit quadratischem Grundriß, deren Spitze direkt über einer Ecke der quadratischen Grundfläche liegt. Daraus folgt, daß das Volumen jedes Teiles ein Drittel des Würfelvolumens ausmacht. Für die Beziehungen im Zwei- und Dreidimensionalen ist das Gesetz damit bereits erklärt. Wir können kein reales Modell konstruieren, mit dem sich die analoge Beziehung in der vierten Dimension veranschaulichen ließe, aber wir können dennoch fortfahren, Hypothesen zu formulieren. Wir

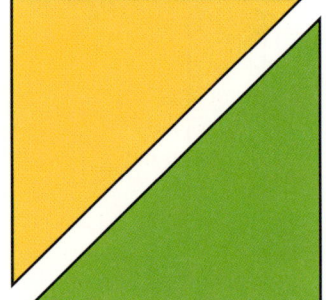

2.7 Zwei kongruente rechtwinklige Dreiecke berühren sich längs der Diagonale eines Quadrats.

2.8 Drei kongruente Pyramiden berühren sich an der Diagonale eines Würfels.

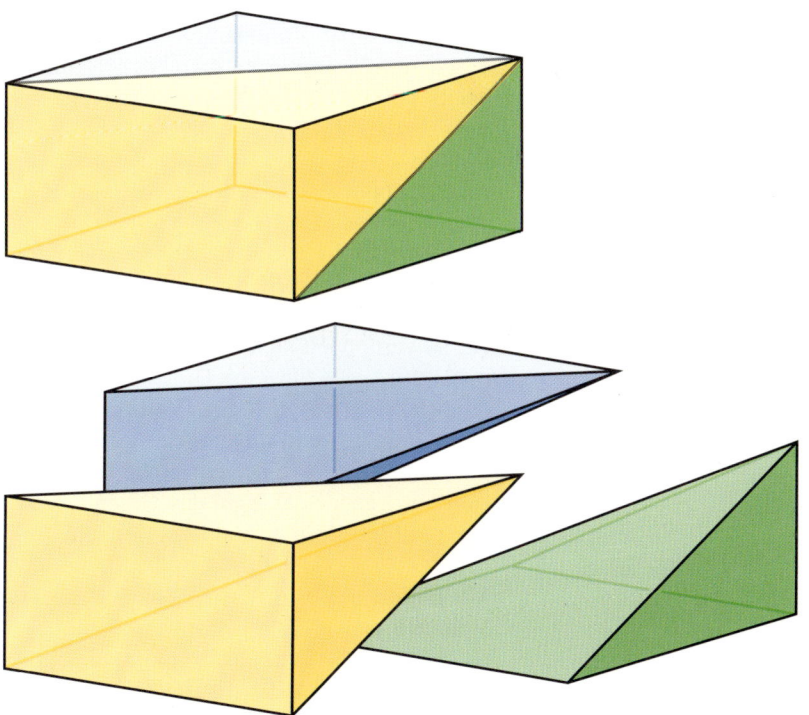

2.9 Drei nicht kongruente Pyramiden gleichen Volumens berühren sich an der Diagonale eines Quaders.

erwarten, daß ein vierdimensionaler Hyperkubus in vier kongruente, exzentrische vierdimensionale Pyramiden zerlegt werden kann, die sich entlang der längsten Diagonale des Hyperkubus treffen. Allgemein sollte ein n-dimensionaler Kubus in n kongruente, exzentrische n-dimensionale Pyramiden zerlegbar sein, die alle einen $(n-1)$-dimensionalen Kubus als Basis besitzen.

Die Gesetzmäßigkeit erscheint sowohl im Exponenten als auch im Nenner der Formeln für Fläche und Volumen einer exzentrischen Pyramide. Die Fläche eines gleichschenkligen Dreiecks mit Kantenlänge m ist $m^2/2$. Das Volumen einer exzentrischen Pyramide, die man aus einem Würfel der Kantenlänge m erhält, ist $m^3/3$. Das Muster sieht nun vor, daß das vierdimensionale Volumen einer exzentrischen vierdimensionalen Pyramide, die man aus einem Hyperkubus der Kantenlänge m erhält, m^4 beträgt. Die analoge Formulierung für das n-dimensionale Volumen einer exzentrischen n-dimensionalen Pyramide ist m^n/n.

Die Analogie zwischen der Zerlegung eines Quadrats in der Ebene und eines Würfels im Raum ermöglicht es, ein Volumengesetz für exzentrische Pyramiden mit quadratischer Basis zu formulieren. Wir würden aber gerne ein Gesetz für eine allgemeine Klasse von Pyramiden mit rechteckiger Basis beweisen. Doch leider ist die Analogie zwischen einer rechteckigen Fläche in der Ebene und einem rechteckigen Quader im Raum nicht perfekt. Ein Quadrat wird

29

durch die Diagonale ähnlich wie ein Rechteck in zwei kongruente Dreiecke zerlegt.
Aber während ein Würfel in drei kongruente Stücke geteilt werden kann, die sich entlang einer Diagonale treffen, ist es im allgemeinen nicht möglich, einen Quader in
drei kongruente Teile zu zerlegen, die sich
entlang einer Diagonale treffen. Es ist jedoch immerhin möglich, den Quader in
drei *nicht* kongruente Teile gleichen Volumens zu teilen, und dieses Resultat beruht
auf einer raffinierten Längentransformation
in einer einzelnen Richtung.

Wir können das Volumen einer Pyramide
durch Aufeinanderlegen dünner rechteckiger Schichten parallel zur Basis näherungs-
weise bestimmen, also approximieren.
Wenn wir die Stärke jeder Schicht des Stapels verdoppeln, bleibt die Basis unverändert, während sich Höhe und Gewicht des
Stapels (und damit sein Volumen) ebenfalls
verdoppeln. Behalten wir Breite und Dicke
jeder Schicht bei und verdoppeln die Länge, so verdoppelt sich ebenfalls das Volumen. Wird jede einzelne Dimension verdoppelt, so ergibt sich eine Verdoppelung
des Volumens, und allgemeiner gilt, daß
die Multiplikation einer einzelnen Dimension mit irgendeiner Zahl das Gesamtvolu-
men mit der gleichen Zahl vervielfacht.

Mit Hilfe dieses Verfahrens können wir das
Volumen einer beliebigen Pyramide mit
rechteckiger Grundfläche bestimmen, wenn
die Pyramidenspitze direkt über einer Ecke
des Rechtecks liegt. Wir beginnen mit einem Würfel, der das dreifache Volumen
einer exzentrischen, darin enthaltenen Pyramide besitzt. Mit dem Verdoppeln der Länge einer Kante wird der Würfel zum Quader mit doppeltem Volumen. Aber alle das
Volumen der exzentrischen Pyramide ap-
proximierenden Scheiben verdoppeln sich
ebenso, so daß die Pyramide immer noch
ein Drittel des Volumens des Quaders be-

sitzt. Die grundsätzliche Volumenbeziehung
bleibt erhalten.

Was passiert aber, wenn die Spitze der Pyramide nicht über einer Ecke, sondern über
irgendeinem beliebigen anderen Punkt des
Rechtecks liegt? Wir können diese Pyramide dann in vier Pyramiden zerlegen, deren
Spitzen über einer Ecke liegen, und jedes
ihrer Volumina beträgt ein Drittel ihrer
Grundfläche multipliziert mit ihrer gemeinsamen Höhe. Zählen wir nun alle diese
Beiträge zusammen, so zeigt sich ganz allgemein, daß das Volumen einer Pyramide mit rechteckigem Grundriß ein Drittel
des Volumens des Quaders mit gleichem
Grundriß ausmacht.

Es ist auch möglich, dieses Resultat anhand
des Cavalieri-Prinzips für gescherte Transformationen zu erhalten, indem man wiederum dünne Scheiben zum Approximieren
von Fläche und Volumen verwendet: Wir
können ein Parallelogramm mit der gleichen Menge von Stäben füllen, die auch ein
Rechteck der gleichen Basis und Höhe ausfüllen, und wir können eine schiefwinklige
Kiste mit dem gleichen Schichtenstapel füllen, der eine rechtwinklige Kiste ausfüllt.
Eine exzentrische Pyramide kann mit der
gleichen Ansammlung quadratischer Scheiben approximiert werden, die eine zentrierte Pyramide annähern.

Die Volumenformel für die unterschiedlichen Arten von Pyramiden quadratischen
Grundrisses lassen sich nun so verändern,
daß sie Formeln für Pyramiden ergeben,
die durch Abschneiden einer Ecke eines
Würfels entstehen. Die Dimension des Raumes erscheint wieder im Nenner der Formel, aber in einer neuen Verknüpfung.
Wenn wir eine Ecke eines Quadrats längs
einer Diagonale abschneiden, entsteht ein
Dreieck halben Flächeninhalts. Das Abschneiden einer Ecke eines Würfels erzeugt

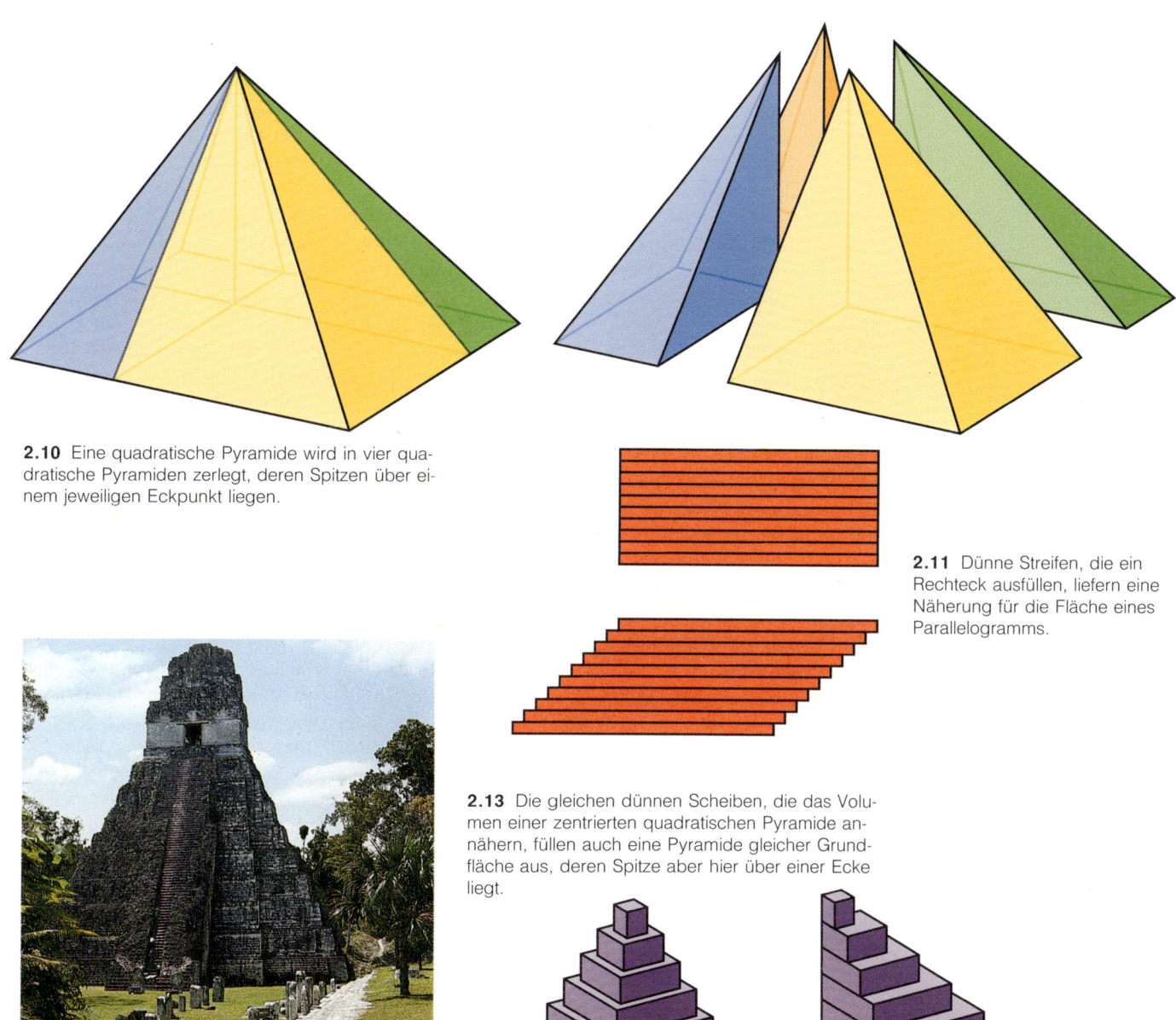

2.10 Eine quadratische Pyramide wird in vier quadratische Pyramiden zerlegt, deren Spitzen über einem jeweiligen Eckpunkt liegen.

2.11 Dünne Streifen, die ein Rechteck ausfüllen, liefern eine Näherung für die Fläche eines Parallelogramms.

2.13 Die gleichen dünnen Scheiben, die das Volumen einer zentrierten quadratischen Pyramide annähern, füllen auch eine Pyramide gleicher Grundfläche aus, deren Spitze aber hier über einer Ecke liegt.

2.12 Der Maya-Tempel I at Tikal in Guatemala weist die Struktur einer Stufenpyramide auf, die man benutzen kann, um das Volumen einer ägyptischen Pyramide anzunähern.

eine Pyramide mit dreieckiger Basis. Wir können die gleiche Pyramide durch Halbieren einer Pyramide mit quadratischem Grundriß erhalten. So wie wir die Pyramide mit quadratischer Basis mit einem Stapel quadratischer Scheiben approximieren, wird die Dreieckspyramide durch einen Stapel dreieckiger Scheiben mit jeweils halbem Volumen approximiert. Daraus folgt, daß das Volumen einer Dreieckspyramide die Hälfte des Volumens der Pyramide mit quadratischer Basis ausmacht oder ein Drittel des Volumens eines Prismas mit Dreiecksgrundfläche, also ein Sechstel des Würfelvolumens. Das vierdimensionale Volumen einer Eckhyperpyramide eines Hyperkubus wird ein Viertel des Volumens einer Dreieckspyramide betragen, die ihre dreidimensionale Basis ist, nämlich 1/24 des vierdimensionalen Volumens des Hyperkubus. Allgemein ist das n-dimensionale Volumen einer Eckform eines n-Kubus $1/n!$, wobei $n!$ für „n Fakultät" steht und dem Produkt aus den ersten n natürlichen Zahlen entspricht.

2.14 Halbiert man die Scheiben einer quadratischen Pyramide, so erhält man eine Näherung der Dreieckspyramide.

Faltmodelle für Pyramiden

Die zahlenmäßigen und algebraischen Gesetzmäßigkeiten haben uns von der vertrauten Geometrie der Ebene und des gewöhnlichen Raumes zu möglichen Objekten höherer Dimensionen geführt; aber wie können wir uns das Verständnis solcher Objekte erleichtern, die wir ja nicht in unserem Raum bauen können? Die formalen Gesetze legen zum Glück im Hinblick auf die Gestalt Analogien nahe – genau wie bei den Formeln. Indem wir das Konstruktionsverfahren für ein Pyramidenmodell im dreidimensionalen Raum analysieren, vermögen wir zu erkennen, wie wir ein analoges Modell für eine vierdimensionale Pyramide entwerfen können.

Ein Papiermodell einer ägyptischen Pyramide kann man durch das Anfügen von Dreiecken an die Kanten eines Quadrats in der Ebene erzeugen und anschließend ins Dreidimensionale aufklappen. In der nächsten Dimension können wir nach dem gleichen Verfahren eine quadratische Pyramide über jeder der sechs quadratischen Flächen eines Würfels errichten. Es ist nun nicht mehr möglich, dieses Schnittmuster in einer vierten Dimension zu einem vierdimensionalen Analogon einer quadratischen Pyramide zu falten. Um das Volumen einer dreidimensionalen ägyptischen Pyramide anhand des Faltmodells zu bestimmen, berechnen wir einfach die quadratische Grundfläche, aber wir müssen noch herausfinden, wie hoch die Spitze sein wird, wenn wir das Modell aufgeklappt haben, und dazu bedarf es einer zusätzlichen Rechnung. Genauso können wir das Volumen der kubischen Basis der aufgefalteten vierdimensionalen Pyramide herausfinden, aber es ist noch etwas schwieriger, die Höhe in der vierten Richtung zu bestimmen, da sich die Figur natürlich nicht in unserem dreidimensionalen Raum zusammenfalten läßt.

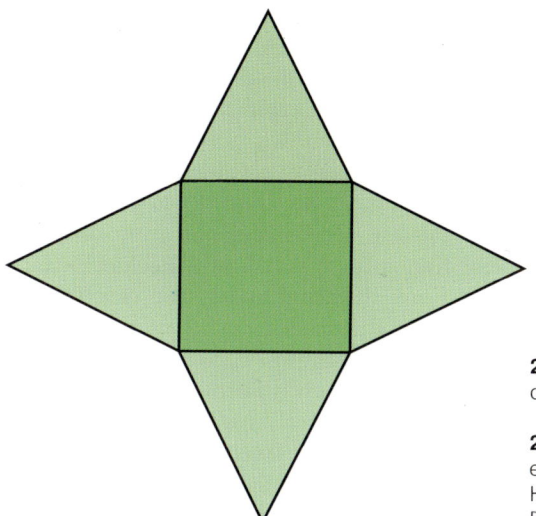

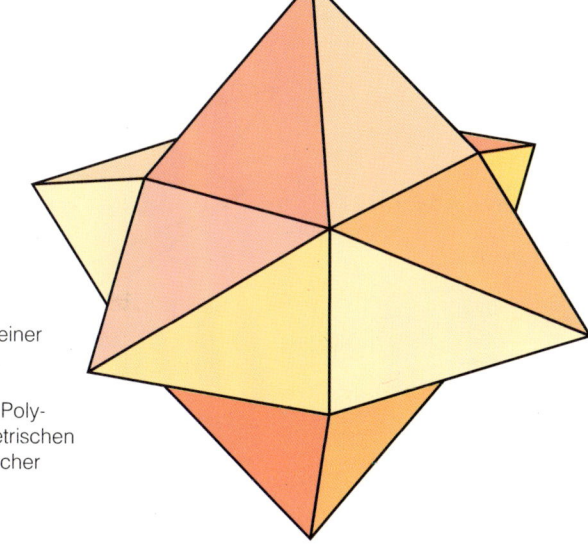

2.15 Das Schnittmuster einer quadratischen Pyramide.

2.16 Faltmodell für eine Polyederstruktur einer symmetrischen Hyperpyramide mit kubischer Basis.

2.17 Faltmodell und Schnittmuster einer exzentrischen Pyramide.

Um ein Papiermodell einer exzentrischen Pyramide zu bauen, die ein Drittel eines Würfels bildet, beginnen wir mit einem Quadrat in der Ebene und verlängern die Seiten an einer Ecke, um zwei Kanten derselben Länge zu erhalten. Von diesen Verlängerungen ausgehend, bilden wir gleichschenklige rechtwinklige Dreiecke auf zwei Quadratseiten. Legt man diese beiden Dreiecke im Raum zusammen, so bilden sie eine Ecke der exzentrischen Pyramide. Die anderen beiden Dreiecksflächen dieser Pyramide sind ebenfalls rechtwinklig; jedes Dreieck hat eine gemeinsame Seite mit dem Quadrat und eine andere Seite, die die gleiche Länge hat wie die längste Seite des gleichschenkligen Dreiecks.

Eine ähnliche Konstruktion in der nächsten Dimension beginnt mit einem Würfel. An einer Ecke verlängern wir die drei Kanten zu Abschnitten derselben Länge wie die Kanten des Würfels. An diesen Kanten bauen wir drei exzentrische Pyramiden, wie wir sie im vorigen Abschnitt konstruiert haben. Mit noch drei weiteren exzentrischen Pyramiden wird der dreidimensionale Rand dieses vierdimensionalen Objekts gebildet. Wenn wir dieses Objekt in die nächste Dimension aufklappen könnten, würden wir eine „exzentrische Hyperpyramide" erhalten. Vier identische Kopien dieser Hyperpyramide füllen einen Hyperkubus exakt aus.

2.18 Faltmodell für die Polyederstruktur einer exzentrischen Hyperpyramide.

Bis hierher haben wir nur auf einem formalen Niveau gearbeitet, da wir noch kein Darstellungsmittel besitzen, das uns anschaulich macht, wie eine solche Zerlegung des Hyperkubus in Hyperpyramiden aussieht. Zu diesem Zweck werden wir in späteren Kapiteln Projektionstechniken und Faltmodelle entwickeln.

Die Geometrie der binomischen Formeln

Die binomischen Formeln stellen eine bekannte algebraische Regel für das Potenzieren der Summe zweier Zahlen dar. Dazu gibt es einen entsprechenden geometrischen Ausdruck, der das Volumen eines n-dimensionalen Kubus beschreibt, dessen Kanten jeweils in zwei Abschnitte zerfallen. Etwas weiter vorn in diesem Kapitel haben wir Quadrate mit Kantenlänge m und Flächeninhalt m^2 betrachtet. Wenn wir m als Summe zweier Zahlen a und b ausdrücken, entspricht der algebraische Vorgang, m als Summe $a + b$ zu schreiben, dem geometrischen Vorgang, m in zwei Abschnitte der Länge a und b zu teilen. Wenn wir eine

senkrechte Kante eines Quadrats der Kantenlänge m in zwei Abschnitte teilen und eine waagerechte Linie durch diesen Punkt zeichnen, zerlegen wir das Quadrat in zwei Rechtecke. Indem wir mit der waagerechten Kante genauso verfahren, erzeugen wir eine Zerlegung des Quadrats in vier Teile, ein Quadrat der Kantenlänge a, ein zweites der Kantenlänge b und zwei Rechtecke mit den Kantenlängen a und b. Die vier Teile dieser geometrischen Zerlegung entsprechen den vier Termen im Ergebnis einer quadratischen binomischen Formel. Das algebraische Problem, den Ausdruck $a + b$ zu quadrieren, ist dem geometrischen Problem der Berechnung der Fläche eines Quadrats mit der Kantenlänge $a + b$ äquivalent.

Die algebraischen Regeln ermöglichen es, einen binomischen Ausdruck zu quadrieren, ohne daß wir uns auf eine geometrische Darstellung beziehen:

$$(a+b)^2 = (a+b)(a+b)$$
$$= a(a+b) + b(a+b)$$
$$= a^2 + ab + ba + b^2$$

Wir können nun die Terme ab und ba zusammenfassen und erhalten den vertrauten Ausdruck einer quadratischen binomischen Formel:

$$(a+b)^2 = a^2 + 2ab + b^2$$

Ein Blick auf Abbildung 2.19 verdeutlicht die Beziehung. Jeder Term des Ausdrucks $a^2 + ab + ba + b^2$ gibt den Flächeninhalt eines der vier Teile an, die zusammen das Quadrat bilden. Die Flächen der Teile addieren sich zur Fläche des ursprünglichen Quadrats, nämlich $(a+b)^2$.

2.19 Geometrische Interpretation einer quadratischen binomischen Formel.

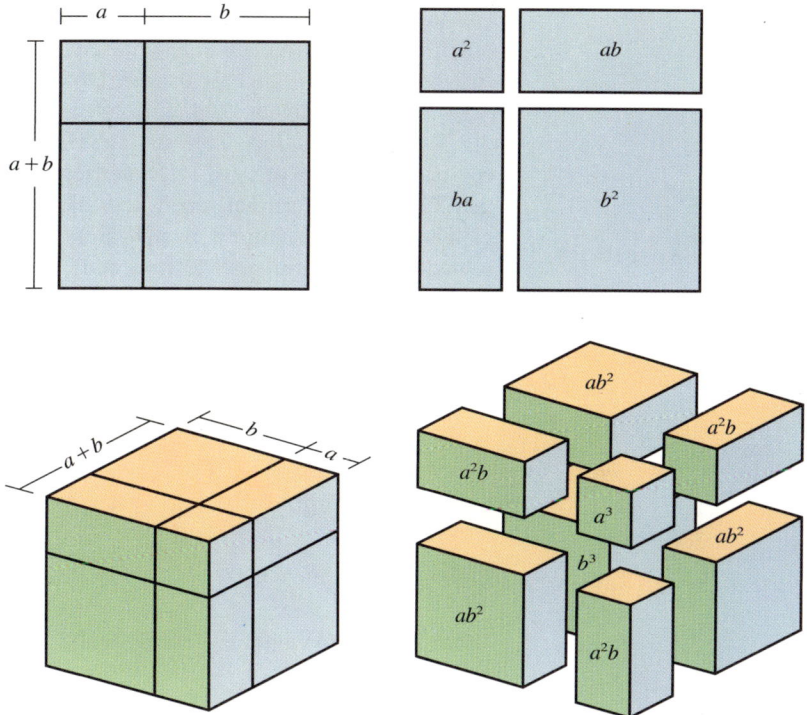

Es existiert eine ähnliche Formel, die das Volumen eines dreidimensionalen Würfels mit Kantenlänge $a + b$ zu der kubischen binomischen Formel in Beziehung setzt. Die algebraische Rechnung ergibt

$$(a + b)^3$$
$$= (a + b)(a + b)^2 = a(a + b)^2 + b(a + b)^2$$
$$= a(a^2 + 2ab + b^2) + b(a^2 + 2ab + b^2)$$
$$= (a^3 + 2a^2b + ab^2) + (a^2b + 2ab^2 + b^3)$$
$$= a^3 + 3a^2b + 3ab^2 + b^3$$

Wieder kann unabhängig von einer geometrischen Interpretation argumentiert werden, aber es ist gleichwohl nützlich, eine solche Deutung anzugeben. Ein Würfel mit Kantenlänge $a + b$ kann in acht Teile zerlegt werden: einen Würfel mit Kantenlänge a, einen weiteren mit Kantenlänge b und in sechs Quader, von denen drei die Höhe a und eine quadratische Grundfläche der Kantenlänge b aufweisen und die drei übrigen die Höhe b und eine quadratische Grundfläche der Kantenlänge a besitzen.

Was passiert mit diesen algebraischen und geometrischen Strukturen in der vierten Dimension? Wie oben können wir den algebraischen Ausdruck erhalten

$$(a + b)^4 = a^4 + 4a^3b + 6a^2b^2 + 4ab^3 + b^4$$

der nicht auf irgendeinem geometrischen Argument beruht. Dennoch können wir einen Hyperkubus der Kantenlänge $a + b$ betrachten und eine geometrische Zerlegung ähnlich dem dreidimensionalen Fall beschreiben. Diese Zerlegung wird aus 16 Teilen bestehen: einem Hyperkubus der Kantenlänge a, einem weiteren der Kantenlänge b und acht vierdimensionalen Quadern mit kubischer Basis, vier mit der Höhe a und kubischer Basis der Kantenlänge b und vier mit der Höhe b und kubischer Basis der Kantenlänge a. Zusätzlich entstehen sechs neue Objekte, vierdimensionale Quader, die an jedem Eckpunkt zwei Kanten der Länge a und zwei der Länge b besitzen. Also läßt sich die geometrische Darstellung verallgemeinern, auch wenn wir in unserem Raum kein vierdimensionales Modell konstruieren können, das die Zerlegung darstellen würde.

2.20 Geometrische Interpretation einer kubischen binomischen Formel.

Die Folge der Koeffizienten, die in diesen binomischen Ausdrücken auftreten, entspricht den Zeilen des Pascalschen Dreiecks, einem bekannten Zahlenmuster aus der Kombinatorik. Jede Zahl in dem Dreieck ist die Summe der zwei darüberliegenden Zahlen. Wir werden sehen, daß die gleichen Zahlenstrukturen in mehreren verschiedenen Ausformungen auftauchen, wenn wir die Strukturen von Objekten höherer Dimensionen untersuchen.

```
                    1
                1       1
            1       2       1
        1       3       3       1
    1       4       6       4       1
```

Diagonalen in Würfeln verschiedener Dimensionen

Eine andere Formelart erhalten wir, wenn wir die Länge der Diagonalen von Würfeln in verschiedenen Dimensionen untersuchen. Eine Diagonale ist bei einem Würfel als Verbindungsstrecke zwischen zwei Eckpunkten definiert, die nicht auf derselben Kante liegen. Während die beiden Diagonalen eines Quadrats die gleiche Länge besitzen, weisen die verschiedenen Diagonalen eines Würfels zwei abweichende Längen auf; die kürzeren Diagonalen liegen in den quadratischen Flächen, und die längeren Raumdiagonalen verlaufen durch den Mittelpunkt. In jeder Dimension können wir das Verhältnis der Kantenlänge eines Kubus mit der Länge seiner längsten Diagonalen vergleichen und erhalten so ein weiteres bezeichnendes Muster.

Jedesmal, wenn wir einen Kubus in einer nächsthöheren Dimension bilden, bedeutet das, daß wir in einer Richtung senkrecht zu allen übrigen bisherigen Richtungen Kanten

2.21 Die längere und die kürzere Diagonale eines Würfels sind durch die Hypotenuse und eine der Katheten eines rechtwinkligen Dreiecks gegeben.

hinzufügen. Diese neuen Kanten stehen nun senkrecht auf den längsten Diagonalen des vorangehenden Kubus; Kante und Diagonale bilden also jeweils die beiden Katheten eines rechtwinkligen Dreiecks, das die neue längste Diagonale des neuen Kubus als Hypotenuse besitzt. Das legt nahe, daß wir die Länge der längsten Diagonale bestimmen können, indem wir einen der bekanntesten Sätze der ebenen Geometrie anwenden: den Satz des Pythagoras.

Dieser Satz besagt, daß ein rechtwinkliges Dreieck mit Katheten der Länge a und b eine Hypotenuse der Länge $\sqrt{a^2 + b^2}$ besitzt ($a^2 + b^2 = c^2$). Die Zerlegung, die wir zur Interpretation des binomischen Satzes benutzt haben, führt auf einen Beweis — man

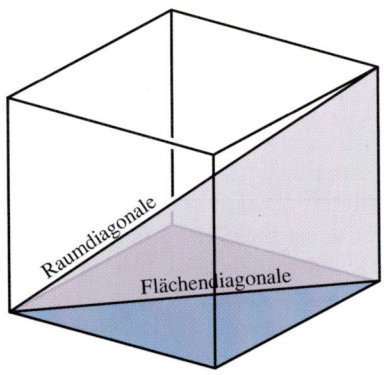

zeigt, daß die Flächen eines Quadrats unter der Hypotenuse gleich der Summe der Flächen der Quadrate über den Katheten ist. Wir drücken den Flächeninhalt eines Quadrats der Kantenlänge $a + b$ auf zwei Weisen aus: zum einen als Summe der Flächen zweier Quadrate mit den Kantenlängen a und b und vier rechtwinkliger Dreiecke mit den Seitenlängen a und b, zum anderen als Summe der gleichen vier rechtwinkligen Dreiecke zusammen mit dem Quadrat, das durch deren Hypotenusen gebildet wird und die Kantenlänge $\sqrt{a^2 + b^2}$ besitzt.

Wenn man den Satz des Pythagoras auf die rechtwinkligen Dreiecke anwendet, die durch die Würfeldiagonalen gebildet werden, wird eine leicht erkennbare Gesetzmäßigkeit erzeugt. Für jede Dimension stellen wir uns einen Kubus mit Kantenlänge Eins vor. Bei $n = 2$ erhalten wir für das Einheitsquadrat eine Länge der Diagonale von $\sqrt{2}$. Für $n = 3$ erhalten wir einen Würfel, dessen Diagonale die Hypotenuse eines rechtwinkligen Dreiecks mit Grundlänge $\sqrt{2}$ und Höhe. Eins. ist. Der Satz des Pythagoras ergibt für die Länge dieser Diagonale $\sqrt{\sqrt{2}^2 + 1^2}$ $= \sqrt{2 + 1} = \sqrt{3}$. Gehen wir jetzt zum vierdimensionalen Hyperkubus über, so erhalten wir ein neues rechtwinkliges Dreieck mit Grundlänge $\sqrt{3}$ und Höhe Eins, also mit einer Hypotenuse von $\sqrt{\sqrt{3}^2 + 1^2} = \sqrt{4} = 2$.

erhalten wir als Länge der Diagonale des n-dimensionalen Einheitskubus $\sqrt{\sqrt{(n-1)}^2 + 1^2}$ $= \sqrt{n}$.

Vergleichen wir einen Einheitswürfel mit einem Würfel der Kantenlänge m, so erkennen wir, daß die Länge der Diagonale des neuen Würfels m-fach so groß ist wie die entsprechende Diagonale des Einheitswürfels. Daher beträgt die Länge der längsten Diagonale des n-Kubus der Kantenlänge m gerade $\sqrt{n}$, wobei die Dimension unter der Wurzel erscheint. Man beachte, daß die längste Diagonale eines vierdimensionalen Kubus genau zweimal so lang ist wie eine seiner Kanten.

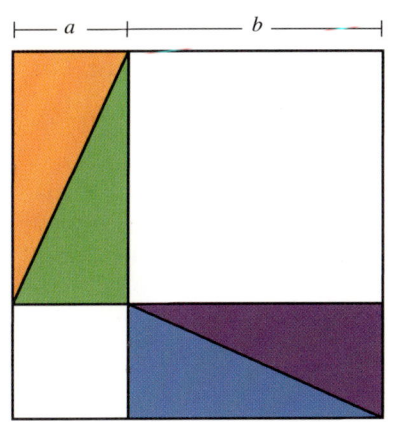

2.22 Ein Beweis des Satzes des Pythagoras. Zwei Quadrate werden auf den beiden Katheten eines rechtwinkligen Dreiecks errichtet, und mit insgesamt vier Kopien des Dreiecks wird ein großes Quadrat exakt ausgefüllt; dieses große Quadrat wird ebenso durch vier Kopien des Dreiecks und ein Quadrat auf dessen Hypotenuse ausgefüllt. Läßt man die Fläche der vier Dreiecke weg, so sieht man, daß die Quadrate auf den zwei Schenkeln des Dreiecks denselben Flächeninhalt besitzen wie die Fläche des Quadrats auf der Hypotenuse.

Daher besitzt der Hyperkubus eine Diagonale, die exakt der zweifachen Kantenlänge entspricht. Wie man leicht sieht, ist die Länge der längsten Diagonale eines n-dimensionalen Kubus allgemein $\sqrt{n}$, was sich schnell mittels vollständiger Induktion beweisen läßt: Wenn wir bereits wissen, daß die Länge der Diagonale eines $(n-1)$-Kubus $\sqrt{n-1}$ beträgt, ist die Diagonale eines n-Kubus so lang wie die Hypotenuse eines rechtwinkligen Dreiecks, dessen eine Seite die Länge $\sqrt{n-1}$ und dessen andere die Länge Eins besitzt. Mit dem Satz des Pythagoras

Der ägyptische Triumph: das Volumen eines Pyramidenstumpfes

Für die alten Ägypter hatte die Suche nach einer Regel, mit der sich das Volumen einer Pyramide bestimmen ließ, enorme praktische Bedeutung. Sie hätten sie im Prinzip einfach durch Vergleichen der Sandmengen finden können, die zum Füllen von pyramidenförmigen und quaderförmigen Behältern nötig sind. Nach dreimaligem Füllen einer Pyramide mit dem Sand aus einem Quader gleicher Basis und Höhe

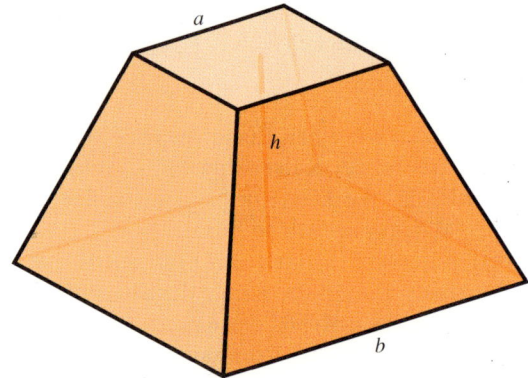

2.23 Eine unvollständige Pyramide.

hätten sie bemerken können, daß das Volumen der Pyramide einfach ein Drittel des Quadervolumens ausmacht. Sehr viel schwieriger ist es, experimentell die Formel für das Volumen einer unvollständigen Pyramide zu finden, die bis zu einer bestimmten Höhe bereits gebaut ist, deren Spitze aber noch fehlt. Wieviel Material wird noch zur Vollendung des Bauwerkes benötigt? Es gehört zu den herausragenden geistigen Leistungen der Geometer des alten Ägypten, eine allgemeine Beziehung für das Volumen eines Pyramidenstumpfes gefunden zu haben. Diese Beziehung führt uns zu unserem letzten Beispiel für die Bedeutung algebraischer und geometrischer Modelle bei höheren Dimensionen.

Um ein Gefühl dafür zu bekommen und gleichzeitig einige wichtige Grundkenntnisse zu gewinnen, betrachten wir den zweidimensionalen Fall desselben Problems, nämlich die Berechnung der Fläche eines unvollständigen Dreiecks, das durch Abschneiden der Spitze eines Dreiecks parallel zur Grundlinie entsteht. Es geht also um den Flächeninhalt eines Trapezes. Ein Schlüssel zur Bestimmung der Flächenformel ist das Prinzip der Ähnlichkeit. Zwei Dreiecke sind ähnlich, wenn ihre Seiten im gleichen Verhältnis zueinander stehen — und insbesondere auch das Verhältnis von Grundseite und Höhe übereinstimmen.

Wir können die Seiten des Trapezes verlängern und vervollständigen es zu einem Dreieck. Dieses große Dreieck setzt sich aus dem ursprünglichen Trapez und einem kleineren Dreieck zusammen, das dem größeren ähnlich ist. Wir kennen die Höhen der jeweiligen Dreiecke nicht, aber wir wissen, daß das Verhältnis ihrer Höhen dem Verhältnis ihrer Grundseiten gleicht, und dieses Verhältnis ist gerade dasselbe wie das Verhältnis der oberen zur unteren Kante des Trapezes.

Die Fläche des Dreiecks entspricht der Hälfte des Produkts aus Grundseite und Höhe. Bezeichnet man die Grundseite mit a und die Höhe mit x, so beträgt die Fläche $ax/2$. In gleicher Weise verfahren wir mit einer Pyramide der Höhe x, die eine quadratische Grundfläche mit der Kantenlänge a und dem Flächeninhalt a^2 aufweist. Das Volumen beträgt $xa^2/3$.

Wenn die Höhe des kleineren Dreiecks x beträgt, so ist die Höhe des großen Dreiecks $x+h$. Die Fläche des Trapezes beträgt also $b(x+h)/2-ax/2$. Das Ähnlichkeitsprinzip liefert $x/a=(x+h)/b=h/(b-a)$. Deshalb gilt $x=ah/(b-a)$ und $x+h=bh/(b-a)$, und wir erhalten

$$\frac{(x+h)\,b}{2}-\frac{xa}{2}=\frac{hb^2}{2\,(b-a)}-\frac{ha^2}{2\,(b-a)}$$

$$=\frac{h\,(b^2-a^2)}{2\,(b-a)}$$

Eine bekannte algebraische Identität besagt, daß $(b^2-a^2)/(b-a)=b+a$ ist, und so ergibt sich schließlich für die Fläche des Trapezes mit Höhe h und parallelen Seiten der Länge a und b die Formel $h(b+a)/2$.

Ein ähnliches Verfahren liefert eine Formulierung für das Volumen einer unvollständigen Pyramide. Gegeben sind die Höhe h des Pyramidenstumpfes und die Kantenlängen a und b des oberen und unteren Quadrats. Ist die Höhe der vollständigen Pyramide $x + h$, so berechnet sich ihr Volumen zu $(x+h)b^2/3$, während das Volumen der kleineren Pyramide $xa^2/3$ beträgt. Das Argument des vorigen Abschnittes, auf eine senkrechte, genau aus dem Zentrum der Pyramide stammende Scheibe angewandt, ergibt $x/a = (x+h)/b = h/(b-a)$ und so wie eben $x = ha/(b-a)$ und $x+h = hb/(b-a)$. Deshalb beträgt das Volumen der unvollständigen Pyramide

$$\frac{(x+h)\,b^2}{3} - \frac{xa^2}{3} = \frac{hb^3}{3\,(b-a)} - \frac{ha^3}{3\,(b-a)}$$

$$= \frac{h\,(b^3 - a^3)}{3\,(b-a)}$$

$$= \frac{h\,(b^2 + ab + a^2)}{3}$$

Der letzte Schritt ist eine Anwendung einer üblichen algebraischen Identität, die die Differenz zweier Kubikzahlen in faktorisierter Form ausdrückt:

$$b^3 - a^3 = (b^2 + ab + a^2)\,(b-a)$$

Diese Formel war den alten Ägyptern bekannt und wurde von ihnen auf einem Papyrus, der auf das Jahr 1800 vor Christus zurückdatiert werden kann, in erheblich komplizierterer Umschreibung festgehalten, als es der oben angegebenen algebraischen Formulierung entspricht. Die Formel verkörpert einen Höhepunkt in der Geometrie der antiken Welt.

Was geschieht in der vierten Dimension? Rein formal legt die algebraische Struktur nahe, daß eine vierdimensionale Hyperpy-

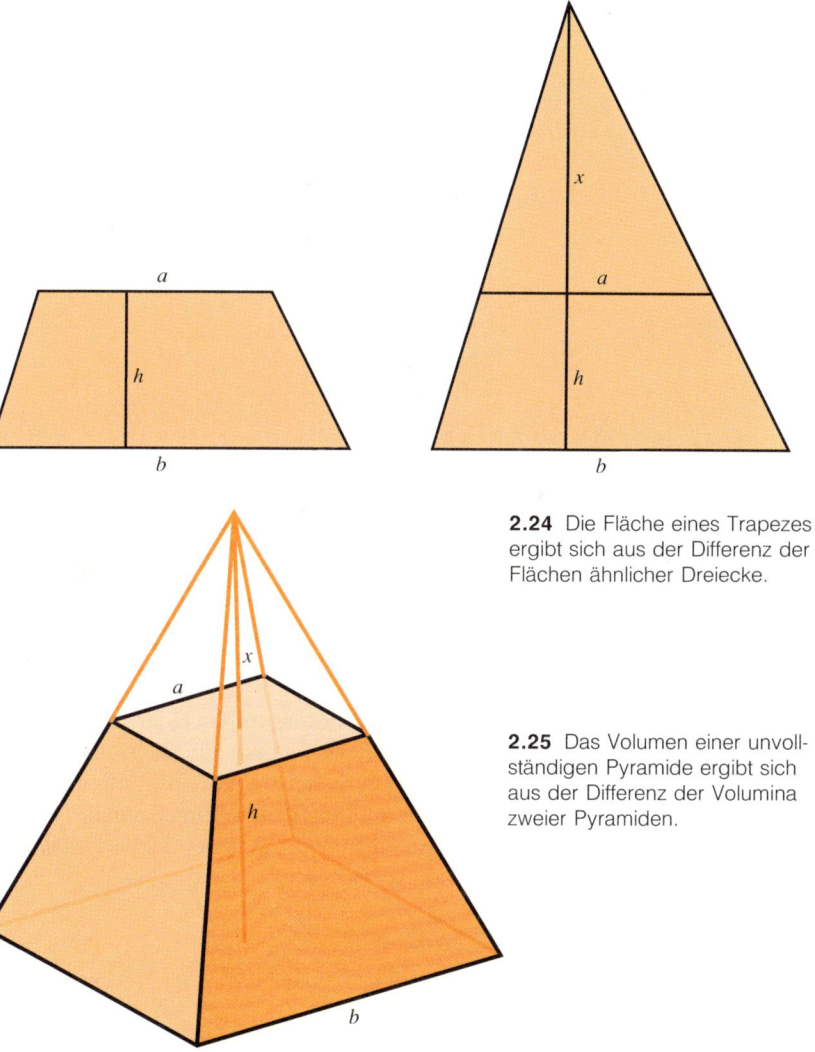

2.24 Die Fläche eines Trapezes ergibt sich aus der Differenz der Flächen ähnlicher Dreiecke.

2.25 Das Volumen einer unvollständigen Pyramide ergibt sich aus der Differenz der Volumina zweier Pyramiden.

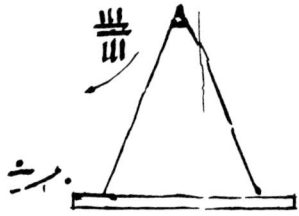

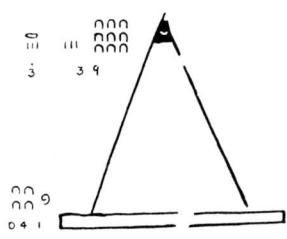

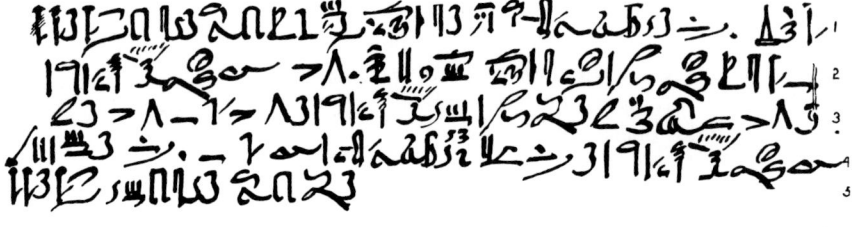

2.26 Im Rhind-Papyrus wird als Problem 57 der Flächeninhalt von Dreiecken behandelt und eine Volumenformel für eine unvollständige Pyramide hergeleitet.

ramide, die von irgendeinem vierdimensionalen Künstler mit einer Höhe der Länge x und einer würfelförmigen Basis der Kantenlänge a errichtet würde, das Volumen $xa^3/4$ haben müßte. Das vierdimensionale Volumen einer unvollständigen Hyperpyramide wäre dann durch

$$\frac{(x+h)b^3}{4} - \frac{xa^3}{4} = \frac{hb^4}{4(b-a)} - \frac{ha^4}{4(b-a)}$$

$$= \frac{h(b^4 - a^4)}{4(b-a)}$$

$$= \frac{h(b^3 + ab^2 + a^2b + a^3)}{4}$$

gegeben. Wir können uns vorstellen, daß ein vierdimensionaler Künstler genauso erfreut über die Entdeckung einer solchen Formel wäre wie der dreidimensionale Geometer, der die Formel für die unvollständige Pyramide im alten Ägypten herausfand.

Skalierung und Wachstumsexponenten

Wenn wir die Größe eines Objekts verdoppeln, meinen wir damit gewöhnlich eine Zunahme der Kantenlängen auf das Doppelte, wobei sich die Oberfläche aus quadratischen Teilstücken vervierfacht und das Volumen kubischer Teilstücke verachtfacht. Im allgemeinen erwarten wir, daß eine Größe mit einer Potenz von Zwei wächst, wenn wir die Größe verdoppeln, und daß dieser Exponent des Wachstums der Dimension dieser Größe entspricht. Gibt es eigentlich auch Exponenten, die keine natürlichen Zahlen sind? Erstaunlicherweise kennt man Größen, die mit einem Faktor zwischen Zwei und Vier wachsen, wenn man ihre Ausdehnung verdoppelt. In den letzten Jahren kam großes Interesse an den schönen Bildern auf, die man aus „fraktalen" Objekten mit nicht ganzzahligem Wachstumsexponenten erhält.

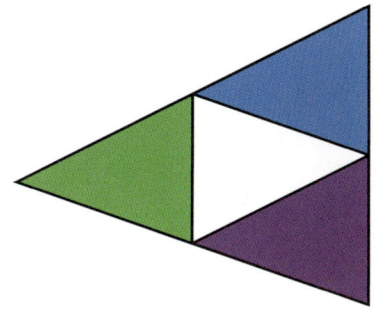

2.27 Die Zerlegung eines Dreiecks in vier kongruente Dreiecke.

2.28 Sechs Schritte zur Erzeugung eines Sierpiński-Dreiecks.

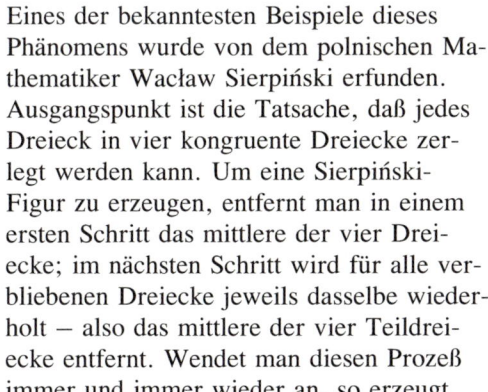

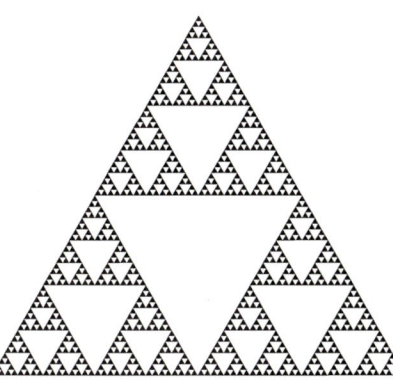

Eines der bekanntesten Beispiele dieses Phänomens wurde von dem polnischen Mathematiker Wacław Sierpiński erfunden. Ausgangspunkt ist die Tatsache, daß jedes Dreieck in vier kongruente Dreiecke zerlegt werden kann. Um eine Sierpiński-Figur zu erzeugen, entfernt man in einem ersten Schritt das mittlere der vier Dreiecke; im nächsten Schritt wird für alle verbliebenen Dreiecke jeweils dasselbe wiederholt — also das mittlere der vier Teildreiecke entfernt. Wendet man diesen Prozeß immer und immer wieder an, so erzeugt man das sogenannte „Sierpiński-Dreieck".

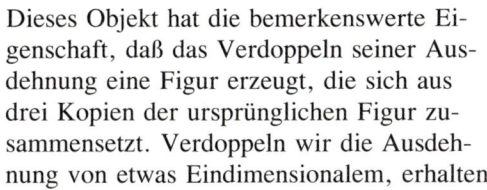

Dieses Objekt hat die bemerkenswerte Eigenschaft, daß das Verdoppeln seiner Ausdehnung eine Figur erzeugt, die sich aus drei Kopien der ursprünglichen Figur zusammensetzt. Verdoppeln wir die Ausdehnung von etwas Eindimensionalem, erhalten

2.29 Fünf Schritte der Erzeugung einer Koch-schen Schneeflockenkurve.

wir zwei Kopien des Originals; verdoppeln wir die Ausdehnung von etwas Zweidimensionalem, so erhalten wir vier Kopien des Originals. Das Sierpiński-Dreieck hat eine derartige Dimension, daß wir drei Kopien erhalten, wenn wir Zwei mit diesem Exponenten potenzieren. Es gibt keine ganze Zahl mit dieser Eigenschaft, und tatsächlich liegt die Dimension des Sierpiński-Dreiecks zwischen Eins und Zwei. Genau entspricht sie dem Logarithmus von Drei zur Basis Zwei.

Eine weitere Figur, die durch einen solchen unendlichen Prozeß erzeugt wird, ist die Kochsche Schneeflockenkurve. Die Konstruktion der Schneeflocke beginnt mit einem gleichseitigen Dreieck, bei dem auf jeder der drei Kanten ein Dreieck mit einem Drittel der ursprünglichen Kantenlänge errichtet wird. (Das Ergebnis ist ein sechszackiger Stern.) Dann wird auf jeder der zwölf Kanten der so erzeugten Figur ein Dreieck mit einem Neuntel der ursprünglichen Kantenlänge errichtet. Jede der Kanten wird also durch vier kleinere Kanten von je einem Drittel der Länge der vorangehenden Kante ersetzt. Daraus ergibt sich, daß der Gesamtumfang in jedem Schritt mit 4/3 multipliziert wird. Die Kochsche Schneeflockenkurve ergibt sich als Limes dieses ins Unendliche fortgesetzten Verfahrens.

3. Schichtprinzip und Höhenlinien

Eine Botanikerin kann eine Blütenknospe mikroskopisch untersuchen, indem sie diese in Kunstharz einbettet, dann in dünne Schichten schneidet und die Feinschnitte auf Objektträger aufbringt. Indem sie die aufeinanderfolgenden Schnitte wie einen Stapel der aufgeschnittenen Knospe abarbeitet, gewinnt sie Einblick in die innere Geometrie. Während die Botanikerin den Stoß von unten nach oben durchgeht, wird sie zu einer „kritischen" Schicht gelangen, bei der sich die Form ändert. Um eine gute Vorstellung von der zusammengesetzten Gestalt der Knospe zu erhalten, braucht sie nur diese entscheidenden Schnitte und eini-

phen, die axiale Schichtbilder senkrecht zum Rückgrat eines Patienten mit Hilfe eines Abtastsystems für Röntgenstrahlung lieferten. Neuere Techniken, wie die NMR-Tomographie, machen die innere Struktur, etwa des Kopfes, sichtbar, indem sie nicht nur axiale Schichtbilder — entsprechend Schnitten senkrecht zum Rückgrat — liefern, sondern auch „sagittale" Schichten (von Ohr zu Ohr) oder „koronale" Schichten (von der Nasenspitze bis zum Hinterkopf) abbilden (siehe Abbildung 3.2). Diese NMR-Bilder zeigen sowohl Knochen als auch Gewebe, wobei unterschiedliche Schattierung und Textur die Dichte der ver-

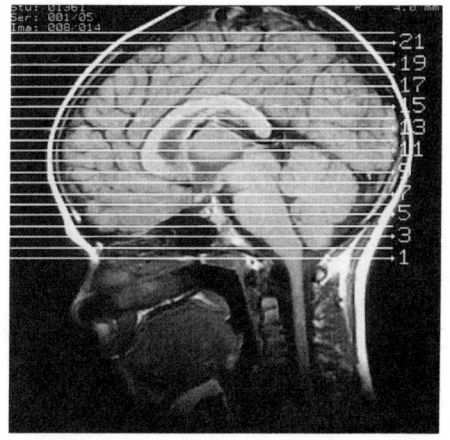 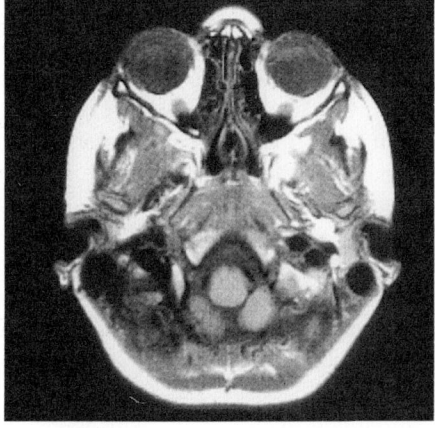 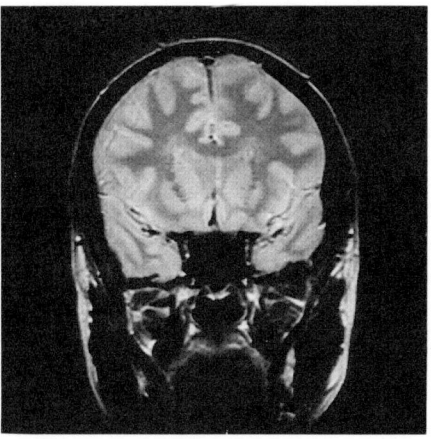

ge repräsentative Zwischenschichten auszusondern. Mit einer solchen Serie von Schnitten wäre es möglich, ein physisches Modell der Knospe zu rekonstruieren oder sich das Bild nur vorzustellen.

Heute brauchen wir das eigentliche Objekt dank neuentwickelter Verfahren nicht mehr zu zerschneiden, um eine Folge von Schichtbildern in nahezu beliebiger Schnittrichtung und -höhe zu erhalten. Ein erster Durchbruch gelang mit Computertomogra-

schiedenen Teile kenntlich machen. Wir können diese Bilder auf Folien ziehen, sie danach in der richtigen Reihenfolge anordnen und interpolieren, um eine dreidimensionale Vorstellung der ursprünglichen Gestalt zu gewinnen.

In allen diesen Fällen erhalten wir Einblick in eine dreidimensionale Struktur, indem wir uns eine Folge zweidimensionaler Schnitte ansehen. Wenn wir den Aufbau eines dreidimensionalen Körpers schließlich verstehen, können wir umgekehrt auch voraussagen, welche Schichten wir erhalten werden, wenn wir eine Reihe paralleler Schnitte anfertigen.

3.2 NMR-Bilder eines sagittalen Schnittes durch den Kopf (links), eines axialen Schnittes, der auf dem linken Bild mit der Ziffer 1 gekennzeichnet ist (Mitte), und eines koronalen Schnittes auf halbem Wege zwischen Nase und Hinterkopf (rechts). NMR ist das internationale Kürzel für Kernspinresonanz, einen physikalischen Prozeß, bei dem — angeregt durch elektromagnetische Wechselfelder — abbildbare Strahlung freigesetzt wird.

3.1 Die Höhenlinien dieser Terrassenlandschaft in Katmandu können als horizontale Schichten durch den Berg betrachtet werden.

Ein anderer Typ einer dreidimensionalen Schichtenfolge ergibt sich, wenn wir zweidimensionale Bilder stapeln, die über einen gewissen Zeitraum aufgenommen wurden. Eine Amöbe durchlebt die verschiedenen Phasen ihres Daseins, ohne zu merken, daß über der Petrischale, die ihren Lebensbereich ausmacht, eine Filmkamera aufzeichnet, wie sie ihre Umgebung erkundet und sich Nahrung einverleibt – alle paar Augenblicke nimmt die Kamera ein Bild auf, so daß alles dokumentiert wird. Die Amöbe ist bei ihrem ersten Auftauchen klein und wird immer größer, bis sie sich einen Tag später in zwei neue Wesen teilt. Der gesamte Vorgang wird von der Kamera festgehalten. Ein Techniker entwickelt den Film und fertigt Einzelbilder an, die als Dia auf gläserne Quadrate aufgebracht und zu einem langen Quader aufgestapelt werden können. Im Inneren dieses Glasquaders können wir eine dreidimensionale, wurmähnliche Gestalt sehen, welche die gesamte Entwicklung der Amöbe aufzeigt. Um irgendein einzelnes Ereignis zu untersuchen, brauchen wir nur die richtige Scheibe auszuwählen, um eine „Schicht" der Entwicklung unserer Amöbe zu erhalten.

Edwin Abbott Abbott benutzte das Schichtprinzip, um die Verständigung zwischen den verschiedenen Dimensionen in Plattland zu beschreiben. Ein großer Höhepunkt in dieser Geschichte ereignet sich, als Ein Quadrat von einem Wesen aus einer höheren Dimension, in diesem Fall aus unserer dritten Dimension, besucht wird. Dieses Ereignis zwingt ihn, sein Verständnis der Natur und der Realität völlig und unwiderruflich zu korrigieren. Man stelle sich Ein Quadrat als ein amöbenähnliches Wesen, auf der Oberfläche eines stillen Teiches treibend, vor, das nichts von der Luft über sich und dem Wasser unter sich ahnt, einzig mit dem Bewußtsein der oberflächlichen Realität auf dem Wasser. Eine dreidimensionale Kugel, ein fester Ball, ist gerade dabei, in diese zweidimensionale Welt einzudringen. Das Wasser teilt sich, während die Kugel durch die Oberfläche dringt. Für Ein Quadrat, der nur den Teil der Kugel sehen kann, der seine Ebene schneidet, ist dieser Besuch sehr mysteriös. In jedem Stadium sieht er nur den Rand einer ebenen Kreisscheibe, und er kann um diese Figur herumwandern und dabei beobachten, daß es sich um einen perfekten Kreis handelt. Alle kirchliche und weltliche Macht gehört in Plattland den Kreisen. Sie sind die Hohepriester und Könige der Philosophie. Der Weg der Kugel durch Plattland könnte von Ein Quadrat nur auf *eine* Weise beschrieben werden. Er würde erzählen, daß er gerade den beschleunigten Lebensablauf eines Priesters erfahren hätte! Zuerst würde er eine priesterliche Eizelle sehen, welche zu einem priesterlichen Embryo heranwächst. Ein priesterlicher Infant wird geboren und wächst durch die niederen Stände zur Priesterweihe und vollen geistlichen Autorität, nur um im hohen Alter an Größe abzunehmen, bis er schließlich zu einem Punkt zusammensinkt und verschwindet. Als ein zweidimensionales Wesen erfährt Ein Quadrat die aufeinanderfolgenden Schichten einer Kugel als Wachstum und Veränderung in der Zeit. Es ist ganz schön anstrengend, in Plattland selbst Einwohner wie Ein Quadrat, der immerhin so etwas wie ein Mathematiker ist, davon zu überzeugen, daß eine Kugel kein zweidimensionales, wachsendes und sich mit der Zeit veränderndes Wesen ist, sondern eine sich räumlich und zeitlich ausdehnende Existenz hat, die jenseits der zwei Dimensionen von Plattland in einer dritten, den Plattländern unbekannten Dimension angesiedelt ist. Ein Quadrat erfährt diese dritte Dimension als Zeit, aber das bedeutet nicht, daß „die dritte Dimension die Zeit *ist*".

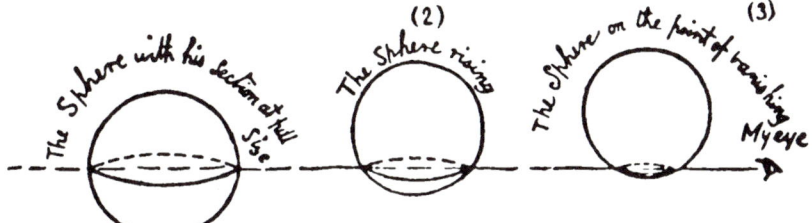

3.3 Den Besuch einer Kugel in Plattland erlebt Ein Quadrat als Auftauchen eines Kreises, dessen Umfang zuerst wächst und dann abnimmt.

Und welche Aufforderung ergeht an uns, die wir so privilegiert sind, in Raumland zu leben? Hier sind wir nun in unserem dreidimensionalen „stillen Teich" und glauben bereitwillig, dies sei alles, was es gibt. Was würde passieren, wenn uns eine Kugel der vierten Dimension besuchte? Die Analogie ist klar. Zuerst sähen wir einen Punkt, der sich in jeder uns sichtbaren Richtung zu einer kleinen Kugel ausformt, die solange wächst, bis sie ihre volle Ausdehnung erreicht hat, um dann wieder zu einem Punkt zusammenzuschrumpfen und zu verschwinden. Genau diese Abfolge des Wachsens und Schrumpfens läßt sich bei einem allmählich aufgeblasenen und dann wieder entleerten Ballon präzise nachvollziehen. Ohne weitere Informationen wäre es uns nicht möglich zu unterscheiden, ob wir eine gewöhnliche, mit der Zeit wachsende und sich verändernde Kugel oder die aufeinanderfolgenden dreidimensionalen Schnitte einer „Hypersphäre" der vierten Dimension sehen.

Die Bedeutung der *Zeit* als vierte Dimension wirkt auf den modernen Leser häufig verwirrend. Sie ist tatsächlich nur *eine* vierte Dimension und nicht *die* vierte Dimension. Abbott schrieb *Flatland* zwanzig Jahre bevor irgend jemand an die Relativitätstheorie dachte, in der die Zeit als vierte Dimension behandelt wird; so wurde er durch diesen Umstand nicht verwirrt, anders als wir, die wir im 20. Jahrhundert aufgewachsen sind. Sicherlich waren sich die Menschen des 19. Jahrhunderts der Tat-

3.4 Edwin Abbott Abbott im Jahre 1884, zu der Zeit, als er *Flatland* verfaßte.

sache bewußt, daß die Zeit häufig in Gleichungen erscheint und daß sie sich in Graphiken räumlich darstellen läßt. Man verstand und verwendete die Idee der Zeit als vierter Koordinate bei so nüchternen Dingen wie einer Verabredung in einer Stadt, sagen wir New York. „Ich treffe dich an der Ecke 7th Avenue und 4th Street im fünften Stock" könnte in einem Kalender als (7, 4, 5) eingetragen werden, aber die Verabredung bleibt ohne die vierte Zeitkoordinate unvollständig; hier könnte „um zehn Uhr" ergänzt werden, also (7, 4, 5, 10). Dieses vierdimensionale System aus „dreifach Raum, einfach Zeit" ist in der modernen Physik nicht nur als praktische Notation nützlich, sondern es birgt eine ungemein reiche mathematische Struktur in sich. Die Mathematik ist nämlich nicht die des gewöhnlichen Raumes; die zeitliche Dimension verhält sich wirklich anders. Abbott konfrontiert uns in seiner Darstellung mit einer Herausforderung: Wir sollen uns einen vierdimensionalen „homogenen" *Raum* vorstellen, in dem alle Richtungen gleichwertig sind; wenn wir dort etwa eine Kiste aufheben und wieder absetzen wollten, wäre das möglich, denn einerlei, welche drei der vier Dimensionen wir sehen, keine ist von einer anderen unterscheidbar.

Merkwürdigerweise tauchte jede der drei Schnittrichtungen der NMR-Bilder als eine Ausformung niederdimensionaler Science-fiction-Allegorie auf. Die Plattland-Analogie ermutigt uns, die *axiale* Perspektive eines zweidimensionalen Universums zu untersuchen. In seiner ebenfalls 1884 geschriebenen Episode aus Plattland stellt C. Howard Hinton, ein Zeitgenosse und vermutlich auch Inspirator Abbotts, ein Volk zweidimensionaler Wesen aus einer *sagittalen* Perspektive vor: rechts- und linkshändige Dreieckswesen, die auf der Außenseite einer Scheibe leben. Dionys Burger beschreibt in einer 1964 erschienenen Fortsetzung, die von Sphärenland handelt, symmetrische Figuren auf einer Kugeloberfläche in *koronaler* Ansicht. Und kürzlich stellte A. K. Dewdney in seiner modernen Allegorie *Planiversum* eine Mischung aus sagittaler und koronaler Sichtweise vor. Jede dieser Betrachtungsweisen hat ihre eigenen geometrischen Besonderheiten, und jede wirft andere Fragen auf.

3.5 Yendred, der Held von Planiversum in der Geschichte von A. K. Dewdney, ist hier in einer koronalen oder frontalen Perspektive dargestellt.

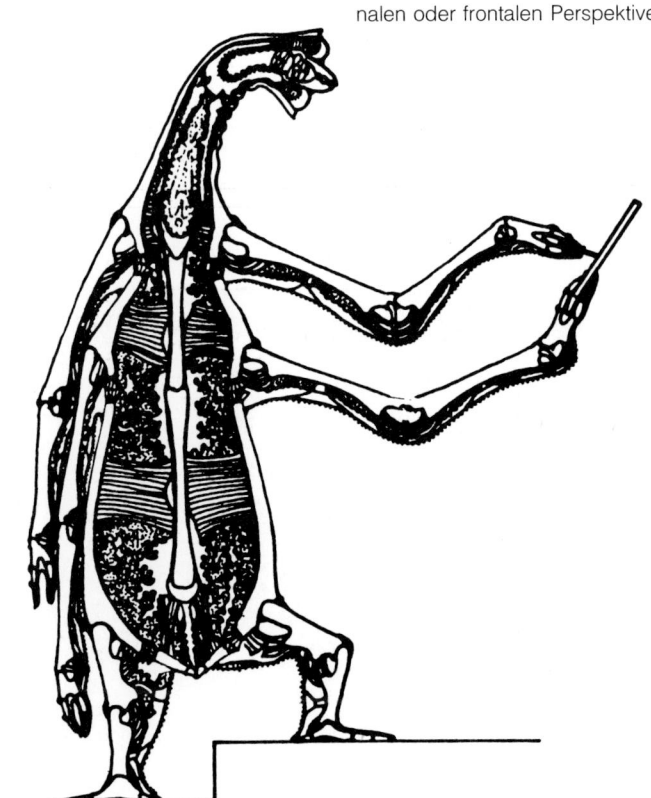

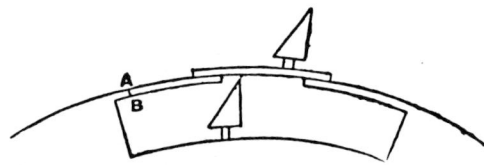

3.6 Die dreieckigen Wesen, die C. Howard Hinton in seiner Episode über Plattland beschreibt, zeigen sich hier sagittal, also in Profilansicht.

3.7 Der flache Humanoid in Dionys Burgers fiktivem Sphärenland ist wiederum in koronaler Ansicht dargestellt.

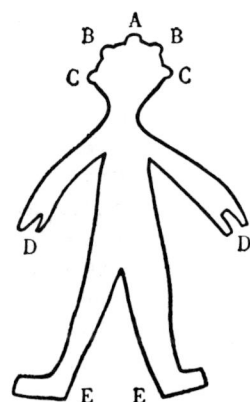

Einfache Schnitte
durch symmetrische Körper

Als Abbott sein Buch über Plattland schrieb, kannte er zweifellos die Arbeiten von Friedrich Fröbel, dem Begründer der ersten Kindergärten, der als Pädagoge darauf hingewiesen hatte, daß man bereits kleinen Kindern den Umgang mit geometrischen Formen nahebringen sollte. Fröbels Ideen fanden rasch Anklang und setzten sich in der zweiten Hälfte des 19. Jahrhunderts im gesamten deutschsprachigen Raum und Europa durch und griffen schließlich auch auf die Vorschulerziehung in den Vereinigten Staaten über.

Eine der ersten „Gaben", mit denen Fröbel seinen Kindergartenkindern geistige Anregungen bieten wollte, war ein Holzständer mit drei aufgehängten geometrischen Grundkörpern – Kugel, Zylinder und Würfel. Während die Objekte sich an ihren Fäden drehten, konnten die Kinder sie von verschiedenen Seiten betrachten und dabei lernen, ihre räumliche Struktur und Symmetrie einzuschätzen.

Die Körper konnten an verschiedenen Ösen auf ihrer Oberfläche aufgehängt werden, wobei die Kugel wegen ihrer Symmetrie nur eine Öse aufwies, da sie – egal wie sie aufgehängt ist – immer gleich aussieht.

3.8 Friedrich Fröbel, der Erfinder des Kindergartens, und seine geometrischen Modelle in einer Darstellung aus dem Milton-Bradley-Katalog von 1889.

Der Zylinder hatte drei Ösen, eine im Mittelpunkt der oberen Kreisfläche, eine am Rand dieser Fläche und eine auf halber Höhe des Zylindermantels. Der Würfel hatte ebenfalls drei Ösen, eine im Mittelpunkt einer quadratischen Seitenfläche, eine in der Mitte einer Kante und eine an einer Ecke.

Wenn wir diese Körper an verschiedenen Punkten aufhängen, erhalten wir unterschiedliche Perspektiven und, was noch wichtiger ist, im Verlauf einer Umdrehung sehen wir unterschiedliche Folgen horizontaler Umrisse. Wir können uns nun vorstellen, was passieren wird, wenn wir diese Gruppe von Klötzen allmählich in einen Eimer mit Wasser tauchen. Wie ändert sich die Form des Umrisses, der die Wasserfläche teilt? Wenn wir die verschiedenen Schnitte solcher Körper untersuchen, gewinnen wir ein sehr viel besseres Gefühl für ihre Symmetrien und den Aufbau aus verschiedenen Teilelementen. Solche Beobachtungen helfen uns, kompliziertere Körper zu analysieren, und sind eine gute Vorbereitung für die spätere Betrachtung der höheren Dimensionen.

Wenn die Kugel durch die Ebene dringt, erzeugt die Abfolge der Schnitte wieder die Geschichte des Besuchs in Plattland: Zuerst ergibt sich ein Punkt, dann ein kleiner Kreis, der zu einem großen Kreis wächst, um danach zu einem Punkt zu schrumpfen und zu verschwinden. Die Geschichte bleibt dieselbe, egal wie wir die Kugel aufhängen.

Den Würfel einzutauchen, ergibt kompliziertere und interessantere Ergebnisse. Die drei unterschiedlichen Möglichkeiten des Eintauchens führen auf drei sehr verschiedene Schnittfolgen. Die am geringsten variierende Folge von Schnitten sehen wir, wenn der Würfel an einer Öse im Mittelpunkt einer quadratischen Seitenfläche auf-

3.9 Die einfachsten Schnitte des Würfels sind Quadrate.

gehängt ist. Steigt der Wasserspiegel, so sind alle Schnitte Quadrate derselben Größe. Würde Ein Quadrat auf der Wasseroberfläche treiben, hätte er zu berichten, daß aus dem Nichts vor ihm plötzlich ein ihm ähnliches Quadrat auftauchte, das eine Weile dablieb, um dann abrupt zu verschwinden. Er würde den Würfel als ein „zeitweiliges Quadrat" beschreiben und dabei irrtümlich eine räumliche Dimension als zeitliche interpretieren.

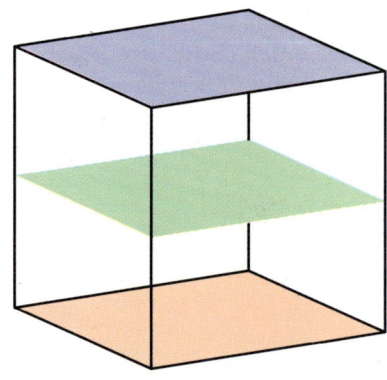

Wie kann Ein Quadrat begreifen, was tatsächlich passiert? In der Geschichte wird Ein Quadrat auf das Verständnis eines solchen Bereichs durch die Vorstellung von Linienland vorbereitet, einer nur eindimensionalen Welt. Der König von Linienland ist ein langer Abschnitt, der niemanden hinter den zwei „Subjekten" sehen kann, die ihm direkt benachbart sind. Als Ein Quadrat sein Königreich mit der Ecke voran besucht, betrachtet der König ihn als einen „zeitweiligen Abschnitt".

Was würden wir sehen, wenn uns ein vierdimensionaler Hyperkubus besuchen würde? Wenn er durch unseren Raum „mit dem Würfel voran" käme, sähen wir einen „zeitweiligen Würfel". Wir befänden uns in einer ähnlichen Situation wie Ein Quadrat bei seinem Versuch, Worte für den Besuch eines dreidimensionalen Würfels zu

3.10 Ein Quadrat erscheint dem König von Linienland als „momentaner Abschnitt". Die Zeichnung zeigt Ein Quadrat unmittelbar vor dem Verschwinden aus Linienland.

finden, oder wie der König von Linienland bei seinem Bemühen zu beschreiben, wie Ein Quadrat sein Land durchquert.

Offenbar machen auch diese zeitlichen Schnittfolgen wichtige Eigenschaften eines Objekts deutlich. Einerseits finden wir heraus, wie viele Ecken oder Scheitelpunkte das Analogon des Würfels in jeder Dimension besitzt. Der König weiß, daß er als Abschnitt zwei Endpunkte besitzt, die er sich als helle Punkte vorstellen mag. Während er den „zeitweiligen Abschnitt" beobachtet, sieht er im ersten Moment zwei helle Punkte und weitere am Ende und weiß daher, daß Ein Quadrat vier Ecken besitzt. Ein Quadrat könnte begreifen, daß ein Würfel acht Ecken besitzt, obwohl er in seiner flachen Welt nie einen ganzen Würfel auf einmal sehen kann. Ein „zeitweiliges Quadrat" hat im ersten Moment vier helle Ecken und vier weitere im letzten Moment, also insgesamt acht. Ebenso hätte ein Hyperkubus, als „zeitweiliger Würfel" gedacht, am Anfang acht helle Ecken und acht weitere am Ende, also insgesamt 16 Ecken. Auch wenn wir nie hoffen können, einen ganzen Hyperkubus auf einmal in gleicher Weise zu „sehen", wie wir einen Würfel sehen, können wir darauf vertrauen, daß ein solches Objekt 16 Ecken haben wird — sofern wir es jemals zu Gesicht bekommen. Sollten wir etwas sehen, das weniger oder mehr Ecken besitzt, werden wir wissen, daß es *kein* Hyperkubus ist.

Die Plattland-Perspektive fordert uns dazu heraus, nicht bei der zweiten Dimension oder der dritten oder vierten stehen zu bleiben, sondern die Analogie fortzuführen und uns zu überlegen, daß ein fünfdimensionaler Kubus, der durch einen vierdimensionalen „stillen Teich" dringt, als ein „zeitweiliger Hyperkubus" mit 32 Ecken erscheinen sollte. Jedesmal, wenn wir zur nächsthöheren Dimension übergehen, wird die Anzahl der Ecken mit Zwei multipliziert. Daher kommt es, daß die Anzahl der Ecken eines Quadrats 2×2 oder 2^2 und die der Ecken eines dreidimensionalen Würfels 2^3 beträgt, also kubisch zunimmt. Die Struktur ist klar: In einem Raum beliebig vorgegebener Dimension ist die Anzahl der Ecken eines Kubus in dieser Dimension eine Potenz von Zwei, wobei für jede Dimension ein Faktor Zwei gerechnet wird. (Wir können die Zahl der Ecken eines Kubus in der n-ten Dimension symbolisch mit 2^n bezeichnen.)

Bisher haben wir noch nicht danach gefragt, ob ein Hyperkubus als physikalisches Objekt tatsächlich existiert oder nicht. Mathematiker interessieren sich für die Beschreibung der Eigenschaften geometrischer Objekte, egal ob diese nun irgendwelchen Objekten in irgendeinem physikalischen Sinne entsprechen oder nicht. Als mathematisches Objekt ist der Hyperkubus eine Abstraktion — genau wie Würfel oder Quadrat. Niemand hat je ein ideales Quadrat oder einen idealen Würfel gesehen, aber nichtsdestoweniger können wir ihre ideelle Form begreifen. Genauso begreifen wir die Idee vom Hyperkubus.

Kompliziertere Schnittrichtungen

Wir wollen zum gewöhnlichen dreidimensionalen Würfel zurückkehren und ihn in unserer Vorstellung auf andere Arten durch die Wasseroberfläche tauchen lassen. Wenn er in der Mitte einer Kante aufgehängt ist, taucht zuerst die gegenüberliegende Kante ein. Sinkt der Würfel tiefer, wird der Umriß zu einem Rechteck, das zwei Seiten mit der Länge der Würfelkanten und ein weiteres Seitenpaar zunächst sehr geringer Länge besitzt. Diese kleineren Seiten wachsen nun und werden schließlich größer, als es der Kantenlänge entspricht; sie erreichen im Maximum fast die eineinhalbfache Kantenlänge. Dann schrumpft die Länge dieser Rechteckseiten wieder auf Null, so daß in dem Moment, wo der ganze Würfel gerade untertaucht, der Schnitt aus einer einzelnen Kante besteht.

Die am schwierigsten darzustellende Schnittsequenz tritt auf, wenn wir den Würfel von einer seiner Ecken herabhängen lassen. Die am tiefsten gelegene Ecke wird zuerst naß; dieser Punkt dehnt sich dann zu einem kleinen Dreieck aus, da der Wasserspiegel auf drei der sechs quadratischen Flächen trifft. Wenn der Würfel fast gänzlich untergetaucht ist, sehen wir einen anderen dreieckigen Umriß, der zuletzt zu einem einzigen Punkt, dem Aufhängungspunkt, zusammenschrumpft.

Man mag sich fragen, was man dazwischen zu Gesicht bekommt. Wie sieht die Schnittform aus, wenn der Wasserspiegel genau bis zur Höhe des halben Würfels reicht? Für viele Menschen ist die Antwort überraschend: Mitten durch den Würfel, senkrecht zur längsten Diagonale, erhalten wir ein völlig regelmäßiges Sechseck mit sechs gleich langen Seiten und überall gleich großen Winkeln. Mathematisch ist dies nur folgerichtig. Nach allem erwarten wir auf halbem Wege, irgend etwas zu schneiden, und es gibt keinen Grund, warum die drei oberen Flächen gegenüber den drei unteren Flächen bevorzugt wurden – also sollte unser Schnitt alle sechs Flächen in gleicher Weise treffen. Deshalb werden wir schon

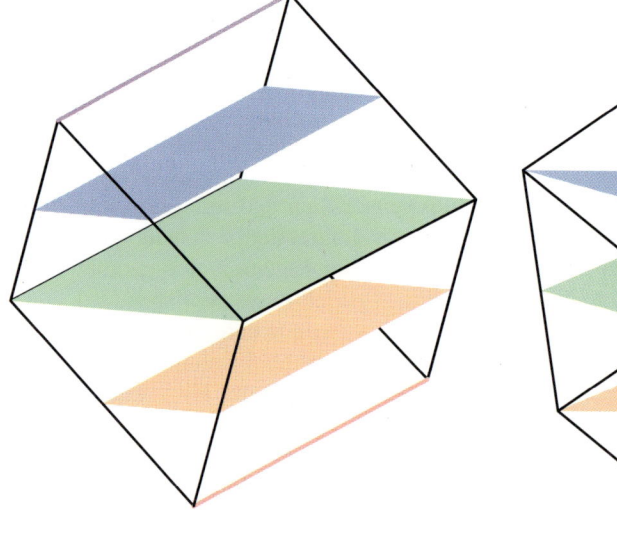

3.11 Schnitte durch den Würfel, die parallel zur untersten Kante gelegt wurden.

3.12 Schnitte durch den Würfel senkrecht zur Raumdiagonale – die Folge beginnt mit der untersten Ecke.

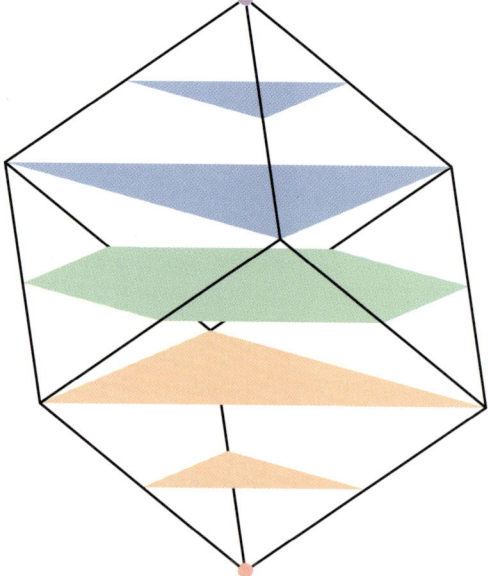

aus Gründen der Symmetrie ein Sechseck erwarten. Mit einem solchen abstrakten Argument lassen sich viele Menschen völlig überzeugen, andere indessen möchten doch lieber einen anschaulichen Beleg vor sich sehen. Zum Beispiel könnten wir einen durchsichtigen Würfel mit einer farbigen Flüssigkeit füllen und in verschiedenen Positionen halten. Oder wir könnten einen modernen Graphikcomputer so programmieren, daß er uns Schnitte in jeder beliebigen Richtung zeigt.

Das Sechseck sagt als mittlerer Schnitt eines Würfels etwas über dessen Symmetrie aus. Der Würfel besitzt vier lange Raumdiagonalen, die durch den Mittelpunkt gehen, und zu jeder davon gibt es als senkrechte Schnittfläche durch den Mittelpunkt ein Sechseck, dessen Eckpunkte jeweils in der Mitte einer Würfelkante liegen. Dabei ist jeder Kantenmittelpunkt Eckpunkt von zwei dieser vier Sechsecke.

Sechsecke, Dreiecke und Quadrate spielen für mathematische Packungs- oder Parkettierungsprobleme eine wichtige Rolle. Stellen wir uns vor, eine große Anzahl von Würfeln soll lückenlos zu einem großen Würfel zusammengepackt werden. Legen wir einen ebenen Schnitt durch den großen Würfel, so erhalten wir für jeden Teilwürfel als Schnittfigur ein Polygon. Alle diese Polygone fügen sich zu einem Muster zusammen, das einen Teil der Schnittebene — oder auch die gesamte Ebene — ausfüllt. Liegt diese Ebene parallel zu einer Seitenfläche des großen Würfels, so werden alle polygonalen Schnitte Quadrate sein, die flächendeckend zusammenpassen und eine Parkettierung der Fläche darstellen. Dies ist ein Beispiel für eine regelmäßige oder reguläre Parkettierung, bei der alle Polygone dieselbe Gestalt besitzen. Nun betrachten wir einen Schnitt, der senkrecht zu einer Raumdiagonale des großen Würfels ge-

3.13 Ein durchsichtiger Würfel mit farbiger Flüssigkeit verdeutlicht, daß als Schnittfigur durch die Mitte des Würfels ein Sechseck entsteht.

legt wird. Sofern dieser Schnitt durch den Eckpunkt eines Würfels geht, werden alle Schnittfiguren gleichseitige Dreiecke sein, was wieder einer regulären Parkettierung entspricht. Verschieben wir die Schnittebene parallel zu sich selbst, bis sie durch die Mitte eines Würfels geht, so ergibt sich ein Muster aus regelmäßigen Sechsecken und gleichseitigen Dreiecken. Dieses Muster stellt eine „halbreguläre" Parkettierung der Ebene dar, wobei die Polygone alle regelmäßig sind, aber in der Anzahl ihrer Kanten variieren. Schnitte in anderen Richtungen können die Ebene in unregelmäßige Polygone zerlegen. Die Strukturen, die aus diesen Schnitten hervorgehen, ähneln den Strukturen von Kristallen.

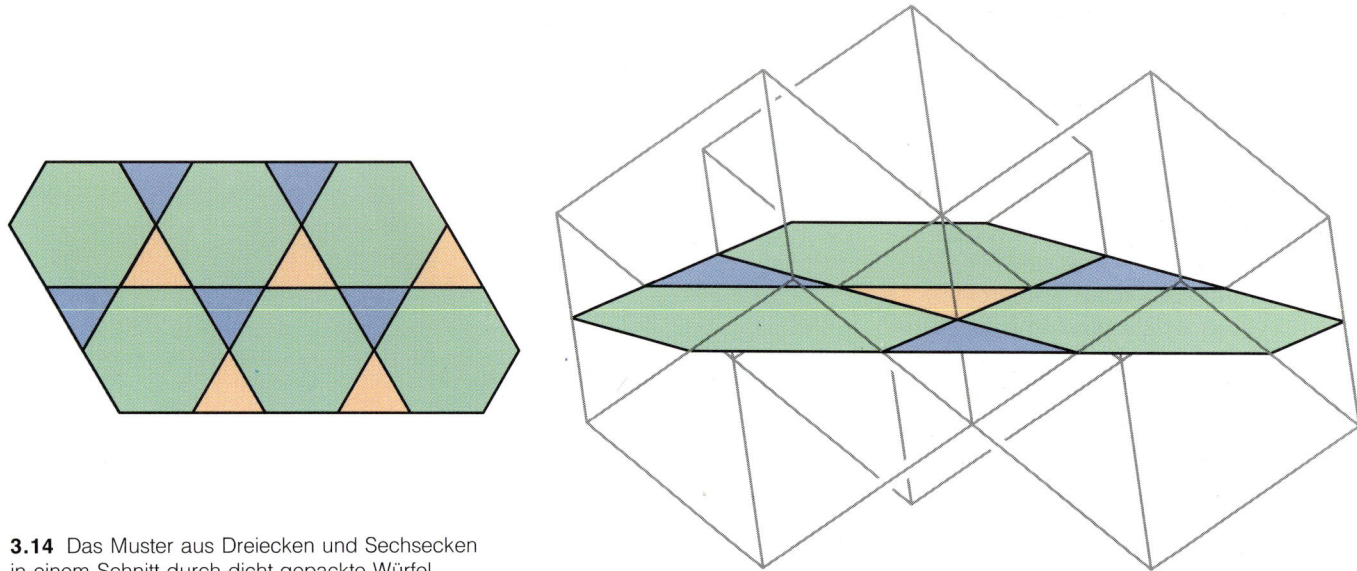

3.14 Das Muster aus Dreiecken und Sechsecken in einem Schnitt durch dicht gepackte Würfel.

Die Schnitte des Hyperkubus

Wir haben uns bereits klargemacht, wie ein Hyperkubus, der mit dem Würfel voran durch unser Universum dringt, für uns aussehen müßte: Im ersten Moment sähen wir einen normalen Würfel mit acht hellen Ecken, danach zeitweilig einen weniger hellen Würfel und schließlich einen weiteren mit acht hellen Ecken. Was würde geschehen, wenn der Hyperkubus aus einer anderen Richtung, beispielsweise mit einem Quadrat oder einer Kante oder einer Ecke voran, unser Universum passieren sollte? Derartigen Fragestellungen ist der moderne Graphikcomputer ideal angepaßt. Wir können die Schnitte darstellen, auch wenn wir die zu zerschneidenden Objekte selbst nicht konstruieren können!

Wir können uns eine vierdimensionale Analogie von Fröbels geometrischem Spielzeug als eine Hyperkugel und einen Hyperkubus vorstellen, die „über" unserer dreidimensionalen Welt als „Wasseroberfläche" auf-

gehängt sind. Wie wird sich das Erscheinungsbild der Schnitte verändern, während die Körper immer weiter eintauchen, bis der Wasserspiegel sie schließlich bedeckt?

Für die Schnittfolge der Hyperkugel haben wir bereits den Vergleich mit dem Aufblasen und Luftablassen bei einem kugelförmigen Ballon gezogen. Wir erhalten hier stets die gleiche Abfolge, unabhängig davon, ob und wie die Hyperkugel sich drehen mag — das ist eine direkte Analogie zu den Schnitten einer gewöhnlichen Kugel, die Plattland durchquert. Aber beim Hyperkubus hängen die Schnitte, genau wie beim gewöhnlichen Würfel, von der Ausrichtung in bezug auf die Schnittebene ab. Dringt ein Würfel mit dem Quadrat voran durch eine horizontale Ebene, sehen wir zeitweilig ein Quadrat, und entsprechend erscheint uns ein Hyperkubus, der mit dem Würfel voran in unseren Raum eindringt, für eine gewisse Zeit als Würfel.

Ein Würfel, der mit der Kante voran ein-
trifft, wird zunächst in eine Folge von
Rechtecken zerschnitten. Wenn wir genauer
verfolgen, wie diese rechteckigen Schnitte
zustande kommen, gelangen wir allmählich
auch zu den Schnitten des Hyperkubus. Die
zur vorderen Kante senkrechten seitlichen
Quadrate des Würfels werden durch eine
Parallele zu einer Flächendiagonale geschnitten, wobei die Schnitte in jedem dieser Quadrate Strecken sind: Von einem
Punkt ausgehend, beginnt die Strecke bis
auf die Länge der Diagonale des Quadrats
zu wachsen, um danach wieder zu einem
Punkt zusammenzuschrumpfen. Deshalb
haben die rechteckigen Schnitte eines Würfels ein Paar sich nicht verändernder
Strecken mit der gleichen Länge wie die
Würfelkante und ein zweites Paar, das von
einem Punkt auf die Länge der Diagonale
wächst und dann wieder zu Null schrumpft.
Die acht Würfelecken sind dabei in drei
Mengen aufgeteilt: Zwei liegen auf der an-
fänglichen Kante, vier im größten rechteckigen Schnitt und zwei auf der hinteren,
zuletzt eintauchenden Kante. Die vergleich-
bare Schnittfolge des Hyperkubus beginnt
mit einer quadratischen Fläche, die sich
in der Folge zu Quadern mit einer konstan-
ten quadratischen Grundfläche ausdehnt.
Die rechteckigen Seitenflächen wachsen,
bis sie die Länge einer Diagonale des ursprünglichen Quadrats erreicht haben, und
schrumpfen dann wieder auf Null. Die 16
Ecken des Hyperkubus teilen sich daher in
drei Mengen: vier zu Beginn, dann acht in
der Mitte und vier am Ende.

Wird ein gewöhnlicher Würfel bei einer
Ecke beginnend geschnitten, so dehnt sich
der Punkt zu einem Dreieck aus, das sich
dann in ein Sechseck verwandelt, um anschließend wieder zu einem Dreieck zu
werden und zu einem Punkt zusammenzuschrumpfen. Die acht Ecken des Würfels
bilden vier Mengen, die der Reihe nach ei-

3.15 Schnitte des Hyperkubus, die mit einem Würfel beginnen.

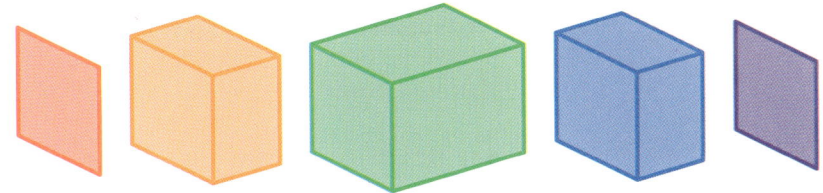

3.16 Schnitte des Hyperkubus, die mit einem Quadrat beginnen.

3.17 Schnitte des Hyperkubus, die mit einer Kante
beginnen.

ne, drei, drei und eine Ecke aufweisen.
Schneiden wir einen Hyperkubus mit der
Kante beginnend, so sehen wir eine Kante,
die sich zu einem keilförmigen Prisma mit
dreieckiger Grundfläche ausdehnt, wobei
die Höhe des Prismas der Länge der ursprünglichen Kante entspricht. Das drei-
eckige Prisma wird später zu einem sechs-
eckigen Prisma, das sich schließlich wieder
in ein dreieckiges verwandelt und zu einer
Kante zusammenschrumpft. Die 16 Ecken
des Hyperkubus sind zu vier Mengen angeordnet, die der Reihe nach zwei, sechs,
sechs und zwei Ecken enthalten.

Kommt der Hyperkubus schließlich mit einer Ecke voran durch unserem Raum, so beginnen wir mit einer einzigen Ecke, die sich zu einer kleinen Dreieckspyramide ausdehnt. Dieses Tetraeder wächst solange, bis es vier Ecken des Hyperkubus erreicht. Beim weiteren Hindurchtreten erscheint es dann so, als würden die Ecken des Tetraeders abgeschnitten, und nach drei Achteln der Wegstrecke durch den Raum nimmt der Schnitt die Form eines Körpers mit vier gleichseitigen Dreiecken und vier regelmä-

3.18 Schnitte des Hyperkubus, die mit einer Ecke beginnen.

schiedenen Stufen angeordnet: Zuerst eine Ecke, dann vier (für das Tetraeder), dann sechs (für das Oktaeder), dann vier und schließlich eine.

Für ein Quadrat, das mit der Ecke voran durch Linienland dringt, ist die Folge der Gruppierung der Ecken (1, 2, 1); für einen Würfel, der mit der Ecke voran durch Plattland dringt, erscheinen die Ecken in der Schnittfolge in den Gruppen (1, 3, 3, 1). Die entsprechende Folge für den Hyperkubus ist (1, 4, 6, 4, 1). Diese Folge ist bereits in den Koeffizienten der binomischen Formeln aufgetreten und wird wieder

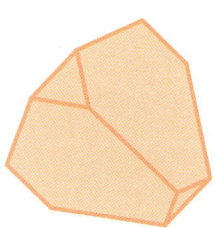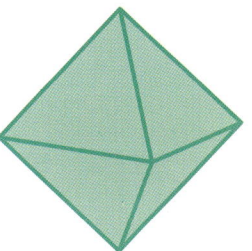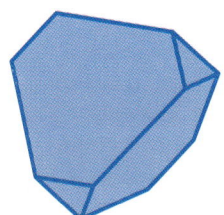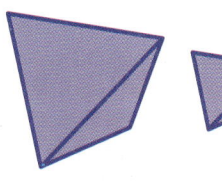

ßigen Sechsecken als Seitenflächen an. Das Gebilde ist ein halbreguläres Polyeder, das bereits Archimedes im dritten Jahrhundert vor Christus gekannt hat.

Wenn der Schnitt bis genau in die Mitte des Hyperkubus gewandert ist, werden aus den vier Sechsecken Dreiecke, die zusammen mit den vorigen vier Dreiecken ein völlig reguläres Oktaeder bilden, einen Platonischen Körper, dessen Ecken mit sechs Ecken des ursprünglichen Hyperkubus zusammenfallen. Die zweite Hälfte der Schnittfolge ist eine Umkehrung der ersten: Aus den bisherigen Dreiecken werden Sechsecke, die schrumpfen, während die Dreiecke sich ausdehnen, bis sich schließlich ein Tetraeder ausformt, das sich bis zum Endpunkt des Hyperkubus zusammenzieht. In dieser letzten Schnittfolge werden die 16 Ecken des Hyperkubus in fünf ver-

erscheinen, wenn wir im achten Kapitel die Koordinaten des Hyperkubus behandeln.

Bereits im vorigen Jahrhundert kam es unter Mathematikern in Mode, für die Schnitte des Hyperkubus Modelle zu entwickeln, welche die Schnittfolgen für verschiedene Richtungen wiedergaben. Bei vierdimensionalen Polyedern konnte hier insbesondere Alicia Boole Stott geniale Voraussagen machen, obwohl sie nicht auf eine formelle Ausbildung in den Methoden der höherdimensionalen Geometrie zurückgreifen konnte. Heute verfügen wir endlich über Möglichkeiten, Objekte zu untersuchen, von denen unsere Vorgänger nur träumen konnten oder die sie allenfalls als leblose Modelle darzustellen vermochten. Interaktive Computergraphik führt uns die Schnitte vierdimensionaler Würfel und ihre Veränderungen unmittelbar vor Augen. Nun gilt es zu lernen, wie diese Bilder zu verstehen sind, und zu versuchen, die Fesseln unserer dreidimensionalen Sichtweise zu überwinden.

Die Schnitte der Dreieckspyramide

Wir können mit unserer Schnittechnik auch weitere Figuren untersuchen. Betrachten wir die Schnitte einer Dreieckspyramide, also eines Tetraeders. Wenn wir diesen Körper parallel zu einer der Dreiecksflächen schneiden, ergibt sich zuerst ein Dreieck, das von drei der vier Eckpunkte bestimmt wird; in der Folge werden die dreieckigen Schnitte immer kleiner und schrumpfen schließlich zum vierten Eckpunkt des Tetraeders zusammen.

Schneiden wir mit einer Ebene parallel zu einer der Kanten, erhalten wir Rechtecke, die in der mittleren Position die Gestalt eines Quadrats haben (Abbildung 3.19). Diese Schnittfolge führt zu einem interessanten zweiteiligen Puzzle. Der quadratische Schnitt teilt das Tetraeder in zwei Teile völlig gleicher Gestalt. Man erhält ein Papiermodell der zwei Teile dieser Zerlegung, indem man das Schnittmuster in Abbildung 3.20 auffaltet. Vielen Leuten fällt es schwer, diese zwei identischen Teile zu einer Dreieckspyramide zusammenzusetzen. Auch wenn sie die zwei Quadrate aufeinanderlegen, halten sie die Teile so, daß die längsten Kanten parallel verlaufen, statt senkrecht zueinander zu liegen, wie es richtig wäre. Die Schwierigkeit scheint einem dreidimensionalen Äquivalent der optischen Täuschung verwandt zu sein, die zwei Strecken gleicher Länge unterschiedlich erscheinen läßt, wenn wir Pfeile an ihre Enden zeichnen. Durch das Vorhandensein der längeren Seite erscheint die quadratische Fläche als Rechteck ungleicher Kantenlänge.

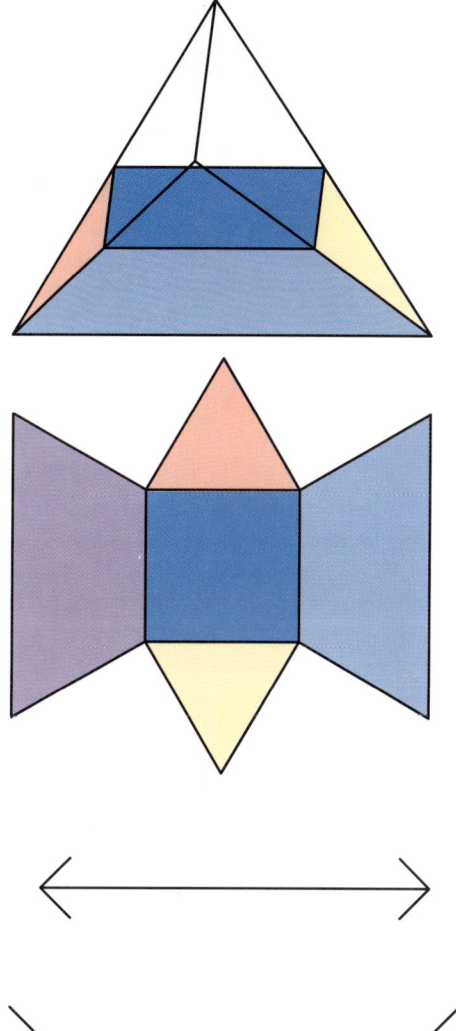

3.19 Die quadratische Schnittfläche in der Mitte eines Tetraeders.

3.20 Faltmodell für eine Hälfte des Tetraeders in Abbildung 3.19.

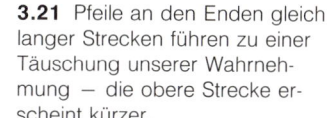

3.21 Pfeile an den Enden gleich langer Strecken führen zu einer Täuschung unserer Wahrnehmung — die obere Strecke erscheint kürzer.

Die Schnitte des Zylinders

Friedrich Fröbels dritte Figur war ein kreisförmiger Zylinder. Wenn man die Schnittfolgen für Kugel und Würfel verstanden hat, ist es einfach, sich zwei der Folgen für Zylinder vorzustellen. Bei einem Zylinder, der in der Mitte der kreisförmigen Endfläche aufgehängt ist, werden alle Schnitte Kreisscheiben sein. Wir erhalten also für einen Zylinder, der mit der Kreisfläche voran Plattland durchquert, als Beschreibung eines Beobachters in dieser zweidimensionalen Welt eine „zeitweilige Scheibe".

Wenn wir den Zylinder von der Mitte der Mantelfläche herabhängen lassen, so daß die Kreisflächen senkrecht zur Schnittebene orientiert sind, wird sich zuerst eine einzelne Strecke ergeben, die sich zu einem Rechteck ausdehnt; dieses Rechteck wird weiter wachsen, bis seine Kantenlänge dem Durchmesser der kreisförmigen Scheibe entspricht. Dann wird sich die Folge umkehren und das Rechteck wieder zu einer einzelnen Strecke zusammenschrumpfen. Komplizierter sind die Schnitte durch einen Zylinder, der von einem Randpunkt der Kreisscheibe herabhängt. Ein Schnitt durch den Mittelpunkt des Zylinders ergibt eine Ellipse.

Anhand dieser Schnittfolgen können wir uns das Pendant des Zylinders in vier Dimensionen vorstellen. Diese Figur mag uns in der Gestalt einer „zeitweiligen Kugel" oder aber einer Strecke erscheinen, die sich zu einem schlanken Zylinder ausdehnt und damit fortfährt, bis der Zylinder den Durchmesser der Kugel erreicht, um dann wieder zu einer Strecke zusammenzuschrumpfen. Ein „diagonaler" Schnitt des gleichen Objekts besäße in der Mitte ein Ellipsoid, also eine Figur, deren ebene Schnitte sämtlich Ellipsen sind.

Kegelschnitte

Im ausgehenden 19. Jahrhundert machte sich ein junger amerikanischer Spielzeugfabrikant und Konstruktionszeichner, Milton Bradley, an die Aufgabe, geometrische Modelle für Kindergärten herzustellen. Dem Fröbelschen Trio aus Kugel, Zylinder und Würfel fügte er den Kegel hinzu, der ebenfalls an verschiedenen Ösen aufgehängt werden konnte. Die Kinder konnten sich nun die Schnitte in verschiedenen waagerechten Ebenen vorstellen – die berühmten Kegelschnitte. Bradley führte die Kinder mit dieser Präsentation eines Kegels in ein zentrales Kapitel der Geschichte der räumlichen Geometrie ein und machte sie mit Kurvenbildern vertraut, die vielfältige Anwendungen in der Physik haben.

3.22 Schnitt durch einen senkrecht orientierten Zylinder, der im Mittelpunkt einer seiner Endflächen aufgehängt ist.

3.23 Schnitt durch einen waagerecht orientierten Zylinder, der in einem Punkt der Mantelfläche aufgehängt ist.

3.24 Schnitt durch einen schräg geneigten Zylinder, der in einem Randpunkt aufgehängt ist.

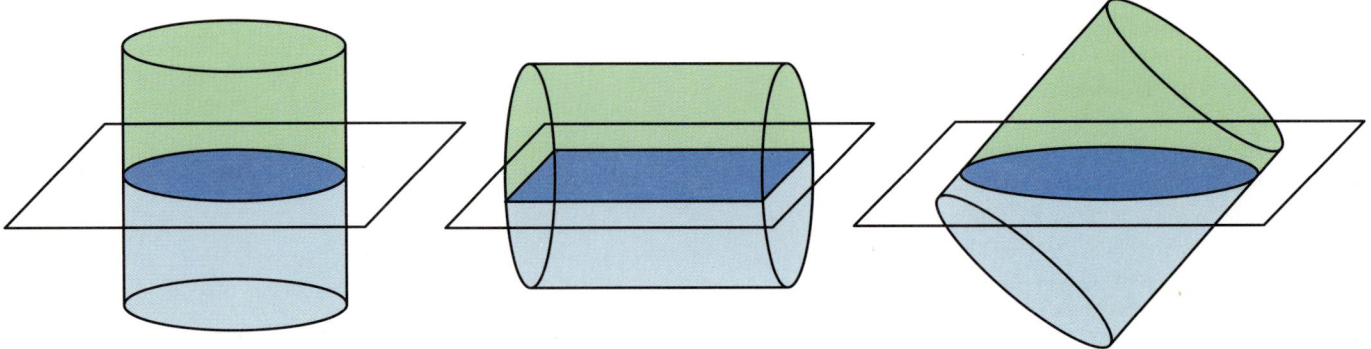

Den grundlegenden Sachverhalt hatte bereits Apollonius von Perga erkannt: Wir können Ellipse, Parabel und Hyperbel gleichermaßen durch Schnitte eines Doppelkegels und einer Ebene erhalten. Diese Kurven waren bereits in der Optik wichtig, denn sie ergaben die Gestalt der Linsen. Die Geometer wußten diese Kurven als Lösungen lokaler Probleme zu beschreiben. Eine *Parabel* bestand aus allen Punkten, die zu einem *Brennpunkt* den gleichen Abstand aufweisen wie zu einer außerhalb der Parabel liegenden Geraden, der *Leitlinie*. Wenn der Abstand jedes Punktes zum Fokus dem halben Abstand zur Leitlinie entsprach, stellte die Menge dieser Punkte eine *Ellipse* dar. Denselben Namen gab man einer Kurve mit der Eigenschaft, daß das Verhältnis aus dem Abstand zum Brennpunkt und dem Abstand zur Leitlinie kleiner als Eins war (*élleipsis* bedeutet „Mangel"). Eine Kurve, deren Verhältnis größer als Eins ist, erscheint in zwei Teilen und heißt *Hyperbel*.

Kegelschnitte treten häufig auf, zum Beispiel in den räumlichen Lichtkegeln, die aus einem Lampenschirm nach oben und unten fallen. Der Rand dieses Doppelkegels bestimmt die Kante der Schatten auf jeder Wand, die dem Licht im Wege ist. Die Wand schneidet den Lichtkegel und ergibt also einen Kegelschnitt.

Halten wir eine ebene Fläche direkt über den Schirm, so entsteht ein Kreis, der größer und größer wird, je weiter wir die Fläche wegbewegen. Wenn wir die Fläche langsam kippen, wird der Lichtkreis zu einer Ellipse, die zu einer größeren Ellipse wird, wenn wir die Fläche weiter wegbewegen (wobei sich das Verhältnis zwischen größter und kleinster Achse nicht ändert). Weiteres Kippen erzeugt immer längere Ellipsen, bis die Fläche schließlich parallel zu einem der Strahlen wird, die am Rand des

Schirmes austreten; der Kegelschnitt ist nun keine Ellipse mehr, sondern eine Parabel, die sich ins Unendliche erstreckt.

Wenn wir uns den Schattenwurf eines Lampenschirmes anschauen, sehen wir in den meisten Fällen weder eine Ellipse noch eine Parabel. Eine vertikale Wand nahe bei der Lampe schneidet zwei Äste einer Hyperbel aus, die sich beide ins Unendliche erstrecken. Dabei gehören der untere und obere Ast meist nicht zu ein und derselben Hyperbel, da die Position der Glühlampe oder die Neigung des Lampenschirmes einen oberen Kegel erzeugt, der nicht zum unteren paßt. Setzen wir die Glühlampe in die Mitte eines zylindrischen Schirmes, so

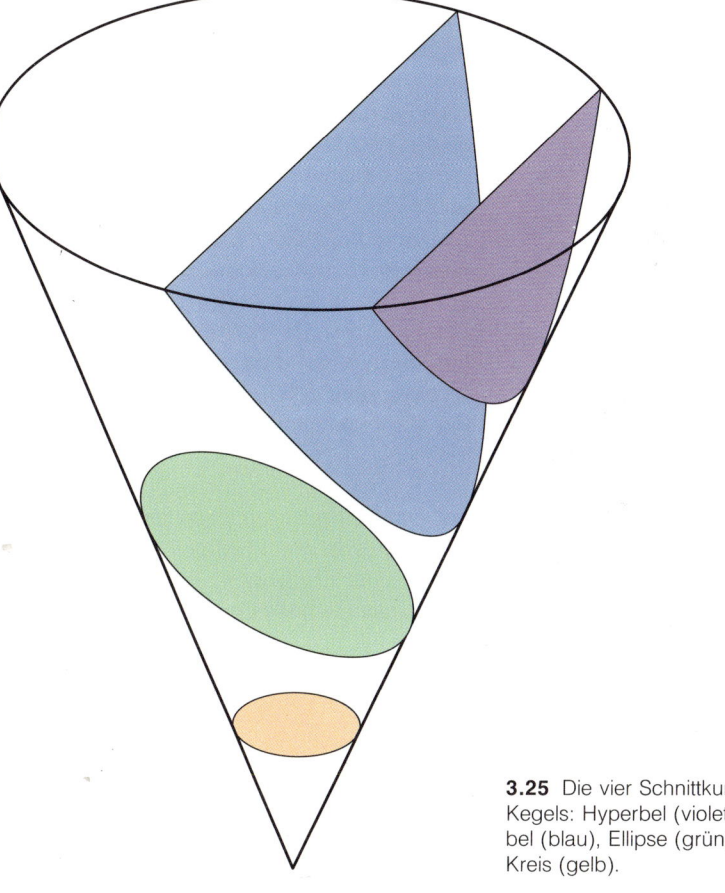

3.25 Die vier Schnittkurven des Kegels: Hyperbel (violett), Parabel (blau), Ellipse (grün) und Kreis (gelb).

wird die senkrechte Zimmerwand — jedenfalls theoretisch — eine vollständige Hyperbel aus dem Lichtkegel schneiden.

Es gibt einen Unterschied zwischen der mathematischen Behandlung und der ihr zugrundeliegenden physikalischen Beobachtung. In Wirklichkeit ist eine Glühlampe keine punktförmige Lichtquelle, und der Rand eines Schattens wird nie eine präzise Kurve darstellen. Während man die Schnittebene von der Lampe wegbewegt, wird das Bild immer diffuser. Die Behauptung, daß ein Bild ein Kreis oder eine Ellipse sei, ist bereits eine mathematische Abstraktion. Von einem Bild zu behaupten, es sei eine Parabel, ist eine noch größere Abstraktion. Wie gut der Strahl auch fokussiert sein mag, es würde ewig dauern, die vollständige Parabel nachzuzeichnen. Schließlich durchläuft der Strahl in einem Jahr ein Lichtjahr, eine nach kosmischen Maßstäben lächerliche Strecke. Gleichwohl behaupten wir, ohne auf Widerspruch zu stoßen, daß unter idealen Verhältnissen der Schnitt eines vollkommenen Kegels mit einer vollkommen ebenen Fläche parallel zu einer der Geraden des Kegelmantels eine vollkommene Parabel ergibt. Die Anwendungen hiervon auf die Optik oder die Planetenbewegung gehören in den Arbeitsbereich der Physiker und Astronomen.

Ein Komet, der wie der Halleysche Komet auf einer elliptischen Bahn um die Sonne läuft, wird in regelmäßigen Abständen immer wieder erscheinen. Ein Komet auf einer parabolischen oder hyperbolischen Bahn wird sich jedoch nach seinem Erscheinen immer weiter von der Sonne entfernen, um am Ende außer Sichtweite zu geraten und nie mehr zurückzukehren. Oft ist ein Astronom schon nach relativ wenigen Positionsbeobachtungen in der Lage, eine Voraussage darüber zu machen, welcher Bahn ein bestimmter Komet folgt,

aber bisweilen sind solche Angaben auch sehr gewagt. Wenn ein Komet zum Beispiel auf einer nahezu parabolischen Bahn beobachtet wird, ist es sehr schwer vorauszusagen, ob er einer elliptischen Bahn folgt und nach einer sehr großen Zeitspanne wiederkehren wird oder ob er sich auf einer hyperbolischen Bahn ohne mögliche Wiederkehr befindet. Häufig ist die Bahnform einfach „nicht entscheidbar".

Höhenlinien und Niveauflächen

Schnittechniken, die ähnlich wie die Kegelschnitte eine Verbindung zwischen zweiter und dritter Dimension herstellen, tauchen auch bei Höhenliniendarstellungen auf, die dreidimensionale Information auf einer zweidimensionalen Karte wiedergeben. Stellen wir uns eine Insel im Meer vor, die bei Flut völlig überdeckt ist; um die Höhenlinien in einer Karte aufzuzeichnen, können wir eine Serie von Luftaufnahmen bei ablaufendem Wasser machen, während nach und nach die Bergspitzen und Täler, die Senken und Sättel freigegeben werden. Zu jedem Meeresspiegel — und das heißt zu jeder Höhe — gibt es eine oder mehrere geschlossene Küstenlinien. Wir können uns solch eine Küstenlinie als horizontalen Schnitt der ursprünglichen Insel denken. Verfolgen wir die Art, wie diese Küstenlinien sich verändern und zusammenkommen, erhalten wir eine vollständige Aufzeichnung der Topographie der Insel. Da jeder Punkt auf der Insel eine eindeutige Höhe besitzt, werden sich keine zwei Höhenlinien schneiden. Wir können also alle Linien in dasselbe Diagramm einzeichnen und sie numerieren, um für alle Punkte einer gegebenen Linie die Höhe zu kennzeichnen.

Solch eine Höhenlinienkarte sagt sehr viel über die dritte Dimension, eben die Höhe, aus. Ein Geologe könnte daraus ein die Fläche approximierendes Modell erstellen, indem er für jeden von einer Höhenlinie umrandeten Bereich ein Stück dicker Pappe ausschneidet und die Teile eins aufs andere stapelt. Um ein genaueres Modell zu erhalten, könnten wir mehr Luftaufnahmen machen, so daß die Abstufungen immer kleiner werden, oder wir könnten die Kanten des Modells abschmirgeln, um die Stufen zu glätten. Man könnte das Modell auch wiegen, um anhand des Maßstabes und der spezifischen Gewichte der Pappe und der Inselgesteine und -sedimente das Gesamtgewicht und -volumen der Insel abzuschätzen.

Auch ohne solch ein Modell lassen sich aus der Höhenlinienkarte nützliche Informationen gewinnen. Eine Bergsteigerin kann ihren Aufstieg zu einem Gipfel anhand der Höhenlinien auf der Karte planen, indem sie den besten Weg für den Zustieg zum Berg aussucht und für die verschiedenen Routen zum Gipfel abschätzt, wie steil sie jeweils verlaufen.

Wenn wir an die Höhenlinien der Insel denken, die durch die zeitliche Abfolge der Küstenlinien bei sinkendem Meeresspiegel sichtbar werden, fallen einige „kritische Niveaus" besonders auf, weil hier etwas Interessantes passiert: Fällt der Wasserstand unter eine Berg*spitze*, so erscheint plötzlich eine neue Küstenlinie; und eine Bucht oder ein See können verschwinden, wenn der Meeresspiegel unter den tiefsten Punkt einer *Senke* fällt. (Man stelle sich am besten vor, daß die Insel aus einem porösen Material besteht und kein Wasser in einer Senke „eingeschlossen" bleibt, wenn der Meeresspiegel weiter absinkt.) Ein anderes interessantes Phänomen ist ein *Paß*, an dem zwei Höhenlinien zusammenlaufen oder auch eine Höhenlinie in sich selbst zurück-

kehrt und zwei Konturen ausbildet. Diese beiden Fälle lassen sich am Beispiel zweier Inseln, die wir „Zwillingsgipfel" und „Kratersee" nennen wollen, veranschaulichen.

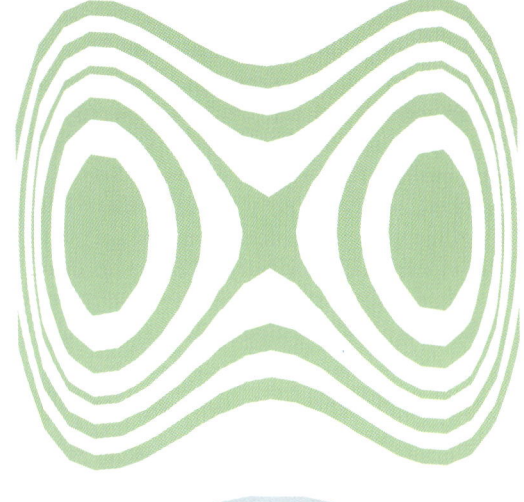

3.26 Höhenlinien des Zwillingsgipfels.

3.27 Höhenlinien des Kratersees mit einseitig erhöhtem Rand.

Das erste kritische Niveau ist bei den Zwillingsgipfeln dadurch gekennzeichnet, daß ein Punkt zu einem kleinen Oval wächst. Das geschieht für beide Berggipfel, so daß es früher oder später zwei Ovale gibt. Bei dem nächsten kritischen Niveau verschmelzen diese beiden Ovale und bilden eine zusammenhängende Küstenlinie. Die Topologie der Insel läßt sich beschreiben, indem man angibt, daß sie zwei Gipfel, einen Paß und keine Senken besitzt.

Der Kratersee besitzt eine andere Terrassengeschichte. Wenn der Meeresspiegel sinkt, taucht von dieser Insel als erstes ein kreisrunder Rand auf, der sich dann in zwei Teile spaltet: eine äußere Küstenlinie und ein inneres Seeufer. Fällt der See trocken, so bleibt nur noch die äußere Küstenlinie übrig. Besonders interessant sind die Höhenlinien bei einem Kratersee, dessen Rand sich auf der einen Seite durch ein schwaches Erdbeben gehoben hat. Bei ab-

laufendem Wasser sehen wir hier zunächst einen einzelnen Punkt, der zu einem Oval wächst. Dann bilden sich zwei ausladende Arme des Ovals, die am Tiefpunkt des Randes in einem Paß zusammenlaufen. Unterhalb dieses Niveaus erhalten wir zwei geschlossene Höhenlinien — eine äußere Küstenlinie und ein inneres Seeufer. Wie zuvor fällt der See bei sinkendem Meeresspiegel schließlich trocken. Die Schnitte am geneigten Kratersee weisen in der Höhenkarte einen Gipfel, einen Paß und eine Senke auf.

Bei näherer Untersuchung zeigt sich, daß die Summe aus der Anzahl der Gipfel und

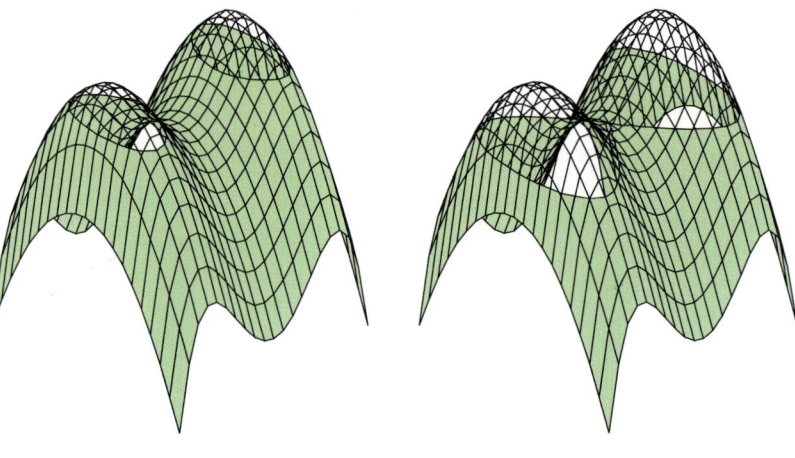

3.28 Die Zwillingsgipfel bei sinkendem Wasserstand.

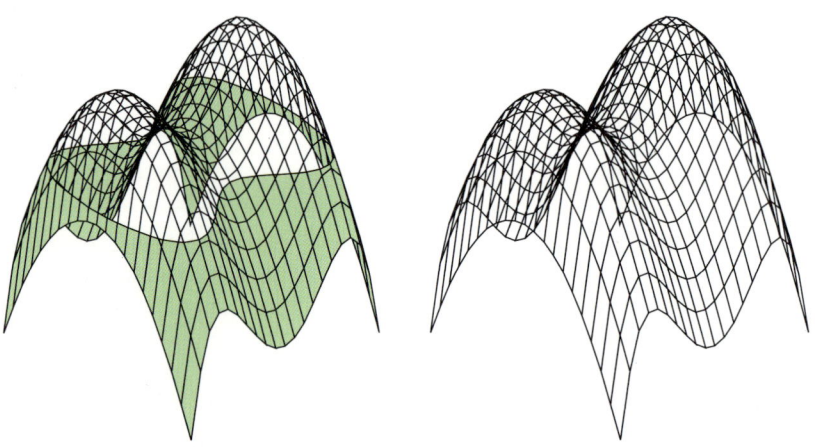

SCHICHTPRINZIP UND HÖHENLINIEN

der Anzahl der Senken immer um Eins größer als die Anzahl der Pässe ist. Dieses Ergebnis ist unter dem Namen „Extremstellentheorem" bekannt und bildet den Ausgangspunkt für eines der zugkräftigsten modernen Verfahren der Topologie und Geometrie, das vielfältige Anwendungen in Physik und Ingenieurtechnik eröffnet. Die Theorie der verallgemeinerten Extremstellen wurde nach dem amerikanischen Mathematiker Marston Morse benannt, der die theoretischen Ergebnisse ableitete und auf höhere Dimensionen übertrug.

Wir können die Zugkraft der Morseschen Extremstellentheorie besser einschätzen,

wenn wir uns wieder einmal in die Situation von Ein Quadrat versetzen, der auf der Wasseroberfläche treibt. Er selbst nimmt nicht wahr, daß der Wasserstand sich ändert, und erfährt die Gezeitenwirkung auf den Zwillingsgipfel als Folge zweidimensionaler Gestalten, die mit der Zeit variieren. Nach seiner Beobachtung erscheinen zwei Ovale, die zu einer einzigen Figur verschmelzen. Es wäre schwer für ihn, zu einer vollständigen Einsicht der tatsächlichen dreidimensionalen Gestalt der Insel zu gelangen, aber er könnte sie wenigstens von einer Insel mit nur einem einzigen Gipfel unterscheiden. Als Bewohner des dreidimensionalen Raumes sind wir nicht allein

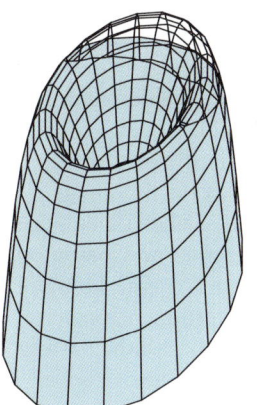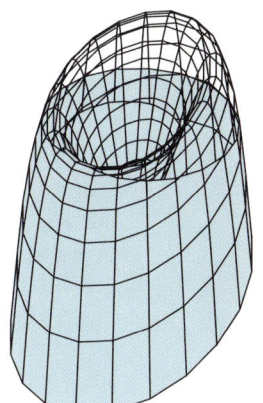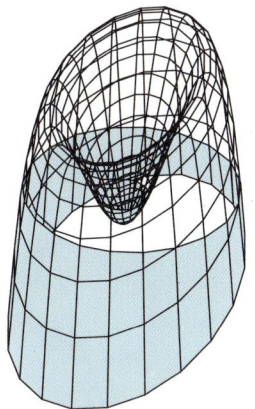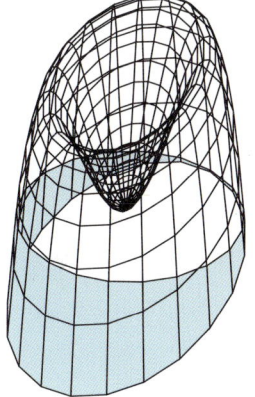

3.29 Der Kratersee bei sinkendem Wasserstand.

3.30 Marston Morse und ein berühmter Kollege bei der Einweihung des Institute for Advanced Study in Princeton im Jahre 1938.

auf eine bloße Folge von Schnitten angewiesen, da wir uns den Luxus leisten können, dreidimensionale Modelle zu bauen.

Wie wäre die analoge Erfahrung für uns hier auf der „Oberfläche" eines dreidimensionalen Wasserspiegels? Gäbe es einige von Wasser überdeckte Hyperinseln, dann würden mit Beginn der in der vierten Dimension sinkenden Flut zwei Ellipsoide erscheinen und schließlich zu einem einzigen Objekt verschmelzen. Durch die Analogie erkennen wir, daß wir gerade die Abfolge der Schichten eines Zwillingshypergipfels beobachtet haben, dessen zwei Hochpunkte sich in einer vierten räumlichen Richtung ausdehnen, die wir nicht unmittelbar einsehen können. Diesmal haben wir nicht die Möglichkeit, die verschiedenen Höhenschichten aus Pappe nachzubilden und aufeinanderzustapeln, um ein Modell zu bauen. Wir besitzen kein vierdimensionales Baumaterial und keine vierte Richtung, in der wir stapeln könnten. Daher ist es um so bemerkenswerter, daß moderne Computergraphik die Schnittfolgen für eine komplizierte Hyperfläche im vierdimensionalen Raum darstellen kann – die Mathematiker sprechen hier vom Niveau eines Graphen einer Funktion von drei Variablen. Am Ende des nächsten Kapitels werden wir diese Art der Analyse von Höhenliniendarstellungen nutzen, um uns zu helfen, eine bildliche Vorstellung geowissenschaftlicher Daten zu gewinnen.

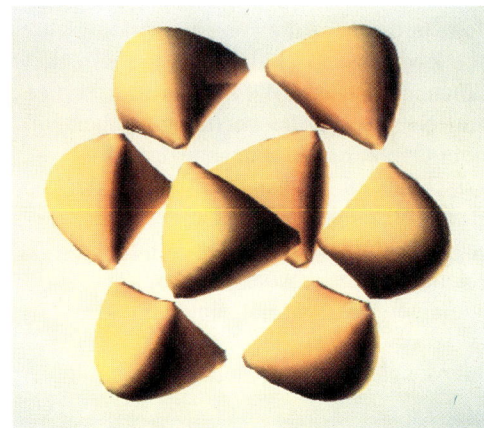

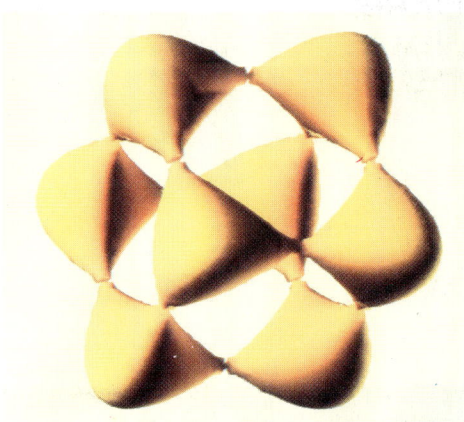

3.31 Zwei Schnitte durch einen vierdimensionalen Körper, der durch ein Polynom vierten Grades beschrieben wird. Acht Hyperflächen treffen sich an zwölf kritischen Punkten.

Schnitte durch Doughnuts und andere Ringe

Mit Hilfe der Schnitte lassen sich glatte Flächen unterschiedlicher Gestalt untersuchen, aber neben den bereits betrachteten Grundformen taucht eine weitere Form ebenfalls sehr häufig auf und verdient deshalb eine gesonderte Betrachtung: der

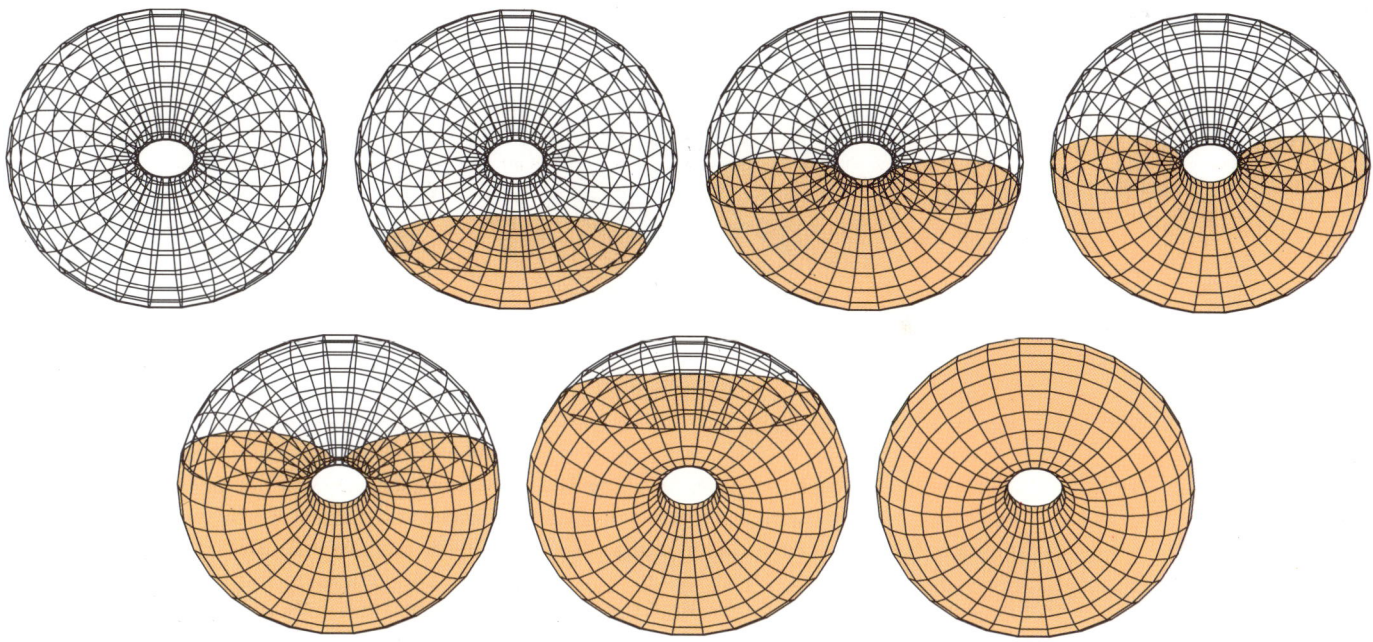

3.32 Schnitte eines senkrecht eingetauchten Torus oder Doughnuts.

Ring, den die Mathematiker Torus nennen. Wir begegnen dieser Gestalt bei Rettungsringen oder manchen Bonbons mit einem Loch in der Mitte und bei den Doughnuts, die zunehmend auch in unsere Bäckereien kommen. Am Ende dieses Buches werden wir dem Torus im Zusammenhang mit physikalischen Zustandsräumen und der verallgemeinerten Perspektive auf höhere Dimensionen wieder begegnen, aber zunächst einmal möchten wir ihn als geometrisches Objekt im gewöhnlichen Raum ansehen und in Schnitte zerlegen.

Ein Torus läßt sich am einfachsten dadurch erzeugen, daß man einen Kreis dreht. Stellen wir uns einen Kreis vor, der auf ein Pappquadrat gezeichnet wurde; wir befestigen das Quadrat nun mit einer Kante drehbar an einer senkrechten Stange. Während sich das Quadrat um diese Achse dreht, beschreibt der Kreis einen Torus. Mit derselben Methode können wir die Oberfläche einer Kugel, eine Sphäre, erzeugen, indem wir einen Halbkreis auf das Quadrat malen, so daß dessen beide Endpunkte auf der Achse liegen.

Die Sphäre wird als „zweidimensional" charakterisiert, weil jeder Punkt (bis auf den Nord- und Südpol) eindeutig durch zwei Zahlen bestimmt ist: die Breite, welche die Position des Punktes auf dem Halbkreis festlegt, und die Länge, die angibt, wie weit der Halbkreis gedreht wurde. Aus demselben Grund ist auch die Oberfläche eines Torus zweidimensional. Wir können für jeden Punkt auf dem Torus Längen- und Breitenangaben machen, wobei nun die Breite die jeweilige Position auf dem gesamten Kreis bezeichnet. Jeder Punkt auf dem durch Drehung erzeugten Torus wird durch zwei Koordinaten eindeutig bestimmt. Es gibt dabei – anders als bei einer

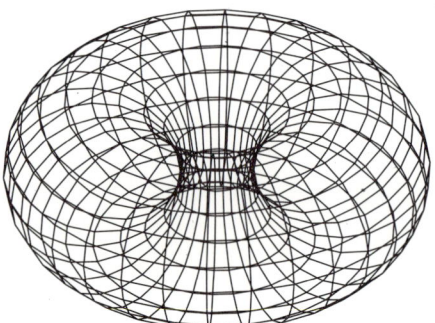
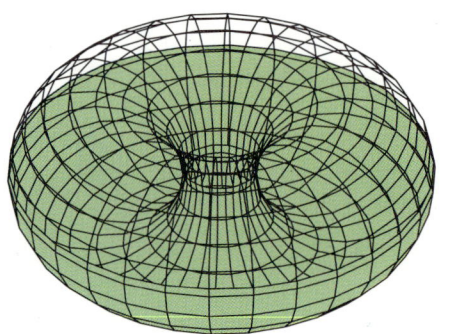
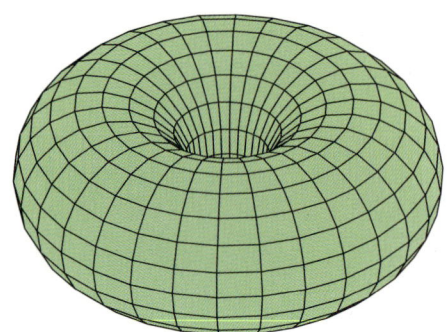

3.33 Waagerechte Schnitte eines Torus — analog zum Brötchen.

Sphäre — keine „ausgezeichneten Punkte" wie den Nord- und Südpol.

Um uns die Abfolge der Schnitte eines Torus klarzumachen, stellen wir uns vor, was passiert, wenn wir einen Doughnut in eine Tasse Kaffee stippen. Der Krapfen trifft zunächst an einem einzelnen Punkt auf die Oberfläche des Kaffees. Sollte Ein Quadrat auf der Fläche treiben, während der Krapfen eintaucht, würde er beobachten, wie ein Punkt auftaucht und sich zu einer kleinen Scheibe ausdehnt — das sähe aus wie beim Eintreffen einer Kugel oder beim Auftauchen einer Insel mit einer einzigen Bergspitze über dem sinkenden Meeresspiegel. Aber dann passiert doch etwas ganz anderes: Nun werden zwei Einbuchtungen an gegenüberliegenden Seiten des ovalen Umrisses auftauchen und schließlich in der Mitte zusammentreffen, so daß der Umriß in zwei ovale Teile zerfällt. Halb in den Kaffee eingetaucht, erscheint der Torus als zwei nebeneinanderliegende vollkommene Kreise. Der zweite Teil der Geschichte ist die Umkehrung des ersten: Zwei Ovale verschmelzen zu einer einzelnen Kurve, die schließlich zu einem Punkt zusammenschrumpft, wenn der Torus unter der Oberfläche verschwindet.

Es gibt vier kritische Niveaus in dieser Schnittfolge: den obersten und den untersten Punkt und die beiden „Achten" des

Kurvenpaares beim Auseinanderbrechen des Ovals beziehungsweise beim Verschmelzen. Diese Abfolge unterscheidet sich wesentlich von der Schnittfolge einer Sphäre mit nur zwei kritischen Niveaus, die jeweils aus einem einzigen Punkt bestehen. Die kritischen Punkte enthalten wesentliche Informationen über die Gestalt der Oberfläche.

Wenn wir eine Sphäre in verschiedenen Richtungen schneiden, gewinnen wir keine neue Information, da wir immer die gleiche Schnittfolge erhalten. Aber für den Torus sagen die Schnittfolgen in unterschiedlichen Richtungen einiges über die Struktur des Körpers aus. Statt einen Doughnut-Torus einzustippen, stelle man sich die normale Art, ein Brötchen aufzuschneiden, vor. Wir legen den Torus auf eine Ebene, so daß er auf einem Breitenkreis zu liegen kommt.

Wenn wir jetzt horizontal schneiden, ist der erste Schnitt ein einfacher Kreis, mit dem der Torus auf der Platte aufliegt. Dann bekommen wir einen flachen, ringförmigen Schnitt mit zwei kreisrunden Rändern, wobei deren Mittelpunkt dort liegt, wo die Drehachse durch die Schnittebene tritt. In der weiteren Folge dehnt sich einer der Kreise aus, während der andere zusammenschrumpft, bis die Kreise auf halbem Wege ihren maximalen Abstand erreichen; danach nähern sie sich einander wieder an und ver-

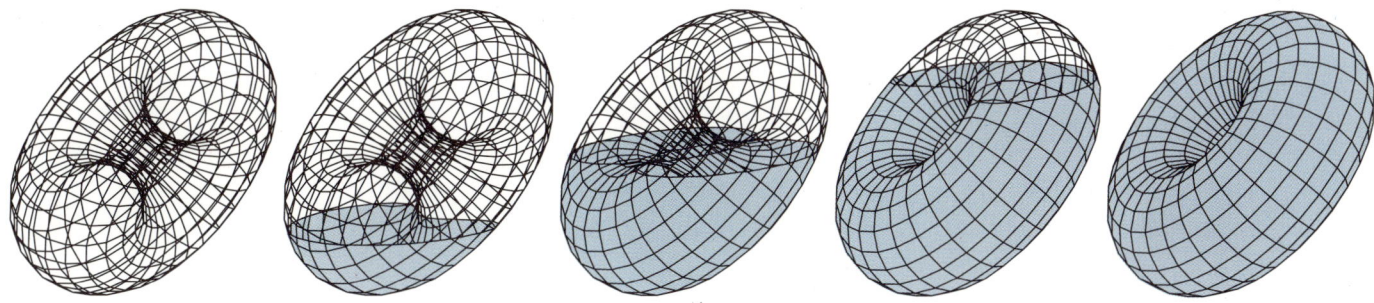

schmelzen zum obersten Kreis. Es gibt jetzt nur zwei kritische Niveaus: den ersten und den letzten Kreis.

Neigen wir unser Backwerk etwas zur Seite, so erhalten wir wieder ein anderes Erscheinungsbild. Jetzt beginnen die Schnitte mit einem einzigen Punkt, der zu einer kleinen Scheibe wächst, aus der zwei „Scheinfüßchen" herauszuwachsen anfangen, die einander auf einem kritischen Niveau berühren und dabei eine ähnliche innere Schleife erzeugen, wie sie in der Schnittfolge des gekippten Kratersees durch den Bergpaß erzeugt wird. Schließlich bricht die Schnittkurve in zwei geschlossene Kurven auf, eine innere und eine äußere. Auf halber Höhe des geneigten Torus erhalten wir als Schnitt ein Paar symmetrischer Ovale, bevor sich die Folge umkehrt – das innere Oval wird wieder an das äußere geklebt und beide verwandeln sich in eine einzige Kurve, die schließlich zu einem Punkt zusammenschrumpft und verschwindet.

Wenn wir den Krapfen ausgehend von der „Brötchenlage" immer weiter bis zur senkrechten Lage aufrichten, wird sich am Ende die gleiche Schnittfolge wie beim Einstippen ergeben. Irgendwo dazwischen muß ein besonders interessanter Neigungswinkel vorliegen, bei dem ein Übergang stattfindet. In diesem Ausnahmefall beobachten

wir nur drei statt vier verschiedene kritische Niveaus. Wir erhalten wie zuvor einen einzelnen obersten und einen einzelnen untersten Punkt, aber es gibt nur einen mittleren Schnitt; dieser Schnitt entspricht einer Kurve, die an zwei verschiedenen Punkten zusammentrifft und zwei sich schneidende Kreise bildet! Jeder davon verläuft um die Achse und trifft jeden Längen- und Breitenkreis genau einmal. Beim Torus gibt es wegen seiner Symmetrie durch jeden seiner Punkte zwei solche Kreise – zusätzlich zu den Längen- und Breitenkreisen. Diese bemerkenswerte Familie von Kreisen wird in einem späteren Kapitel erneut zur Sprache kommen, wenn wir den Phasenraum von Pendelsystemen untersuchen.

3.34 Ein schräg eintauchender Torus erzeugt als Schnittkurven auf mittlerer Höhe zwei ineinandergreifende Kreise.

4. Schatten und Strukturen

Die Beziehung von Schatten und Dimensionen hat bereits Plato mit seinem Höhlengleichnis im siebten Buch des *Staat* thematisiert. In diesem berühmten Gleichnis stellt er dem Leser die fiktive Lage von Höhlenwesen vor, die in all ihren Bewegungen so eingeschränkt sind, daß sie von der Welt außerhalb nur die Schatten auf der Höhlenwand sehen können, die das von draußen einfallende Licht dort erzeugt. Nie haben sie Farben gesehen oder die Schatten werfenden Gegenstände berühren können. Die zweidimensionalen Schatten, die auf ihre Höhlenwand projiziert werden, erlauben aber trotzdem Rückschlüsse auf die unbekannte dreidimensionale Welt. In Platos Gleichnis werden die Schatten verschiedener Arten von Gegenständen, zum Beispiel verschiedener Vasen, angeführt. Der Betrachter in der Höhle kann die Gestalt einer Vase begreifen, besonders dann, wenn sie gedreht wird und sich dadurch ihre Symmetrie zeigt. Eine hohe Vase läßt sich von einer niedrigen unterscheiden, und die scharfsinnigeren unter den Schattenbeobachtern könnten ein ganzes Verzeichnis von Vasen zusammenstellen. Angesichts unserer eigenen Wahrnehmungs- und Bewegungsmöglichkeiten ist die Begrenztheit dieser armen Wesen zu bedauern. Aber stellen wir uns vor, einer der Eingeschlossenen würde plötzlich ins Freie gelangen und die wahre räumliche Natur der schattenwerfenden Objekte erkennen. Er wäre vielleicht von der neuen Welt einfach geblendet und würde gar lieber in die sichere Höhle zurückkehren. Aber selbst wenn er die Angst überwinden würde, könnte der erleuchtete einzelne seine Einsichten den anderen, immer noch eingeschlossenen Höhlenwesen nicht vermitteln. Plato war sich über die Schwierigkeiten, denen ein

solcher Seher gegenüberstünde, völlig im klaren. Die Höhlenbewohner würden, da sie es nicht anders kennen, ihre hart erarbeitete Schattenkunde kaum zugunsten einer anderen Art des Sehens aufgeben. Die direkte Erkenntnis der wahren Welt könnte Ablehnung und sogar Verfolgung nach sich ziehen – dieses Schicksal seines Lehrers Sokrates hat Plato in seiner *Apologie* beschrieben.

Objekte und ihre Schattenbilder

Der Schattenwurf hat die Menschen schon seit Ewigkeiten fasziniert, wie wir leicht an der Ausrichtung der Tempel vieler alter Kulturen erkennen können. Fast alle Kultbauten waren so eingerichtet, daß sie den Stand der Sonne und der Schatten an bestimmten, astronomisch bedeutsamen Tagen des Jahres einbezogen. Manche davon haben wohl tatsächlich als rudimentäre Observatorien gedient, die die entscheidenden Tage wie Sommer- oder Wintersonnenwende präzise durch den Schattenwurf ihrer Monumente bestimmten. In vielen Kulturen erfanden Baumeister und Astronomen Sonnenuhren zur genauen Zeitmessung, die den Zeitfluß wirkungsvoll in die Bewegung eines Schattens über eine Fläche übersetzen.

Schatten entstehen in den meisten Fällen dadurch, daß sich zwischen einer Lichtquelle und einer Fläche wie dem Boden oder der Wand Objekte befinden, deren Projektion auf der Fläche als dunkles Bild erscheint. In diesem Kapitel betrachten wir Schatten, die die Sonne wirft – dabei fallen die Lichtstrahlen praktisch parallel ein. (Im sechsten Kapitel werden wir den Fall behandeln, bei dem die Lichtstrahlen von einer gebündelten Lichtquelle wie einer Kerzenflamme oder einem Laser ausgehen.) Unter solchen Bedingungen sollten zwei

4.1 Die Schatten verdeutlichen die Formen konkreter und abstrakter Objekte in dem Stilleben von Giorgio Morandi.

4.2 Die drei Kanten an der Ecke eines Würfels.

4.3 Drei Quadrate vervollständigen die Ecke des Würfels.

4.4 Durch Hinzufügen von drei weiteren Kanten wird der Würfel vervollständigt.

Parallelen im Raum auf einer Ebene Schattenlinien erzeugen, die ebenfalls parallel verlaufen (oder zusammenfallen). Anhand dieser grundlegenden Eigenschaft können wir aus dem Schattenwurf ein Bild der Strukturen im dreidimensionalen Raum und letztlich in höherdimensionalen Räumen rekonstruieren.

Zeichnen von Schattenbildern

Man kann einen Würfel mit Hilfe eines Schattenbildes zeichnen, indem man aus Stäbchen im dreidimensionalen Raum einen Würfel zusammenbaut und ins Sonnenlicht hält. Die Kanten des Würfels werfen Schattenlinien, die wir auf einem Blatt Papier nachziehen können. Solch eine Prozedur ist umständlich, aber glücklicherweise brauchen wir das Objekt nicht vollständig nach seinem Schatten zu zeichnen, sondern benötigen nur die wichtigsten Elemente, aus denen sich die Zeichnung nach Belieben vervollständigen läßt. Beim Würfel genügt es, den Schatten dreier Linien zu skizzieren, die von einer Ecke des Würfels ausgehen, und das Bild durch das Zeichnen dreier weiterer von insgesamt vier zueinander parallelen Linien zu vervollständigen. Da parallele Geraden im Raum parallele Bilder in der Ebene erzeugen, ist das Bild eines Parallelogramms immer ein Parallelogramm (das möglicherweise zu einer Strecke degeneriert, wenn es parallel zu den Sonnenstrahlen orientiert ist). Und das Bild zweier Kanten eines Quadrats genügt, um das Bild der anderen beiden Kanten einzeichnen zu können.

Sind einmal die Bilder der Kanten von einer Ecke aus gegeben, ist der Vorgang der Vervollständigung des Bildes eines Würfels oder eines Quadrats so zwangsläufig, daß wir die Aufgabe einem Computer beibringen können. Ein kleiner Computer kann in

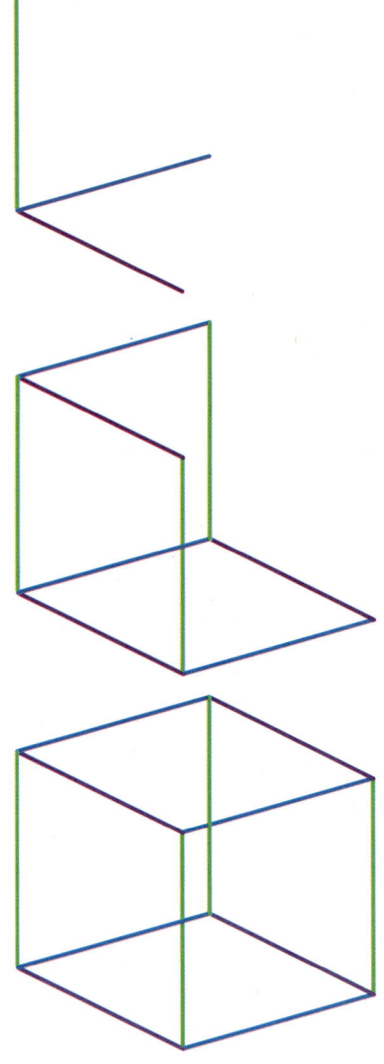

einer Sekunde mehrere solcher Bilder zeichnen, und auf vielen Maschinen kann man als Standardbeispiel eine Folge von Bildern eines Würfels erzeugen, die ähnlich wie bei einem Zeichentrickfilm jeweils nur geringfügig voneinander abweichen und eine Echtzeitanimation ermöglichen. Die dem Computer eingegebene Information entspricht der Position dreier von einer Würfelecke ausgehenden Kanten. Um dem

Computer gerecht zu werden, gibt man diese Information in Form von Zahlen ein. Die Position der Ecke auf dem Computerbildschirm ist durch ein Zahlenpaar charakterisiert, und jeder Endpunkt der drei aus dieser Ecke kommenden Strecken wird durch ein weiteres Zahlenpaar vorgegeben. Daher erhält man aus acht Zahlen in einer bestimmten Reihenfolge genau die Information, die der Computer benötigt, um die drei Kanten zu zeichnen und den Ort aller anderen Würfelkanten zu bestimmen und ebenfalls zu zeichnen. Diese numerischen Beschreibungen werden im achten Kapitel ausführlicher behandelt.

Das Schöne an dieser Beschreibung eines Würfels ist, daß wir kein Modell bauen müssen. Wir könnten die gleiche Methode verwenden, um ein tausend Stockwerke hohes Gebäude zu entwerfen, und mit einigen zusätzlichen Techniken die Gestalt des Schattens zeigen, die es zur Mittagszeit eines bestimmten Tages an einer bestimmten geographischen Breite werfen würde – es wäre absurd, das Objekt zu bauen und den Schattenwurf nachzuziehen!

Ein eindrucksvolles Anwendungsbeispiel dieses abstrakten Verfahrens lieferte die Geschichte des Johnson-Kunstmuseums an der Cornell-Universität. Diese Universität war führend in der Anwendung der Computergraphik beim Entwurfsprozeß in der Architektur, so daß es den Campus-Planern naheliegend erschien, die Computergraphik-Fachleute im Institut für Architektur, Kunst und Stadtplanung zu Rate zu ziehen. Die Planer waren sich einig, das mehrstöckige Gebäude an einem zentralen Standort zu errichten, wobei dieser Ort nach verschiedenen Gesichtspunkten gewählt werden mußte: In erster Linie war zu gewährleisten, daß keines der vorhandenen Gebäude vollständig im Schatten des Neubaues liegen und der Innenhof der geisteswissenschaftlichen Institute architektonisch nicht beeinträchtigt würde. Die Computergraphik-Experten unter der Leitung von Donald Greenberg konnten diese Fragen abschließend beantworten. Ein interaktives Graphikprogramm gab den Designern die Möglichkeit, einen Bauplatz auszuwählen und dann genau zu prüfen, wie sich der Neubau auf die Umgebung auswirkt. Mit

4.5 Dieses Simulationsbild eines modernen Gebäudes wurde mit einem Programm erstellt, das die Lage der Schatten anzeigt. Die Umgebung wurde von einer Photographie in den Computer eingelesen.

4.6 Dieses Bild des Johnson-Kunstmuseums der Cornell-Universität wurde 1970 am Bildverarbeitungslabor der General Electric Corporation in Syracuse im US-Bundesstaat New York erstellt.

diesem Instrumentarium konnte das Planungskomitee eine gute Wahl treffen. Ein Bild dieses Projekts war im Mai 1974 auf der Titelseite des *Scientific American.*

Schatten eines Hyperkubus

Mit Computergraphik läßt sich nicht nur der Schattenwurf eines dreidimensionalen Gebäudes analysieren, bevor es gebaut wird, wir sind damit auch in der Lage, die Schatten von Objekten zu untersuchen, die mit unseren dreidimensionalen Mitteln nie gebaut werden können — wie der vierdimensionale Hyperkubus. Wir können einen Hyperkubus genauso auf ein Blatt Papier zeichnen, wie wir die zwei- und dreidimensionalen Würfel gezeichnet haben: indem wir die Bilder der Kanten zeichnen, die von einer Ecke ausgehen, und die Figur dann mit einer Reihe paralleler Kanten vervollständigen. Zwei Kanten, die von einem Punkt ausgehen, bestimmen das Bild eines Quadrats, drei Kanten bestimmen das Bild eines Würfels. Also werden vier von einem Punkt ausgehende Kanten das Bild eines vierdimensionalen Kubus bestimmen. Beginnen wir zunächst mit je zwei Kanten, um sie paarweise zu Parallelogrammen zu vervollständigen. Wir erhalten dann sechs Parallelogramme. Anschließend vervollständigen wir je drei Kanten zu den Bildern von vier verschiedenen Würfeln. Mit den noch verbleibenden vier Kanten vervollständigen wir die Figur.

4.7 Mit vier Kanten beginnend werden sechs Quadrate an eine Ecke des Hyperkubus gezeichnet.

4.8 Die vier Würfel an der Ecke des Hyperkubus werden vervollständigt.

4.9 Der vollständige Hyperkubus enthält vier Mengen paralleler Kanten.

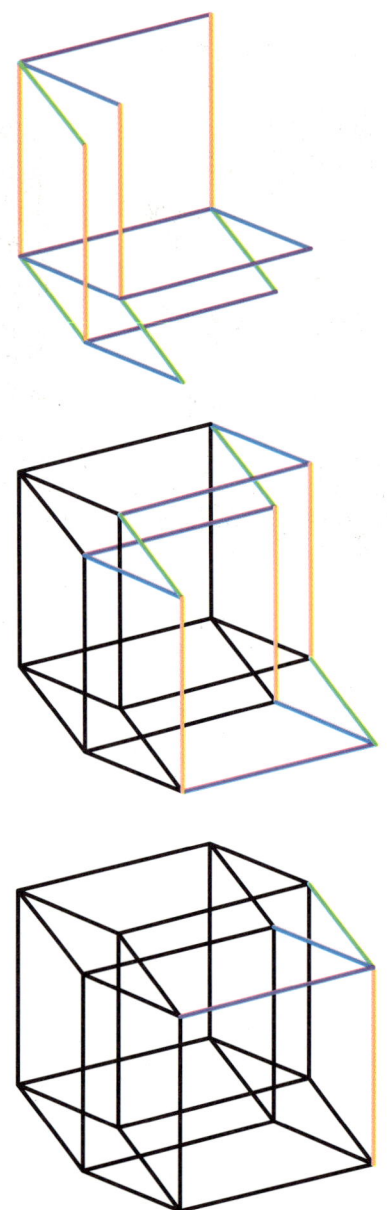

Wir können diesen Vorgang für immer höhere Dimensionen verallgemeinern, da es in jeder Dimension ein Analogon des Würfels gibt. Zeichnen wir fünf Kanten von einer Ecke aus, so können wir sie zum Bild eines fünfdimensionalen Kubus oder Fünferkubus vervollständigen. Nichts hindert uns, die Schatten der Hyperkuben beliebiger Dimension auf ein Blatt Papier oder einen Computerbildschirm zu zeichnen.

Es spielt keine Rolle, daß wir einen Hyperwürfel im vierdimensionalen Raum nicht konstruieren können, um seinen tatsächlichen Schatten nachzuziehen. Falls ein solcher Hyperkubus existiert und einen Schatten auf eine Wand werfen kann, wissen wir, daß wir vier Gruppen von je acht parallelen Kanten erhalten müssen. Wenn die Ausgangsmenge der vier Kanten sich leicht ändert, wird sich die ganze Figur mitbewegen, so daß wir über das Aufzeichnen einer Folge leicht veränderter Bilder einen bewegten Trickfilm des sich verändernden Objekts erhalten würden. Natürlich wäre es mühselig, diese Bildfolge von Hand zu erstellen. Schon im letzten Jahrhundert haben Mathematiker und Zeichner einzelne Schattenrisse dieser Art skizziert, aber es bedurfte moderner Graphikcomputer, um Trickfilme rotierender Hyperkuben zu erzeugen. Die ersten Filme dieser Art wurden in den sechziger Jahren von A. Michael Noll und Partnern in den Bell-Laboratorien erstellt. Die vollständigste Version, *The Hypercube: Projections and Slicing* (Der Hyperkubus: Projektionen und Schnitte), wurde von C. Strauss und dem Autor an der Brown-Universität 1978 als Teil einer Präsentation beim Internationalen Mathematikerkongreß in Helsinki hergestellt.

Dreidimensionale Schatten des Hyperkubus

Analog zum alltäglichen Schatten können wir uns im vierdimensionalen Raum eine Sonne vorstellen, die einen dreidimensionalen Schatten eines Hyperkubus wirft. Um einen solchen Schatten in drei Dimensionen zu konstruieren, verfahren wir ähnlich wie beim Zeichnen der Schatten in der Ebene. Wir beginnen mit vier Kanten, die von einer Ecke ausgehen, wobei keine Kombination aus drei Kanten in ein und derselben Ebene liegt. Wir vervollständigen je ein Kantenpaar, um sechs Parallelogramme zu bilden; dann vervollständigen wir Dreiergruppen von Kanten und erhalten *Parallelepipede* oder *Spate*, das heißt schiefe „Würfel", deren sechs Flächen sämtlich Parallelogramme sind. Schließlich fügen wir die letzten vier Kanten ein, um vier Gruppen mit je acht parallelen Kanten zu erhalten. Wir können ein solches Modell aus Stäben oder Draht bauen oder einen Computer darauf programmieren, uns auf dem Bildschirm zu zeigen, wie ein solches Modell aussähe, wenn wir es im dreidimensionalen Raum während einer Drehbewegung filmen könnten. Die Bilder auf dem Schirm sind zwar zweidimensional, aber der Computer kann bewegte Bildfolgen erzeugen, die dreidimensionale Schatten höherdimensionaler Kuben simulieren.

Schon bevor die ersten Graphikcomputer aufkamen, haben Künstler und Designer dreidimensionale Bilder von Objekten aus vier oder mehr Dimensionen konstruiert. Zwei bemerkenswerte Beispiele stammen von Nichtmathematikern, die in der Visualisierung dieser fremdartigen Objekte eine faszinierende Herausforderung sahen. Paul R. Donchian hat Drahtmodelle der Projektionen höherdimensionaler Kuben und anderer Objekte geschaffen, die in einer ständigen Ausstellung am Franklin-Institut in Philadelphia gezeigt werden. (Ein Modell ist im fünften Kapitel abgebildet.) David Brisson, Professor an der Designschule in Rhode Island und Gründer der Hypergraphics Group, einer Künstlervereinigung, baute Skulpturen von vier-, fünf- und sechsdimensionalen Kuben. (Ein Aquarell zweier Ansichten eines solchen Hyperkubus ist im sechsten Kapitel abgebildet.)

73

Das Eckenzählen
bei höherdimensionalen Kuben

Auf den ersten Blick kann ein Hyperkubus als verwirrende Linienstruktur in der Ebene erscheinen. Die Bilder der Kuben noch höherer Dimension wirken kaleidoskopisch. Eine Möglichkeit, die Struktur solcher komplizierten Objekte zu begreifen, besteht darin, die Bestandteile in niedrigeren Dimensionen zu analysieren.

Wir wissen, daß ein Quadrat vier Ecken, vier Kanten und eine quadratische Fläche aufweist. Wir können am Modell eines

durch die Bewegung eines Objekts von niedrigerer Dimension erzeugt. Ein sich bewegender Punkt erzeugt eine Strecke; eine sich bewegende Strecke erzeugt ein Quadrat; ein sich bewegendes Quadrat erzeugt einen Würfel; und so weiter. Mit diesem Verfahren läßt sich ein Muster entwickeln, das wir zur Vorhersage der Anzahl der Ecken und Kanten heranziehen können.

Jedesmal, wenn wir einen Kubus bewegen, um einen Kubus der nächsthöheren Dimension zu erzeugen, verdoppelt sich die Anzahl der Ecken. Das sieht man leicht ein, da es eine Startposition und eine Endposi-

4.10 Tony Robbins Arbeit *Simplex* von 1983 verbindet Malerei und Drahtskulptur, um geometrische Formen und deren Schatten in verschiedenen Dimensionen darzustellen.

Würfels dessen acht Ecken, zwölf Kanten und sechs Quadratflächen zählen. Wir wissen, daß ein vierdimensionaler Hyperkubus 16 Ecken besitzt, aber wie viele Kanten, Quadratflächen und Würfel enthält er? Die Schattenprojektionen helfen in dieser Frage weiter, indem sie ein Muster aufzeigen, das uns Formeln für die Anzahl der Kanten und Quadrate in einem Kubus beliebiger Dimension liefert.

Es ist hilfreich, sich Kuben dadurch zu veranschaulichen, daß man sie geometrisch

tion gibt, die jeweils die gleiche Eckenzahl aufweisen. Diese Tatsache können wir ausnutzen, um eine explizite Formel für die Anzahl der Ecken eines Kubus in jeder Dimension n aufzustellen: nämlich 2^n.

Was geschieht mit der Anzahl der Kanten? Ein Quadrat hat vier Kanten, und während es sich von einer Stelle zur anderen bewegt, zieht jede seiner vier Ecken eine neue Kante aus. Daher erhalten wir vier Kanten des Ausgangsquadrats, vier der Endstellung und vier, die von den sich bewegenden Ecken ausgezogen werden, was im ganzen zwölf ergibt. Diese grundsätzliche Struktur wiederholt sich selbst. Bewegen wir eine Figur entlang einer Geraden, so wird sich die Anzahl der Kanten der neuen Figur als Summe aus dem Doppelten der ursprünglichen Kantenanzahl und der Anzahl der sich bewegenden Ecken ergeben. Deshalb ist die Anzahl der Kanten eines vierdimensionalen Kubus $2 \times 12 + 8$, also insgesamt 32. Genauso erhalten wir $32 + 32 + 16 = 80$ Kanten eines fünfdimensionalen und $80 + 80 + 32 = 192$ Kanten in einem sechsdimensionalen Kubus.

	Dimension des Kubus					
	1	2	3	4	5	6
Anzahl der Ecken	2	4	8	16	32	64
Anzahl der Kanten	1	4	12	32	80	192

	Dimension des Kubus					
	1	2	3	4	5	6
Anzahl der Kanten	1	2×2	3×4	4×8	5×16	6×32

Steigen wir so auf der Leiter der Dimensionen weiter nach oben, so erhalten wir die Anzahl der Kanten eines Kubus beliebiger Dimension. Wollten wir also die Anzahl der Kanten eines elfdimensionalen Kubus herausfinden, könnten wir unser Verfahren bis zum zehnten Schritt ausführen, aber das würde allmählich langweilig — erst recht dann, wenn wir uns etwa für die Anzahl der Kanten eines Kubus der 101. Dimension interessierten. Glücklicherweise müssen wir uns nicht durch all diese Schritte hindurchschleppen, denn es gibt eine explizite Formel für die Anzahl der Kanten eines Kubus beliebiger Dimension.

Um diese Formel zu finden, können wir uns die Folge der Zahlen genau ansehen, die wir erzeugt und in einer Tabelle angeordnet haben.

Wenn wir die Zahlen der unteren Reihe in Faktoren zerlegen, wird deutlich, daß die fünfte Zahl (80) durch fünf und die dritte Zahl (12) durch drei teilbar ist. Tatsächlich ist jede Zahl von Kanten einer vorgegebenen Dimension durch diese Dimension teilbar.

Diese Darstellung legt ein Muster nahe: Offenbar entspricht die Zahl der Kanten ei-

nes Hyperkubus einer vorgegebenen Dimension dem Produkt aus der Dimension und der halben Eckenzahl des Kubus dieser Dimension. Haben wir das Muster einmal erkannt, so läßt sich mit Hilfe der vollständigen Induktion beweisen, daß es in allen Dimensionen gilt.

Es gibt noch eine andere Art, die Anzahl der Kanten eines Kubus beliebiger Dimension zu bestimmen. Anhand eines allgemeinen Abzählarguments können wir die Anzahl der Kanten bestimmen, auch wenn wir noch kein Muster entdeckt haben. Man denke sich zunächst einen dreidimensionalen Würfel. Da es zu jeder Ecke drei Kanten gibt und da der Kubus acht Ecken besitzt, multiplizieren wir diese Zahlen und erhalten insgesamt 24 Kanten. Nun haben wir aber jede Kante zweimal gezählt, nämlich einmal für jede ihrer Ecken. Daher ist die richtige Kantenzahl Zwölf oder dreimal die Hälfte der Eckenzahl. Das gleiche Verfahren funktioniert auch beim vierdimensionalen Kubus. Vier Kanten gehen von jeder der 16 Ecken aus, was insgesamt 64 ergibt und der doppelten Anzahl der Kanten des vierdimensionalen Würfels entspricht.

75

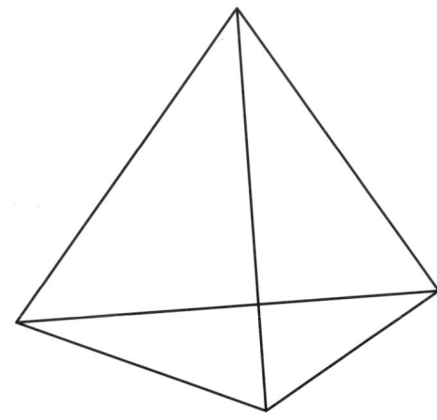

4.11 Der Schatten einer Dreieckspyramide.

Wollen wir die Gesamtzahl der Kanten eines Kubus einer beliebigen Dimension angeben, beobachten wir allgemein, daß die
Zahl der Kanten, die von einer Ecke ausgehen, der Dimension n des Kubus entspricht, und daß die Eckenzahl eine der Dimension entsprechende Potenz von Zwei
beträgt, also 2^n. Multiplizieren wir diese
Zahlen miteinander, so ergibt sich $n \times 2^n$,
wobei hier jede Kante zweimal, nämlich
für jeden ihrer Endpunkte einmal, gezählt
wird. Daraus folgt, daß die richtige Kantenzahl eines Kubus der Dimension n die
Hälfte dieser Zahl, also $(1/2) \times n \times 2^n = n \times 2^{n-1}$, beträgt. Daher ist die Anzahl der
Ecken eines siebendimensionalen Kubus
$2^7 = 128$, während die Anzahl der Kanten
eines siebendimensionalen Kubus 7×2^6
$= 7 \times 64 = 448$ beträgt.

**Höherdimensionale Analogien:
Simplexe**

Der Schattenwurf einer ägyptischen Pyramide wird durch das Schattenbild ihrer
Spitze vollständig bestimmt. Zu jeder Zeit
bleibt der Schatten einer Kante entlang der
Grundfläche unverändert, während das Bild
einer Kante, die von einem Eckpunkt der
Grundfläche zur Spitze führt, zu einer Linie wird, die den Eckpunkt mit dem Bild
der Spitze verbindet. Diese Beobachtung ist
für Pyramiden jeder möglichen Grundfläche richtig. Sobald wir bei einer Dreieckspyramide die Lage der Schatten der vier
Eckpunkte kennen, sind wir in der Lage,
den vollständigen Schattenwurf des transparenten Objekts zu zeichnen, indem wir alle
möglichen Paare von Ecken miteinander
verbinden. Daher können wir den Schatten
vervollständigen, ohne das Objekt wirklich
bauen zu müssen.

Das Dreieck und die Dreieckspyramide haben höherdimensionale Analogien, die als
Simplexe bekannt sind. Drei Punkte in einer
Ebene, die nicht auf einer Geraden liegen,
bestimmen ein Dreieck, das auch Zweiersimplex genannt wird. Vier Punkte im
Raum, die nicht in einer Ebene liegen, legen eine Dreieckspyramide fest, die auch
Dreiersimplex oder Tetraeder genannt
wird. Der n-Simplex ist die kleinste Figur,
die $n-1$ vorgegebene Punkte des n-dimen-
sionalen Raumes enthält, die nicht sämtlich
in einem Raum niedrigerer Dimension liegen. Analysieren wir die Anzahl der Kanten, Dreiecke und anderer Simplexe eines
n-Simplex, so stoßen wir auf ein Muster,
das in Algebra und Wahrscheinlichkeitstheo-
rie immer wieder auftaucht. Die Wiederkehr dieser Muster gehört zu den schönsten
Seiten der Mathematik.

Während wir schrittweise Simplexe höherer
Dimensionen zeichnen, können wir die
Kanten abzählen. Wir beginnen mit einem
Punkt. Dann wählen wir einen davon ver-
schiedenen Punkt und ziehen die eine Kan-
te, die ihn mit dem bereits vorhandenen
Punkt verbindet. Wir wählen einen neuen
Punkt, der sich nicht auf der von den er-
sten beiden Punkten festgelegten Geraden
befindet, verbinden ihn mit den beiden

Punkten und erhalten zwei weitere Kanten, also insgesamt drei. Der nächste Schritt besteht darin, einen neuen Punkt zu wählen, der auf keiner der drei Geraden liegt, die von den bereits konstruierten Ecken bestimmt werden. Dann verbinden wir diesen neuen Punkt mit den bisherigen drei Punkten, um drei neue Kanten, also insgesamt sechs, zu erhalten.

Wir wiederholen diesen Vorgang, um das Bild der einfachsten Figur zu zeichnen, die von fünf Eckpunkten festgelegt wird, den Vierersimplex. Zuerst wählen wir einen Punkt, der auf keiner der sechs Geraden liegt, die mit einer bereits zuvor konstruierten Kante zusammenfallen, und verbinden dann diesen Punkt mit den vorherigen vier Punkten, um vier neue Kanten, also insgesamt zehn, zu erhalten. Wir können uns vorstellen, daß sich der fünfte Punkt tatsächlich in eine vierte Dimension ausdehnt und wir den Schattenriß der Strecken sehen, die ihn mit den vier Punkten des Dreiersimplex verbinden.

Ordnen wir die Ergebnisse in einer Tabelle an, so wird wieder ein Muster erkennbar. Die Anzahl der Kanten entspricht auf jeder Stufe der Summe aller niedrigeren Dimensionen; so beträgt die Anzahl der Kanten, die durch sechs Punkte in fünf Dimensionen festgelegt werden, $1+2+3+4+5 = 15$. Das ist aus unserem Vorgang einfach ersichtlich, da jeder neue Punkt mit allen vorherigen verbunden wird.

Die Kombinatorik gibt uns eine weitere Methode an die Hand, um die Anzahl der Kanten eines Simplex zu finden. Da jeder Eckpunkt mit jedem anderen Eckpunkt verbunden werden muß, wird die Anzahl der Kanten der Anzahl der Eckenpaare gleichen, das heißt der Anzahl der Kombinationsmöglichkeiten von je zwei Ecken einer vorgegebenen Eckenzahl. Wenn wir $n+1$

	Dimension des Simplex					
	0	1	2	3	4	5
Anzahl der Ecken	1	2	3	4	5	6
Anzahl der Kanten	0	1	3	6	10	15

Ecken haben, ergeben sich $n+1$ Möglichkeiten für die Wahl des ersten Elements eines Paares und n verbleibende Ecken für das zweite Element. Multipliziert man diese Zahlen, so erhält man das n-fache von $(n+1)$, und da hierbei jede Kante zweimal gezählt wurde, beträgt die Gesamtzahl der Kanten $n(n+1)/2$.

In den Tests zur räumlichen Wahrnehmung werden die Teilnehmer häufig aufgefordert, eine einfache von einer komplizierteren Figur zu unterscheiden, wobei das Kantenzählen eine der grundlegenden Aufgaben ist. Die nächste Schwierigkeit wäre, die Anzahl der verschiedenen Dreiecke jeder Stufe zu bestimmen. Der dreidimensionale Simplex besitzt vier Dreiecke. Der vierdimensionale Simplex besitzt diese vier und sechs neue Dreiecke, die durch das Anbinden des neuen Punktes an den Dreiersimplex entstanden sind, so daß wir insgesamt zehn Dreiecke des Vierersimplex erhalten. Für ihn können wir die vorherige Tabelle erweitern.

Auf jeder Stufe ergibt sich die Anzahl der Dreiecke, die von einer vorgegebenen Eckenzahl gebildet werden, als Summe aus der Anzahl der Dreiecke und der Anzahl der Kanten auf der vorangehenden Stufe. Daher beträgt die Anzahl der Dreiecke in einem fünfdimensionalen Simplex, der von sechs Punkten festgelegt wird, $10+10=20$.

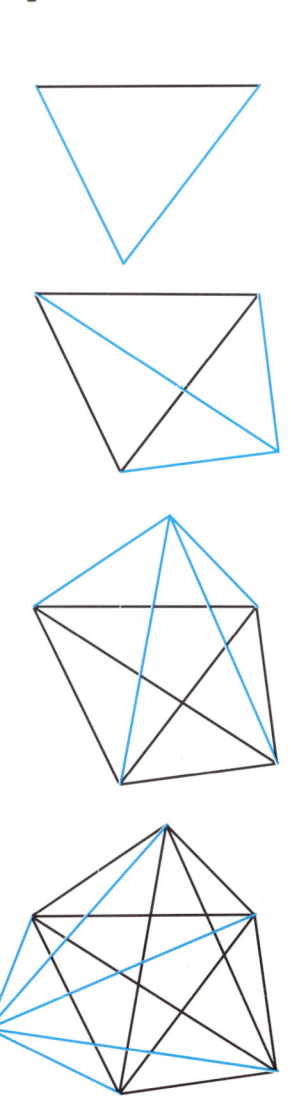

4.12 Die Simplexe für die ersten sechs Dimensionen.

	Dimension des Simplex					
	0	1	2	3	4	5
Anzahl der Dreiecke	0	0	1	4	10	?

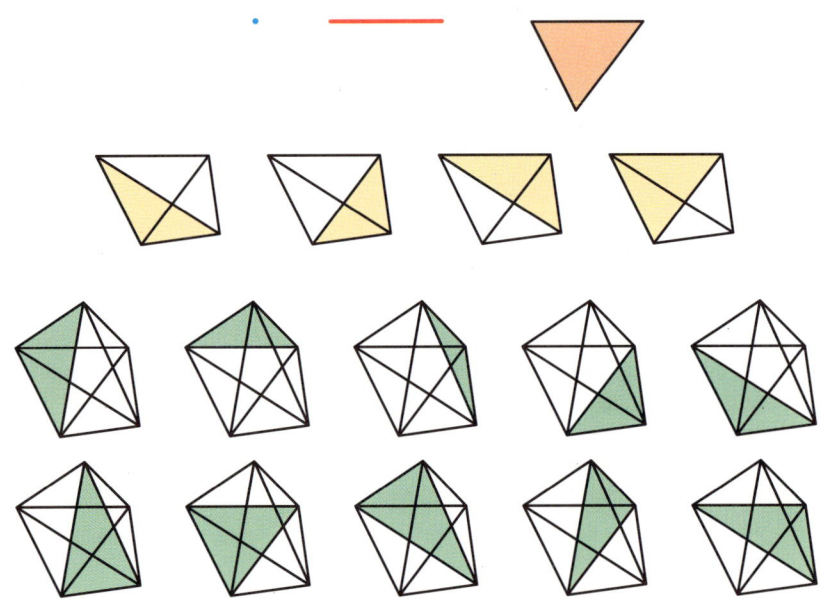

4.13 Die Dreiecksflächen der Simplexe für die ersten fünf Dimensionen.

	Dimension des *n*-Kubus				
	0	1	2	3	4
Anzahl der 0-Kuben	1	2	4	8	16
Anzahl der 1-Kuben	0	1	4	12	?
Anzahl der 2-Kuben	0	0	1	6	?
Anzahl der 3-Kuben	0	0	0	1	?
Anzahl der 4-Kuben	0	0	0	0	1

Allgemein wird die Anzahl der Dreiecke, die von *n* Punkten erzeugt werden, $n(n-1)(n-2)/6$ betragen. Denn es gibt so viele Dreiecke, wie verschiedene Dreiergruppen von Ecken kombinierbar sind, das heißt, es geht um die Kombinationsmöglichkeiten für Dreiergruppen aus einer gegebenen Anzahl von Objekten. Allgemein ist die Anzahl der *k*-dimensionalen Simplexe in einem *n*-dimensionalen Simplex gleich der Anzahl der Kombinationsmöglichkeiten, $(k+1)$-er-Gruppen aus $n+1$ Elementen auszuwählen. Die Formel für diese Zahl ist

$$C(k+1, n+1) = \frac{(k+1)!}{(n+1)!(n-k)!} = \binom{n+1}{k+1}$$

wobei $n!$ für das Produkt der natürlichen Zahlen von Eins bis *n* steht. Die *k*-dimensionalen Simplexe, die in dieser Analyse vorkommen, sind uns bereits als Koeffizienten in den binomischen Formeln begegnet, die wir im zweiten Kapitel behandelt haben. In einer anderen Weise tauchen sie auch auf, wenn wir die Anzahl der Flächen von Kuben in verschiedenen Dimensionen bestimmen.

Anzahl der Flächen bei höherdimensionalen Kuben

Als Analogie zur Folge der Simplexe in verschiedenen Dimensionen wollen wir nun eine Folge von Kuben betrachten. Wir beginnen mit einer Tabelle.

Wenn wir die für den Hyperkubus fehlenden Einträge vervollständigen wollen, müssen wir ein etwas schwierigeres Verfahren anwenden. Wir wissen, daß wir einen Hyperkubus erzeugen können, indem wir einen gewöhnlichen Würfel nehmen und ihn senkrecht zu allen drei Kanten bewegen. Wir können den Vorgang schematisch zeigen, wenn wir zwei Würfel zeichnen, von denen der eine aus dem anderen durch Verschieben hervorgeht. Den einen zeichnen wir rot, den anderen blau. Während sich der rote Würfel auf den blauen zubewegt, ziehen die acht Ecken acht parallele Kanten aus. Wir erhalten zwölf Kanten vom roten Würfel, zwölf vom blauen und nun noch acht neue Kanten, also insgesamt 32 Kanten für den Hyperkubus.

Die Anzahl quadratischer Flächen des Hyperkubus bereitet etwas größere Probleme, die sich aber mit einer anderen Darstellung

pen von je vier parallelen Quadraten. Eine andere Gruppe ist in Abbildung 4.16 dargestellt. Wir können jetzt die verbleibenden drei Vierergruppen von Quadraten leicht identifizieren, um die 24 Quadrate des Hyperkubus zu erhalten. Dabei merkt man, daß sich die vier Quadrate sehr viel leichter erkennen lassen, wenn sie nicht überlappen, als wenn sie stark überlappen.

Diese Art der Gruppierung der Flächen eines Objekts ist besonders effizient, wenn ein Objekt analog zum Hyperkubus viele

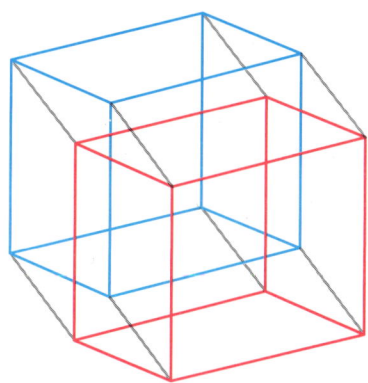

4.14 Das Verschieben eines Würfels senkrecht zu allen seinen Kanten erzeugt einen Hyperkubus.

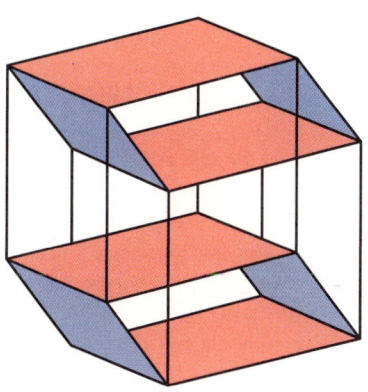

4.15 Zwei Gruppen aus vier parallelen Quadratflächen eines Hyperkubus.

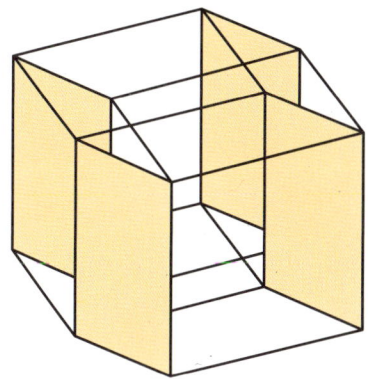

4.16 Eine weitere Gruppe aus vier parallelen Quadratflächen eines Hyperkubus.

des gleichen Verfahrens lösen lassen. Es gibt sechs Quadrate auf dem roten Würfel und sechs auf dem blauen, und hinzu kommen zwölf weitere Quadrate, die von den Ecken des sich bewegenden Würfels ausgezogen werden; also ergeben sich insgesamt 24 Hyperkubusflächen.

Die Kanten des Hyperkubus bilden vier Gruppen mit je acht parallelen Kanten. Genauso können wir uns die Quadrate als sechs Gruppen von je vier parallelen Quadraten denken, die jeweils alle Ecken einbeziehen. Abbildung 4.15 zeigt zwei Grup-

Symmetrien aufweist. Eine Strecke besitzt eine Symmetrie in bezug auf das Austauschen der Eckpunkte. Ein Quadrat hat eine viel größere Zahl an Symmetrien: Wir können das Quadrat durch Drehung um seinen Mittelpunkt in sich selbst abbilden — und zwar auf dreierlei Weise: durch eine, zwei oder drei Vierteldrehungen. Außerdem können wir es an jeder seiner Diagonalen sowie an der horizontalen oder vertikalen Achse durch seinen Mittelpunkt spiegeln.

Beim Würfel gibt es eine noch viel größere Gruppe von Symmetrien, so daß jede Ecke in jede beliebige andere Ecke bewegt werden kann und auch jede Kante und jedes Quadrat an dieser Ecke sich in eine korrespondierende Kante oder ein Quadrat der neuen Ecke überführen läßt. Die Symmetrien stellen ein wichtiges Beispiel für die algebraische Struktur einer *Gruppe* dar. Die Analyse der Symmetriegruppen verhilft uns zu grundlegenden Methoden der modernen Geometrie und deren Anwendungen in der Molekularchemie und Quantenphysik.

Der Hyperkubus ist so hochgradig symmetrisch, daß jede Ecke wie alle anderen aussieht. Wenn wir wissen, was an einer Ecke passiert, können wir auch herausfinden, was an allen anderen Ecken vorgeht. An jeder Ecke stoßen so viele Quadrate zusammen, wie es Möglichkeiten gibt, zwei Kanten aus den vier Kanten an diesem Punkt auszuwählen – nämlich sechs. Da es 16 Ecken gibt, erhalten wir $6 \times 16 = 96$ Kombinationsmöglichkeiten, wobei noch jedes Quadrat vierfach gezählt ist – einmal für jede seiner Ecken. Die richtige Anzahl quadratischer Flächen eines Hyperkubus ist demnach $96/4 = 24$.

Dieses Ergebnis läßt sich auch in einer allgemeinen Formel ausdrücken. Sei $Q(k,n)$ die Anzahl der k-Kuben in einem n-Kubus. Um $Q(k,n)$ zu berechnen, können wir zuerst prüfen, wie viele k-Kuben es an jeder Ecke gibt. Für jede Teilmenge der n Kanten einer Ecke erhalten wir einen k-Kubus. Daher ist die Anzahl der $C(k,n)$ der k-Kuben an jeder Ecke eines n-Kubus gerade $C(k,n) = n!/(k!(n-k)!)$, die Anzahl der Kombinationen von k Teilen aus einer Gesamtheit von n Teilen. Da $C(k,n)$ die Anzahl der k-Kuben an jeder der 2^n Ecken bezeichnet, erhalten wir insgesamt $2^n \times C(k,n)$. Aber in dieser Anzahl wird jeder k-Kubus 2^kmal gezählt, so daß wir durch diese Zahl teilen müssen, um schließlich die richtige Formel zu erhalten: $Q(k,n) = 2^{n-k}C(k,n)$. Ein Blick auf die nachstehende Tabelle zeigt, daß sich die Einträge in jeder Spalte zu einer Potenz von Drei addieren.

Es gibt verschiedene Möglichkeiten, diese Beziehung zu beweisen. Wir stellen fest, daß jede Zahl in der Tabelle der Summe aus dem Doppelten ihres linken Nachbarn und dem Eintrag über diesem Nachbarn entspricht; die Summe aller Einträge einer Spalte entspricht also dem Dreifachen der Summe aller Einträge in der linken Spalte daneben. Dieses Argument kann einfach in einen formalen Beweis durch vollständige Induktion umgesetzt werden. Wir können aber auch die explizite Formel für die Anzahl der k-Kuben in einem n-Kubus anwenden und für die Summe folgende Formel aufstellen:

	Dimension des n-Kubus				
	0	1	2	3	4
Anzahl der 0-Kuben	1	2	4	8	16
Anzahl der 1-Kuben	0	1	4	12	32
Anzahl der 2-Kuben	0	0	1	6	24
Anzahl der 3-Kuben	0	0	0	1	8
Anzahl der 4-Kuben	0	0	0	0	1
Summe der k-Kuben	1	3	9	27	81

$$Q(0,n) + Q(1,n) + \ldots + Q(n-1,n) + Q(n,n)$$

$$= 2^n + C(1,n)\,2^{n-1} + C(2,n)\,2^{n-2} + \ldots + C(n-1,n)\,2 + C(n,n)$$

$$= 2^n + \binom{n}{1} 2^{n-1} + \binom{n}{2} 2^{n-2} + \ldots + \binom{n}{n-1} 2 + \binom{n}{n}$$

$$= (2+1)^n = 3^n$$

Die eindrucksvollste Darstellung dieser algebraischen Tatsache erhalten wir, wenn wir die Kanten eines n-Kubus in drei Teile zerlegen und beobachten, daß dies zu einer Zerlegung des gesamten Kubus in 3^n kleine Kuben führt. Wir erhalten so einen kleinen Kubus in jeder Ecke des ursprünglichen, einen auf jeder Kante, einen für jede zweidimensionale Fläche, und so weiter. Der letzte kleine Kubus steckt inmitten aller übrigen. Daher ist die Gesamtzahl der kleinen Kuben gleich der Summe der Anzahl der k-Kuben in einem n-Kubus, und sie beträgt 3^n.

Zu den Spielzeugen, die Friedrich Fröbel in seinem Kindergarten verwendete, gehörte auch ein in 27 kleine Würfel unterteilter Würfel. Unsere letzte Überlegung mit der Drittelung aller Kanten hätte Fröbel sicher gefallen.

Paläoökologie und Datenverarbeitung

Die Techniken des Schichtens oder Projizierens sind wirksame Hilfsmittel bei der Analyse geometrischer Figuren und der Darstellung komplizierter Datensätze. Wir wollen nun die Anwendungen dieser Verfahren auf die Datenverarbeitung an einem ausführlichen Beispiel erläutern.

Im Rahmen eines Forschungsprojekts am Geologischen Institut der Brown-Universität untersuchen Tom Webb und seine Mitarbeiter die erdgeschichtlichen Klimaschwankungen, die sich über Jahrtausende anhand der wechselnden Vegetation verfolgen lassen. Dabei zählen sie beispielsweise die Anzahl der fossilen Pollenkörner in Bohrkernen aus den Sedimenten von Seen. Diese Pollen liefern wichtige paläoökologische Daten, denn sie sind in den langen, zylindrischen Bohrkernen aus den Sedimentfolgen der Seen in ihrer zeitlichen Ordnung erhalten, wobei das älteste Material unten und das jüngere weiter oben im Bohrkern liegt. Um sie zeitlich einzuordnen, werden die Sedimente mit der Radiokarbonmethode zur Altersbestimmung datiert. Stellt man die Menge bestimmter Pollentypen fest, so können die Wissenschaftler daraus Rückschlüsse auf die Verteilung der verschiedenen Arten von Bäumen, Kräutern und Gräsern ziehen. Insbesondere können sie feststellen, ob ein bestimmtes Gebiet einmal Wald oder Grassteppe war, indem sie das Vorkommen von Eichen- oder Fichtenpollen mit dem von Graspollen des Präriegrases vergleichen.

4.17 Ein in 27 kleinere Würfel zerlegter Würfel.

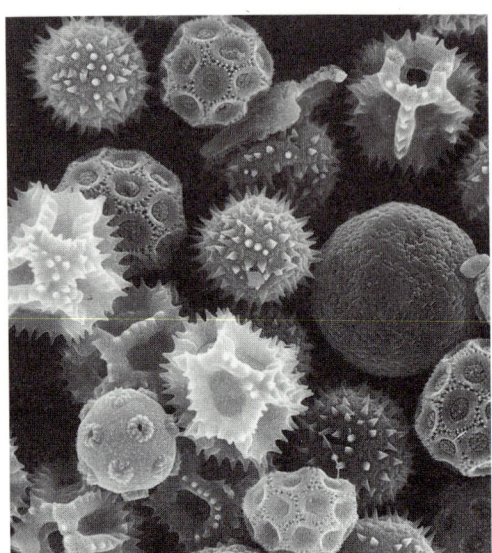

4.18 Verschiedene Arten fossiler Pollenkörner sehen in einer elektronenmikroskopischen Aufnahme sehr unterschiedlich aus.

4.19 Eine Zeitfolge zeigt die wechselnden Prozentsätze von Gras- und Pinienbestand eines Ortes in Michigan für die letzten 14000 Jahre.

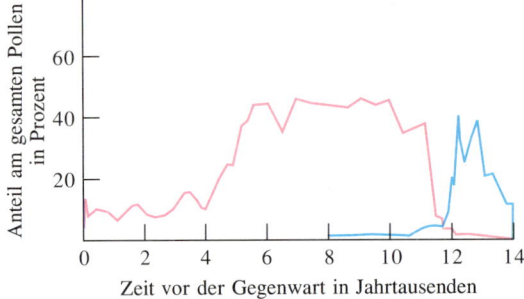

Jahrtausende steigt oder fällt. Aber die einzelnen Zeitfolgen können keine Auskunft darüber geben, wie die Veränderungen an diesem speziellen Meßort mit anderen ähnlichen Abfolgen an nahegelegenen Orten zusammenhängen. Möglicherweise haben wir zufällig einen isolierten See gewählt, in dem sich ein Moor bildete und dadurch ein Wechsel der Vegetation zustande kam, der überhaupt nicht repräsentativ für die übrige Umgebung ist.

Um diese Möglichkeit auszuschließen, können wir Pollendaten oder Schichtfolgen von verschiedenen nahegelegenen Orten vergleichen. Wenn wir die entsprechenden Kurven auf transparente Folien zeichnen, können wir sie durch Übereinanderlegen der Folien leicht vergleichen. Wenn Änderungen an einem Ort in der Kurve weiter rechts erscheinen als an einem anderen, bedeutet dies, daß sie zu späterer Zeit auftraten. Wir können am Kurvenverlauf sehen, ob die Daten einem übergeordneten Muster folgen. Wir können auch die Differenz der Funktionen betrachten, um die Stellen mit besonders großen Abweichungen zwischen den Meßwerten aufzufinden – eine Methode, die als Hochfrequenzfiltern bekannt ist.

Gewöhnlich werden bei solchen paläoökologischen Untersuchungen nur Meßwerte innerhalb eines kleinen Gebiets oder einer einzigen Bohrstelle analysiert. Die Wissenschaftler zählen die Pollenkörner in den verschiedenen Schichten eines Bohrkernes und wissen, daß sie mit den tieferen Bohrschichten immer weiter in die geologische Vergangenheit dieses Meßortes zurückgehen. Die Graspollenhäufigkeiten an diesem Ort werden gegen die Zeit aufgetragen, wobei die horizontale Achse des Graphen die Zeit der Pollenablagerung und die vertikale Achse den prozentualen Anteil an Pollen wiedergibt. Diese Darstellung der Daten kann zeigen, wie die Pollenmenge über

Wenn wir eine Folge von Meßorten entlang einer Scheide, beispielsweise einer Bergkette oder eines willkürlichen Breitenkreises, untersuchen, dann können wir die Meßkurven für alle diese Orte übereinanderstapeln und eine Vorstellung vom Vegetationswechsel entlang einer Schnittfolge erhalten. Die Zusammenstellung transparenter Folien, die die Graphen darstellen, definiert einen dreidimensionalen „Schaukasten", dessen Achsen die Zeit (oder Tiefe im Bohrkern), den Raum (oder Abschnitt auf dem speziellen Pfad) beziehungsweise die Menge eines oder mehrerer Pollenarten wiedergeben. Wenn wir die verschiedenen Pollenarten farbig kodieren, lassen sich mehrere von ihnen im gleichen dreidimensionalen Diagramm unterbringen. Wie zuvor können wir die Differenz von zwei dieser Graphen bilden, um klarer herauszustellen, wo beispielsweise die Graspollen gegenüber den Fichtenpollen mengenmäßig überwiegen. Die höhere Dimensionalität der Darstellung befähigt uns, größere Datenmengen simultan auszuwerten und die Beziehungen sichtbar zu machen, die in einer Tabellennotation der Daten oder in einzelnen Zeitfolgen nicht erkennbar sind.

Aber reale Datensätze erfordern meist noch höhere Dimensionen. Die Meßorte verteilen sich über eine ganze Region und befinden sich nicht nur an einem Berghang oder an einer Scheide. Für eine zweidimensionale Region entspricht ein zweidimensionaler Graph, der die Pollenmenge an jedem Meßort für verschiedene Zeiten angibt, einem vierdimensionalen Datensatz. Wie gehen wir mit einer solchen Zusammenstellung um?

Unsere bisherigen Erfahrungen mit mathematischen Konstruktionen höherer Dimensionen liefern uns einige Anhaltspunkte für die Analyse solcher Datenmengen. Die Methode, Dimensionen durch Schnitte oder Projektionen zu reduzieren, verweist auf ein Prinzip, das sich bei der Analyse von Daten als nützlich herausstellt. Im Falle der Pollenmessungen können wir die Graphen den Datenpunkten entsprechend entlang einer Parallelen zum Breitenkreis stapeln, so daß wir eine dreidimensionale Schicht der vierdimensionalen Konfiguration ausschneiden. Eine Folge solcher dreidimensionaler Darstellungen, die zu Schnitten entlang verschiedener Breitenkreise gehören, verdeutlicht das globale Muster der Vegetationsveränderungen, die wir beim Übergang in nördlichere Regionen beobachten. Um die Veränderungen über eine zeitliche Periode in Westrichtung fortschreitend zu untersu-

chen, würden wir eine andere Schichtung vornehmen. Im Ausgangsgebiet können wir für die Meßpunkte mit einer festen Längenangabe zwei verschiedene dreidimensionale Darstellungen oder ganze Serien von ihnen vergleichen.

Wir würden unsere Daten nun gerne so präsentieren, daß wir die Analyse des dreidimensionalen Graphen bei zunehmender Länge irgendwo abbrechen können, um eine spezielle dreidimensionale Darstellung genauer zu untersuchen. Wir würden gerne nahegelegene Graphen zur selben Zeit betrachten, um dabei einen Sinn im genannten Muster zu entdecken. Hier bietet die Projektion den gewünschten Zugang – sie ist eine Standardmöglichkeit, um solche Konfigurationen des dreidimensionalen Raumes zweidimensional auf einem Computerbildschirm oder auch einfach auf einem Blatt Papier darzustellen. Wenn wir Teile der vierdimensionalen Anordnung dreidimensional projizieren, erhalten wir eine Art

4.20 Isochrone – zeitgleiche – Kurven (rot) auf einer Karte des oberen Mittleren Westens der USA verbinden die Orte, an denen zum gleichen geologischen Zeitpunkt eine Graspollenhäufigkeit von 20 Prozent vorlag. Die Zahlen an den Kurven geben an, vor wie vielen tausend Jahren die Graspollenhäufigkeit diesen Prozentsatz aufwies, und spiegeln die Veränderungen der Präriegrasgrenze wider.

Überlagerungseffekt, da wir zwei nahegelegene dreidimensionale Objekte im Raum überlappen sehen, wobei sie entlang einer Achse leicht gegeneinander verschoben sind – ganz ähnlich wie beim Zeichnen eines Würfels, von dem zuerst der Boden dargestellt wird, um dann die Deckfläche in Parallelperspektive leicht schräg versetzt hinzuzufügen. Solche zweidimensionalen Darstellungen von Daten in drei Dimensionen sind für die Analyse analoger dreidimensionaler schiefer Projektionen von Datenkonfigurationen in vier (oder mehr) Variablen eine wichtige Vorstudie.

Wir können unsere Pollendaten nun so schichten, daß dabei die Zeitkoordinate festgehalten wird, und erhalten dann ein dreidimensionales Koordinatensystem, in dem die horizontale Ebene das Gebiet mit den Meßstellen angibt und die Höhe des Graphen für jeden gegebenen Meßpunkt die Graspollenhäufigkeit für die vorgegebene Zeit darstellt. Die Höhen zu verschiedenen Punkten bilden eine gekrümmte Fläche ei-

nes Funktionsgraphen im dreidimensionalen Raum. Wenn wir nun die Zeitschicht verändern, erhalten wir einen bewegten Trickfilm, der die Schwankungen der Pollenverteilung über hundert oder noch mehr Jahre zeigt. Wir können zwei Pollenarten gleichzeitig darstellen, indem wir die Flächen für Graspollen und Eichen- oder Fichtenpollen durch unterschiedliche Farben kennzeichnen. Ein Film oder eine Videoaufzeichnung der sich verändernden Flächen wäre eine ausgezeichnete Wiedergabe der Daten. Idealerweise sollten wir den Film jederzeit anhalten können, um gleichsam in den Graphen herumwandern und dabei genauer bestimmen zu können, wie sich die verschiedenen Größen zu einer bestimmten Zeit zueinander verhalten. In Zukunft mag es möglich sein, die Graphen in einer holographisch animierten Bildfolge darzustellen, so daß jeder Betrachter seine eigenen Erkundungsgänge machen kann, während der Film abläuft. Aber auch bei solchen Darstellungsmethoden wäre es wünschenswert, die Möglichkeit zu haben, den Film langsa-

4.21 Isopollenlinien verbinden Orte mit einheitlicher Graspollenhäufigkeit für die Zeit vor 6000 Jahren. Jede Kurve stellt eine andere prozentuale Häufigkeit und damit eine andere Schicht des vierdimensionalen Datensatzes dar.

mer ablaufen zu lassen oder gezielt anzuhalten, um einen speziellen Aspekt näher zu untersuchen.

Wir brauchen unsere Schichten nicht senkrecht zu einer Koordinatenachse zu wählen. Wenn wir die Daten untersuchen wollen, die wir entlang eines Flußtales oder auch eines Gebirgskammes gesammelt haben, können wir einen vertikalen Streifen über der Kurve in der zweidimensionalen Region ausschneiden und dann zur bequemeren Betrachtung in der Ebene glattstreichen. Der Effekt gleicht einem Bambusvorhang, bei dem auf jeder Stange drei Tintenmarkierungen angebracht sind und der sich in einer Richtung zur Seite wölbt, so daß er zu dem Verlauf einer gewundenen Grundlinie paßt, aber wir möchten ihn so gegen eine Wand glätten, daß wir klarer die Meßpunkte als eine Funktion unserer Position entlang des Schnittes sehen können.

Für die Analyse von Datensätzen in drei oder vier Dimensionen ist eine weitere Art der Schichtung sinnvoll. Anstatt eine bestimmte Raum- oder Zeitkoordinate auszuzeichnen, können wir auch nach der Koordinate schichten, die die Pollenhäufigkeit darstellt. Das bedeutet, daß über den gesamten Bereich und die gesamte Zeit die Punkte ausgesucht werden, an denen die Häufigkeit der Graspollen demselben Prozentanteil entspricht, sagen wir 20 Prozent. Werden die Schichten für verschiedene Mengen aufgezeichnet, so ergibt sich eine Reihe von Niveauflächen. In unserem dreidimensionalen Bereich können wir jedem Punkt eine Zahl zuordnen, die die Pollenkonzentration an diesem Punkt zu dieser Zeit angibt. Diese Punkte gleicher Konzentration lassen sich miteinander verbinden, wobei sich im allgemeinen eine Fläche ergeben wird. Haben wir 20 Prozent Graspollen an einem bestimmten Punkt, so erwarten wir für nahegelegene Punkte, daß

dort die 20 Prozent – entweder zeitgleich oder kurz vor- oder nachher – ebenfalls erreicht werden. Deshalb sollten die Datenpunkte nahegelegener Orte so zusammenpassen, daß sie ein kleines Flächenstück über ihrer Umgebung bilden. Natürlich können an einem bestimmten Ort zu unterschiedlichen Zeiten Pollenhäufigkeiten von genau 20 Prozent auftreten, so daß die 20-Prozent-Niveaufläche für eine Umgebung dieses Ortes aus mehreren Teilen besteht. Möglicherweise kommen diese Teile wieder zusammen, wenn wir uns weiter vom Ausgangspunkt entfernen. Die tatsächliche Anordnung der Punkte dieser Niveaufläche kann sehr kompliziert gestaltet sein, so wie die 200-Meter-Höhenlinie einer Gebirgsregion kompliziert sein kann, nicht unbedingt im Mittleren Westen der USA, aber sicherlich in einer Gegend wie Monument Valley.

Dieses mathematische Modell wirft noch ein anderes Problem auf. Unsere Meßgenauigkeit ist gewöhnlich nicht hoch genug, um sagen zu können, an welchen Orten

4.22 Diese dreidimensionalen Graphen zeigen vier Flächen unterschiedlicher Konzentration an Graspollen.

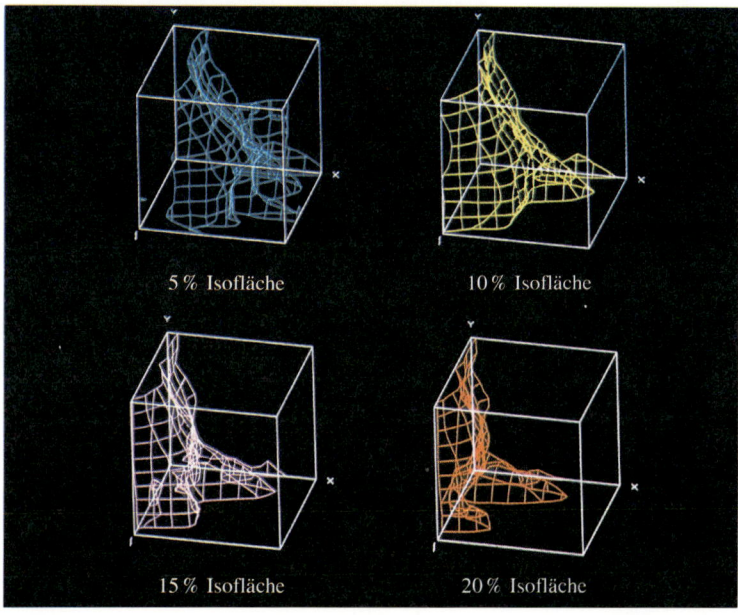

exact eine 20-Prozent-Pollenhäufigkeit vor- liegt. Bestenfalls können wir auf einen an- genäherten Wert hoffen, so daß wir etwas realistischer danach fragen sollten, wann die Konzentration unter einen bestimmten Toleranzwert fällt, sagen wir zwischen 15 und 25 Prozent. Anstelle einer präzise defi- nierten Oberfläche erhalten wir dann einen sehr unbestimmten Bereich, der die Fläche enthält, an der wir interessiert sind. Häufig enthält die Gestalt dieses Bereichs alle wichtigen Informationen, um die Zusam- mensetzung der Flora einer gegebenen Re- gion für einen bestimmten Zeitraum analy- sieren zu können. Es gibt verschiedene In- terpolationstechniken, die man heranziehen kann, um die Daten klarer darzustellen.

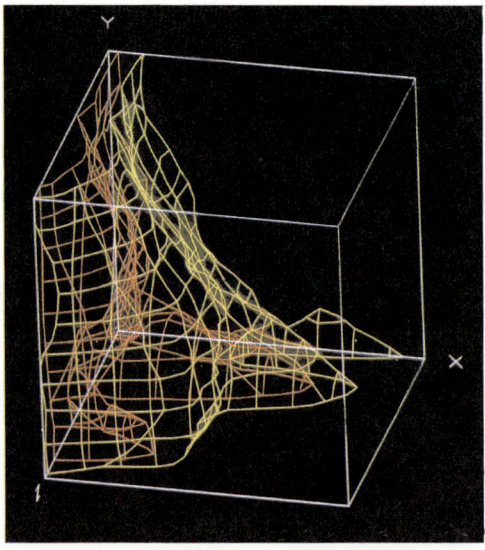

4.23 Ein dreidimensionaler Graph mit zwei Flä- chen für unterschiedliche Pollenkonzentrationen.

Haben wir einmal die 20-Prozent-Fläche ermittelt, so können wir sie auf verschiede- ne Arten untersuchen – entsprechend den verschiedenen Methoden, die Mathematiker zur Analyse geometrischer Objekte im Dreidimensionalen anwenden. Wieder ein- mal bezieht eine Annäherung Projektion und Schnitt mit ein. Wir können eine be- stimmte Zeit ausschneiden und uns an- schauen, wie die 20-Prozent-Niveaufläche dann aussieht, und wir können zu bestim- men versuchen, an welchen Stellen sich das Niveau am schnellsten gehoben hat oder wo es rückläufig war. Hier stoßen wir auf Fra- gen, die mit dem Gradienten einer Funk- tion aus zwei oder drei Variablen verknüpft sind. Wir können gleichsam „auf dem Kamm reiten" und uns das Voranschreiten der 20-Prozent-Graspollenfläche vorstellen, wie sie sich vor 8000 Jahren ostwärts bewegte.

Die verschiedenen Datensätze lassen sich schließlich überlagern, um ein lebendigeres Bild der Wechselwirkung verschiedener Ar- ten zu erhalten. Wir können uns das 20-Pro- zent-Graspollenniveau zusammen mit dem Niveau für zehn Prozent Roteiche oder 15 Prozent Blautanne anschauen. Oder wir fär- ben die 20-Prozent-Graspollenfläche derart ein, daß die Verteilung dieser anderen Pol- lenarten angezeigt wird, von hellrosa bis dunkelrot für das Ansteigen der Eichenpol- len, von hellblau bis dunkelblau für die Tanne. Überlagern wir die roten und blau- en Bereiche, so erhalten wir einen Bereich verschiedener violetter Schattierungen; und ein Blick auf den Farbschlüssel sagt uns jetzt genau, welche Anteile von Rot und Blau diese Schattierungen hervorrufen. Auf diese Weise bekommt man ein Gefühl da- für, was sich aus den Daten herauslesen läßt und wie man mit Datensätzen von im- mer höherer Dimension umgehen kann. Auf dieser Grundlage lassen sich Theorien konstruieren, die die beobachtete Ordnung erklären, oder Hypothesen testen — wobei oft weitere Untersuchungen der Daten oder Vergleichsdatensätze herangezogen werden. Der Fortschritt in der Computertechnologie hat uns neue und wirksame Hilfsmittel für dieses Unterfangen an die Hand gegeben, und wir dürfen in Zukunft noch mehr und noch anschaulichere Einblicke erwarten.

5. Regelmäßige Polytope und Faltmodelle

Wie viele Kulturen vor und nach ihnen waren die alten Griechen von den Polygonen fasziniert — Vielecken in der Ebene, die sich aus geraden Linien zusammensetzen. Einfache Polygone wie Quadrate oder gleichseitige Dreiecke und regelmäßige Sechsecke tauchen in allen möglichen Arten der Flächengestaltung und in architektonischen Konstruktionen auf. Diese Grundformen verbinden sich mit anderen Polygonen zu sich wiederholenden Mustern in der Ebene, und im Raum lassen sie sich zu dreidimensionalen Polyedern wie Würfel oder Pyramide zusammenfügen.

Besonders interessant sind die regelmäßigen Polygone und Polyeder, die eine maximale Symmetrie in ihren jeweiligen Räumen aufweisen. Ein solches reguläres Polygon oder Polyeder sieht an jeder Ecke genau gleich aus — was mathematisch eine starke Einschränkung bedeutet. In der Ebene gibt es unendlich viele regelmäßige Polygone, jedes davon mit einer anderen Anzahl von Ecken. Aber im dreidimensionalen Raum gibt es nur fünf regelmäßige Polyeder. In der Mitte des 19. Jahrhunderts erkannten die Geometer, daß es auch reguläre Figuren in vier und mehr Dimensionen gibt, und sie fragten sich, wie viele es sind und wie sie aussehen. Diese herausfordernde Frage eröffnete das Rennen zwischen Mathematikern, die alle als erste die Antwort zu finden hofften, und nach ein paar Fehlopstarts beanspruchten mehrere von ihnen, das Problem zuerst gelöst zu haben. Die richtige Antwort war für alle Beteiligten überraschend — wie wir am Ende dieses Kapitels sehen werden.

5.1 Das Mausoleum von Marzar-i-Sharif-Hazrat-Ali in Afghanistan weist in seinen Mosaiken viele verschiedene polygonale Muster auf.

Die Geometrie der Griechen

Die Griechen stellten einen besonders herausfordernden Regelkatalog auf, als sie ihre geometrischen Begriffe formalisierten. Sie beschränkten die Hilfsmittel zur Konstruktion von Figuren auf zwei Zeichengeräte:

5.2 Eine Computer-Rekonstruktion einer der 16 Versionen einer polygonalen Progression, die der Schweizer Künstler Max Bill 1938 gestaltet hat. Die gleichseitigen Polygone entwickeln sich von innen nach außen aus einem gleichseitigen Dreieck zu einem Achteck.

Lineal (ohne Einteilungen darauf) und Zirkel. Das Lineal ermöglichte den Geometern, eine Linie durch zwei beliebig vorgegebene Punkte zu ziehen, und mit dem Zirkel konnten sie einen Kreis um einen gegebenen Mittelpunkt schlagen, der durch einen anderen gegebenen Punkt verläuft.

Für die Griechen war, genau wie für heutige Geometer, ein Polygon eine ebene Figur, die von einer endlichen Anzahl von Kanten begrenzt ist; dabei zeichnet sich ein regelmäßiges Polygon jeweils durch gleiche Kantenlängen und Winkel aus. Außerdem forderten die Griechen, daß ein Polygon sich nicht selbst durchdringen darf und daß alle seine Diagonalen im Inneren der Figur liegen müssen. Um ein regelmäßiges Poly-

89

gon mit einer bestimmten Anzahl von Kanten zu konstruieren, mußten sie den Umfang eines Kreises in diese Zahl von Bögen gleicher Länge unterteilen. In bestimmten Fällen läßt sich das sehr einfach mit Lineal und Zirkel bewerkstelligen, aber in anderen Fällen ist diese Konstruktion ziemlich verwickelt, und in wieder anderen ist sie sogar völlig unmöglich.

Das erste Theorem in Euklids *Elemente*, dem bekanntesten Lehrbuch aller Zeiten, gibt eine Methode zur Konstruktion eines regelmäßigen Dreiecks an. Wir beginnen mit einer Strecke für eine Seite des Dreiecks (in Abbildung 5.3 ist sie rot gezeichnet) und verwenden den Zirkel, um zwei Kreise (orange) um die Endpunkte der Strecke zu schlagen, die jeweils durch den gegenüberliegenden Endpunkt der Strecke laufen. Die beiden Kreise schneiden sich in zwei Punkten, und jeder dieser Schnittpunkte liefert den dritten Eckpunkt eines gleichseitigen Dreiecks (grün), das die anfangs gegebene Strecke zur Basis hat.

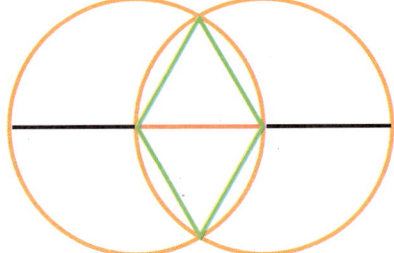

5.3 Das erste Theorem in Euklids *Elemente* erklärt die Konstruktion eines gleichseitigen Dreiecks mit Hilfe von Zirkel und Lineal.

Wir können nun die Grundseite des Dreiecks in den linken Kreis verlängern und über dieser Verlängerung einen dritten Kreis schlagen, der denselben Radius hat wie die beiden ersten und den mittleren Kreis in zwei weiteren Punkten schneidet. Auf diese Weise erhalten wir sechs gleich weit voneinander entfernte Punkte auf einem Kreis, die die Ecken eines regelmäßigen Sechsecks bilden (Abbildung 5.4). Wenn wir nur jeden zweiten Punkt aus die-

ser Runde berücksichtigen, wird der Umfang in drei gleiche Segmente geteilt und ein regelmäßiges Dreieck in den Kreis einbeschrieben (Abbildung 5.5).

5.4 Die Konstruktion eines regelmäßigen Hexagons in einem Kreis.

5.5 Ein dem Hexagon einbeschriebenes Dreieck.

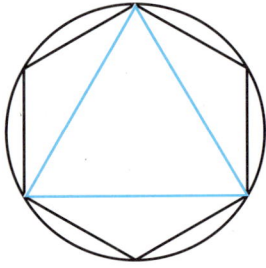

Haben wir einmal ein regelmäßiges Polyeder mit einer bestimmten Eckenzahl konstruiert, so ist es einfach, eines mit der doppelten Eckenzahl zu erzeugen, indem wir jeden Bogen mit Lineal und Zirkel halbieren. Wir schlagen zwei Vollkreise um zwei benachbarte Ecken, derart, daß sich diese Kreise in zwei Punkten schneiden.

Verbinden wir diese Schnittpunkte mit Hilfe unseres Lineals, so schneidet die Verbindungsstrecke sowohl die Strecke zwischen den benachbarten Ecken als auch den zugehörigen Bogen in ihren Mittelpunkten.

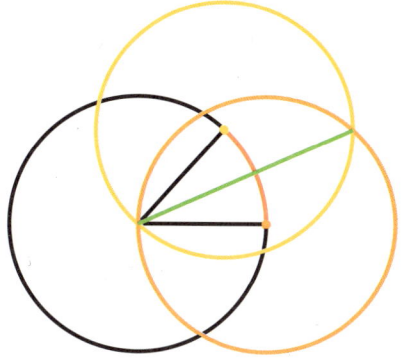

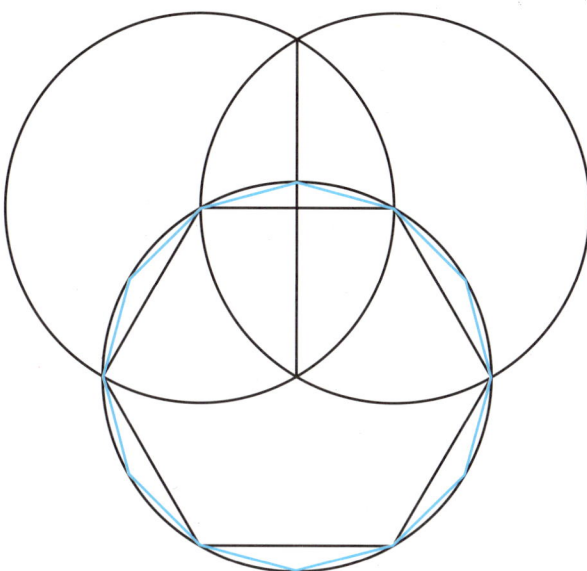

5.6 Euklids Konstruktion zum Halbieren eines Winkels mit Zirkel und Lineal.

5.7 Ein Verfahren zum Halbieren der Kreissegmente bei der Konstruktion eines regelmäßigen Dodekagons mit Zirkel und Lineal. ▶

Indem wir die sechs Kanten eines regelmäßigen Sechsecks halbieren, erhalten wir zwölf gleich weit voneinander entfernte Punkte auf dem Kreis. Diese Punkte sind die Ecken eines regelmäßigen Dodekaeders (Abbildung 5.7). Auf die gleiche Art erhalten wir ein reguläres Polygon mit 24 Ecken, oder mit 48 oder mit einer beliebig großen Eckenzahl, einfach indem wir die Kanten immer wieder halbieren. Daher ist die Zahl der regelmäßigen, nur mit Zirkel und Lineal konstruierbaren Polygone unbegrenzt. Wir können das auch direkter formulieren: Es gibt unendlich viele reguläre Polygone in der Ebene.

In diesem Satz sagen die Worte „es gibt" etwas sehr Wichtiges über die Natur mathematischer Objekte aus. Niemand hat je ein vollkommen regelmäßiges Dreieck gesehen, auch wenn wir einen Vorgang kennen, der zur Erzeugung einer Darstellung dient, die dem vollkommenen Dreieck beliebig nahe kommt. Die Vorstellung von „regelmäßigen Dreiecken" oder „regelmäßigen Polygonen mit vier, fünf oder sieben Ecken" ist sinnvoll, denn solche Objekte haben eine abstrakte Existenz, egal, ob nun irgend jemand je versucht hat, eines zu zeichnen oder nicht. Wir wissen nicht, ob irgendwann einmal jemand auf ähnliche Weise ein reguläres Polygon mit 3072 Ecken konstruiert hat, aber wir wissen, wie wir vorgehen

müssen: Wir beginnen mit einem gleichseitigen Dreieck und wiederholen zehnmal den Halbierungsvorgang.

Wir können weitere vertraute regelmäßige Polygone wie das Quadrat einfach konstruieren, wenn wir wissen, wie sich in einem bestimmten Punkt auf einer Geraden eine Senkrechte errichten läßt. Oder wir können

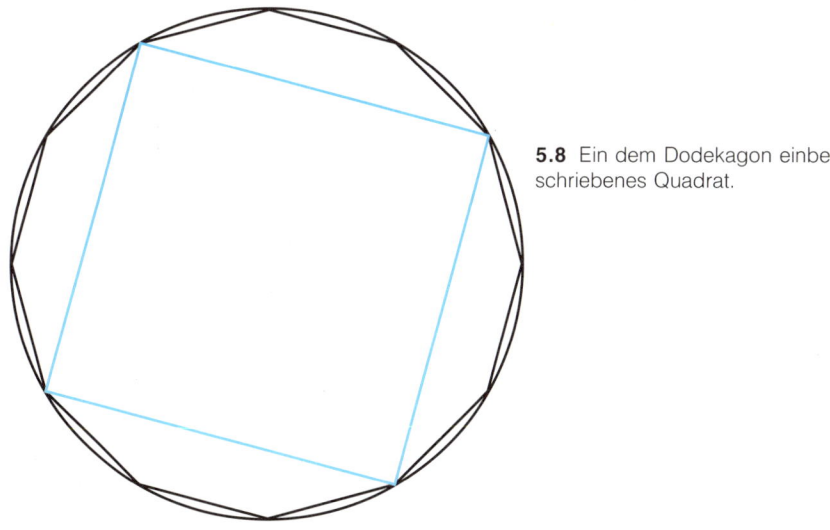

5.8 Ein dem Dodekagon einbeschriebenes Quadrat.

ein einbeschriebenes Quadrat im Kreis erhalten, indem wir jeden dritten Eckpunkt eines regelmäßigen Zwölfecks – eines Dodekaeders – verbinden. Haben wir erst einmal ein Quadrat, so können wir durch Halbierung der Kreissegmente eine völlig neue unendliche Familie regelmäßiger Polygone mit acht Ecken, 16 Ecken und so weiter, also einer Potenz von Zwei, erhalten.

Diese vergleichsweise einfachen Konstruktionsmethoden liefern reguläre Polygone mit drei, vier, sechs und acht Kanten. Was aber ist mit fünf, sieben und neun? Die Griechen lösten das Problem für ein regelmäßiges Pentagon mit einer raffinierten Konstruktion, die der geometrischen Lösung einer quadratischen Gleichung verwandt ist. Aber so sehr sie sich auch bemühten, sie waren nicht in der Lage, ein regelmäßiges Heptagon mit sieben Ecken oder ein reguläres Enneagon (oder Nonagon) mit neun Ecken zu konstruieren.

Es ist wichtig, zwischen einer angenäherten und einer exakten Lösung zu unterscheiden. Die Polizei von Los Angeles hat als Abzeichen einen siebenzackigen Stern, der aus sieben gleich weit voneinander entfernten Punkten auf einem Kreis besteht. Es ist möglich, den Ort solcher Punkte bis zu jedem beliebigen Grad an Genauigkeit durch Ausprobieren zu bestimmen, aber allein mit Zirkel und Lineal ist es nicht möglich, die exakten Eckpunkte zu finden, wie bei Dreieck, Quadrat oder Hexagon. Es wurden zwar viele Lösungen für dieses Problem vorgeschlagen, auch von einigen Philosophen und Amateurmathematikern, aber häufig wurde dabei der Unterschied zwischen einer Näherung und einer exakten Lösung einfach nicht verstanden.

Die Griechen waren sehr beunruhigt darüber, daß ihre geometrische Standardmethode bei der Konstruktion eines regelmäßigen Enneagons versagte. Griechische Geometer hatten den Kreisumfang bereits in drei gleiche Bögen geteilt; aber es gelang nicht, die einzelnen Bögen in drei gleiche Teile zu zerlegen. Es genügt nämlich nicht, einfach die Sehne zu dritteln, da dann das mittlere Bogenstück immer größer sein wird als die beiden äußeren Bogenstücke.

5.9 Die Diagonalen eines Heptagons bilden einen siebenzackigen Stern.

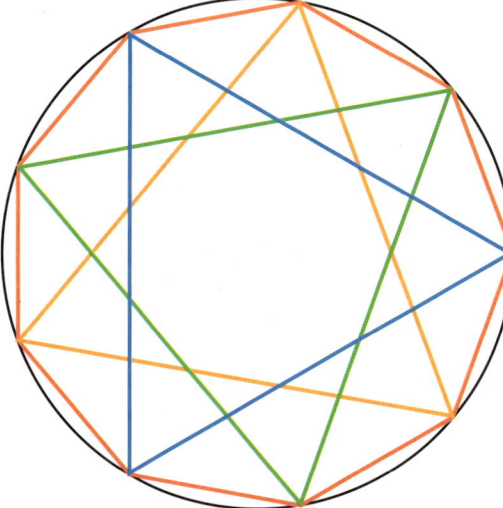

5.10 Drei Dreiecke (blau, grün und orange gezeichnet), die einem Enneagon einbeschrieben sind.

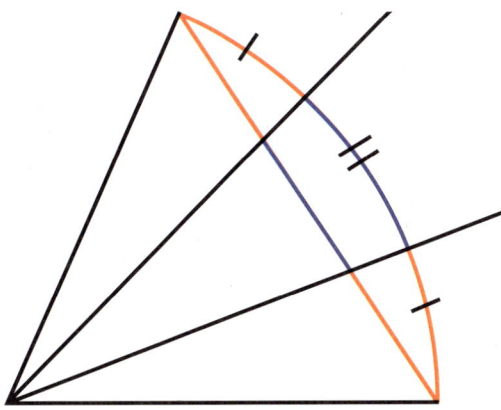

Es gibt zwar eine Zirkel-und-Lineal-Methode zum Halbieren eines Winkels, aber für die Dreiteilung eines beliebigen Winkels existiert keine solche Methode. Man kann wirklich keine Methode angeben, wie mit Zirkel und Lineal ein Drittel des Kreisumfangs — das heißt ein 120-Grad-Winkel — nochmals gedrittelt werden kann. Wenn ein hoffnungsvoller Amateur eine „Lösung" des Dreiteilungsproblems vorlegt, zeigt sich gewöhnlich ein Fehler in der Argumentation, wenn man die vorgeschlagene Methode auf diesen Winkel anwendet. (Das wird aber den Möchtegern-Löser nicht unbedingt entmutigen.)

Die algebraischen Methoden für den Beweis, daß eine Dreiteilung des 120-Grad-Winkels unmöglich ist, entwickelten die Mathematiker erst im 19. Jahrhundert. Bei der Zirkel-und-Lineal-Methode zur Halbierung eines Winkels werden Schnittpunkte von Kreisen bestimmt — und dem entspricht algebraisch eine Bestimmung der Ecken anhand von Wurzelziehen und Lösen quadratischer Gleichungen. Das geometrische Problem der Dreiteilung eines Winkels entspricht algebraisch dem Lösen einer kubischen Gleichung, und die Mathematiker fanden heraus, daß man mit Zirkel und Lineal nicht für alle kubischen Gleichungen eine Lösung finden kann. Der Beweis für

den 120-Grad-Winkel beinhaltet eine trigonometrische Identität, die die Beziehung zwischen dem Cosinus eines Winkels und dem Cosinus des dritten Teiles dieses Winkels darstellt. Das Problem, den Cosinus des 40-Grad-Winkels zu finden, ist der Lösung der kubischen Gleichung $8x^3 - 6x + 1 = 0$ äquivalent, und diese kubische Gleichung kann durch wiederholtes Wurzelziehen nicht allgemein gelöst werden.

Heißt das, daß kein regelmäßiges Neuneck existiert? Keineswegs. Es existiert genauso wie ein Dreieck, ein Quadrat oder ein Kreis, aber es läßt sich nicht mit Zirkel und Lineal konstruieren. Deshalb können wir nicht erwarten, dieses Polygon unter den Figuren der Euklidischen ebenen Geometrie zu finden. Existenz ist nicht dasselbe wie Konstruierbarkeit. Es gibt unendlich viele verschiedene regelmäßige Polygone, je eines für jede Zahl größer als Zwei, auch wenn wir mit den klassischen griechischen Methoden nicht alle konstruieren können.

Die Suche nach regelmäßigen Polyedern

Im Gegensatz zu der unbegrenzten Anzahl regelmäßiger Figuren in der Ebene ist die Zahl regelmäßiger Körper im dreidimensionalen Raum klein. Die griechischen Geometer kannten sie alle, und sie haben sogar bewiesen, daß sich keine weiteren finden lassen.

Lange bevor griechische Mathematiker die Axiome der räumlichen Geometrie formalisierten, waren einige regelmäßige Polyeder allgemein bekannt, insbesondere der Würfel, das Tetraeder (dessen griechischer Name einfach Vierflächner bedeutet) und das Oktaeder (ein Achtflächner, der durch Zusammensetzen zweier gleichseitiger Pyramiden mit quadratischer Grundfläche ent-

5.11 Die Dreiteilung einer Sehne teilt den Winkel nicht in gleiche Bögen.

93

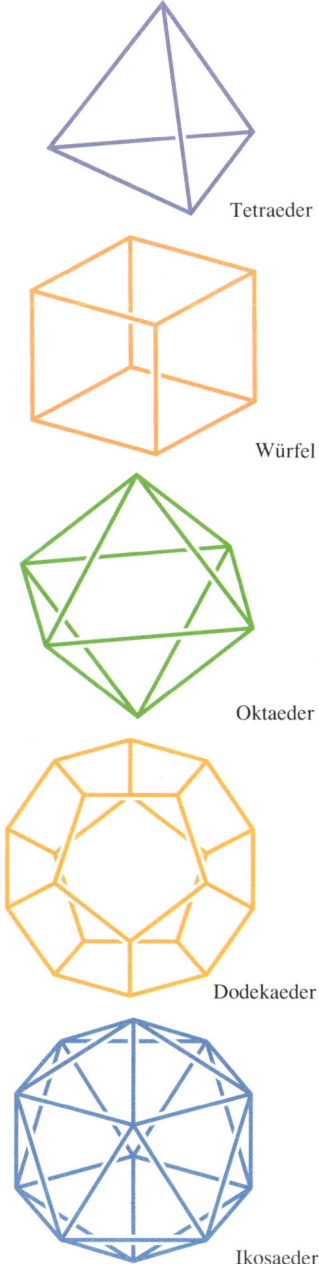

Tetraeder

Würfel

Oktaeder

Dodekaeder

Ikosaeder

5.12 Die fünf regelmäßigen Polygone im Raum.

steht). Wollten wir der griechischen Ausdrucksweise konsequent folgen, so müßten wir den Würfel Hexaeder nennen, aber wir werden weiterhin den vertrauten Begriff verwenden. Beim Würfel stoßen in jeder Ecke drei Quadrate zusammen, beim Tetraeder sind es drei gleichseitige Dreiecke und beim Oktaeder vier gleichseitige Dreiecke an jedem Eckpunkt. Alle Flächen eines regulären Polyeders müssen aus regelmäßigen Polygonen bestehen, und in jeder Ecke müssen gleich viele Flächen zusammentreffen. Gibt es weitere räumliche Figuren, die diese Bedingungen erfüllen?

Zu der Zeit, als Euklid sein Lehrbuch schrieb, waren zwei weitere regelmäßige Polyeder bekannt. Im dreizehnten und letzten Buch seiner *Elemente* führte Euklid einen Beweis an, daß es keine anderen als diese fünf regelmäßigen Polyeder geben kann. Es lohnt sich, diesen Beweis genauer anzuschauen, weil er eine Idee enthält, die uns bei der Frage, wie viele regelmäßige Figuren in höheren Dimensionen existieren, weiterhelfen kann.

Euklid beobachtete zunächst, daß die Winkel an einer vorgegebenen Ecke sich für ein regelmäßiges Polyeder zu weniger als 360 Grad aufsummieren. Zum Beispiel haben die drei Quadrate an einer Ecke eines Würfels die Winkelsumme aus drei rechten Winkeln, also 270 Grad. Danach stellte er fest, daß wenigstens drei Flächen an einer Ecke zusammentreffen müssen, um ein Po-

lyeder zu bilden. Wenn wir ein regelmäßiges Polyeder mit Dreiecksflächen bauen wollen, so haben wir nur drei Möglichkeiten: Wir können drei, vier oder fünf Dreiecke je Eckpunkt verwenden. Sechs Dreiecke würden bereits die Fläche um einen Punkt lückenlos ausfüllen, so daß sich keine Möglichkeit ergibt, das Objekt räumlich aufzufalten.

Drei Dreiecke, die sich an einem Eckpunkt treffen, lassen sich zu einer Dreieckspyramide falten; fügt man eine weitere Fläche hinzu, so erhält man ein Tetraeder. Gehen vier Dreiecke von einem Eckpunkt aus, falten sie sich zu einer Pyramide mit quadratischer Basis, und setzt man zwei dieser Pyramiden an ihren Quadratflächen aufeinander, so erhält man das Oktaeder. Fünf Dreiecke, die sich an einem Eckpunkt treffen, ergeben eine fünfeckige Pyramide mit einem regelmäßigen Pentagon als Basis und fünf gleichseitigen Dreiecken als Seitenflächen. Um ein regelmäßiges Polyeder zu konstruieren, das diese Figur enthält, beginnen wir mit einem Streifen von zehn

5.13 Anordnungen von Dreiecken um einen Punkt in der Ebene, die Raum für eine dreidimensionale Faltung lassen.

gleichseitigen Dreiecken, die abwechselnd aufwärts und abwärts weisen, und zwei regulären Pentagonen derselben Kantenlänge. Indem wir diese Teile zusammenfügen,

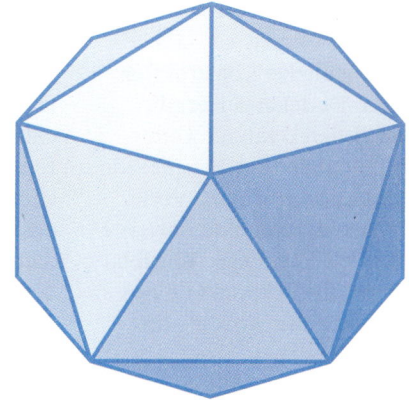

5.14 Ein pentagonales Antiprisma und der vollständige Ikosaeder.

konstruieren wir ein pentagonales Antiprisma: Ein regelmäßiges Pentagon bildet die Basis; das andere regelmäßige Pentagon ergibt, leicht versetzt, die Deckfläche; und der Dreiecksstreifen ist so dazwischen eingepaßt, daß jede Seite eines Pentagons an eine Seite eines gleichseitigen Dreiecks grenzt, dessen dritter Eckpunkt auf dem anderen Pentagon liegt. Wir errichten dann pentagonale Pyramiden auf dem unteren und oberen Fünfeck und erhalten eine Figur aus 20 gleichseitigen Dreiecken, die man als regelmäßiges Ikosaeder bezeichnet.

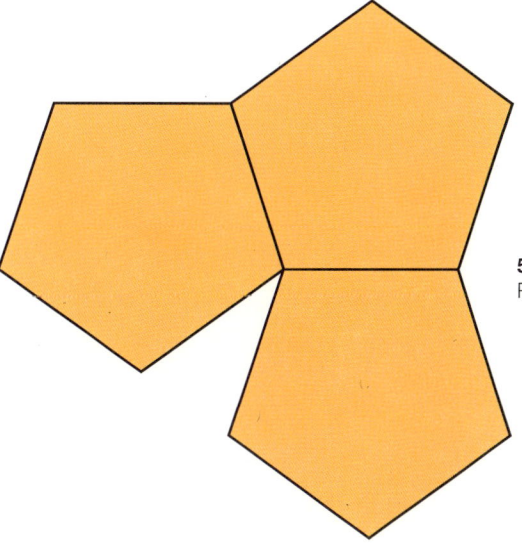

5.15 Drei Pentagone um einen Punkt in der Ebene.

Damit ist die Liste der regelmäßigen Polyeder aus Dreiecksflächen vollständig, aber was ist mit anderen regelmäßigen Polygonen? Betrachten wir drei Quadrate, die um einen Punkt angeordnet sind; wenn wir ein weiteres hinzufügen, füllen die vier bereits die gesamte Fläche aus, das heißt, der Würfel ist das einzige regelmäßige Polyeder mit quadratischen Flächen. Wir werden überhaupt kein regelmäßiges Polyeder mit hexagonalen Flächen finden, da drei Sechsecke schon die Fläche um einen Punkt ausfüllen. Und drei Polygone mit mehr als sechs Seiten überlappen sich bereits, wenn sie um einen Punkt angeordnet werden.

Der einzige fehlende Kandidat ist das regelmäßige Pentagon. Da die Winkel im Pentagon kleiner sind als die im Hexagon, lassen sich drei Pentagone so um einen Punkt in der Ebene anordnen, daß noch eine Lücke bleibt. Da die Winkel beim regelmäßigen Fünfeck größer sind als beim Quadrat, können wir keine vier regelmäßigen Pentagone um einen Punkt in der Ebene anordnen. Aber es bleibt die Möglichkeit eines fünften regelmäßigen Polyeders mit drei regelmäßigen Pentagonen an jedem Eckpunkt. Schon lange vor Euklid hatten griechische Geometer dieses fünfte regelmäßige Polyeder, ein regelmäßiges Dodekaeder mit zwölf fünfeckigen Flächen, gefunden.

Dualität bei regelmäßigen Polyedern

Eine besonders anschauliche Konstruktion für ein regelmäßiges Dodekaeder ergibt sich aus dem Prinzip der Dualität. Unter diesem Gesichtspunkt sind zum Beispiel ein Würfel und ein Oktaeder sehr nahe verwandt: Wenn wir die Mittelpunkte der sechs quadratischen Flächen eines Würfels verbinden, bilden sie die Eckpunkte eines Oktaeders. Dieses Oktaeder wird als das *Duale* des Würfels bezeichnet. Umgekehrt sind die Mittelpunkte der acht Dreiecksflächen eines Oktaeders die Eckpunkte eines Würfels, so daß der Würfel wiederum das Duale des Oktaeders darstellt.

Was passiert, wenn wir die Dualen anderer regelmäßiger Polyeder konstruieren? Beim Tetraeder bilden die Mittelpunkte der vier Dreiecksflächen ein weiteres Tetraeder, so daß das Tetraeder selbstdual ist. Um die Figur zu finden, deren Ecken aus den Mittelpunkten der 20 Dreiecke eines Ikosaeders gebildet werden, ist schon einige gedankliche Anstrengung erforderlich. In jeder Ecke eines Ikosaeders treffen fünf Dreiecke zusammen, und die Mittelpunkte dieser fünf Dreiecke bilden in der Verbindung ein regelmäßiges Pentagon. Das Ikosaeder besitzt zwölf Eckpunkte, so daß wir eine regelmäßige Anordnung von zwölf regulären Pentagonen erhalten, jeweils drei um jeden Eckpunkt. Dies ist das fünfte regelmäßige Polyeder, das wir bereits vorausgesagt hatten: das regelmäßige Dodekaeder.

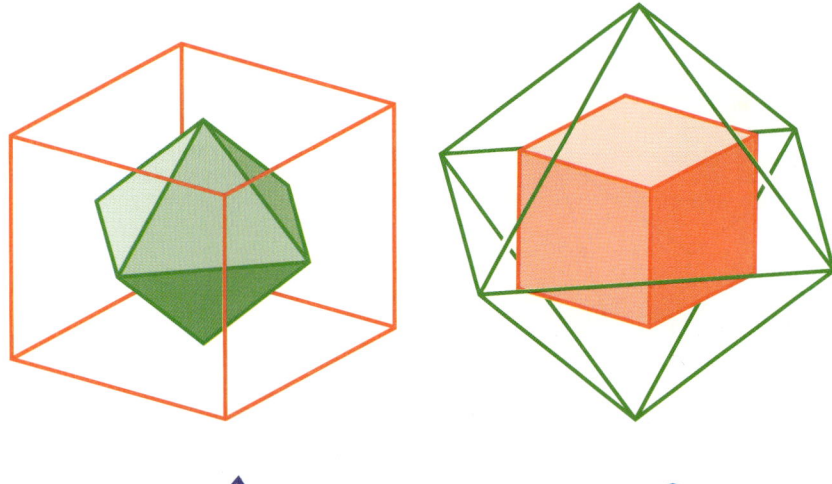

5.16 Das Oktaeder als Duales des Würfels.

5.17 Der Würfel als Duales des Oktaeders.

5.18 Das zu sich selbst duale Tetraeder.

5.19 Das Dodekaeder als Duales des Ikosaeders.

5.20 Das Ikosaeder als Duales des Dodekaeders.

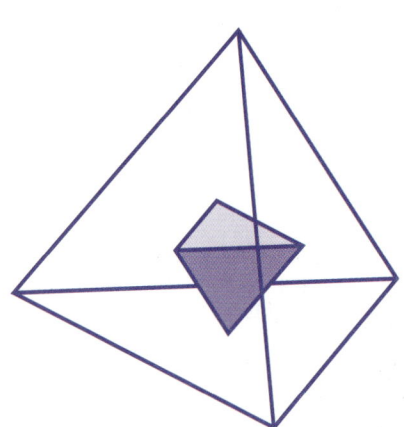
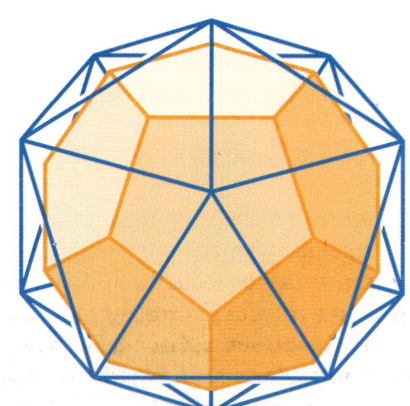
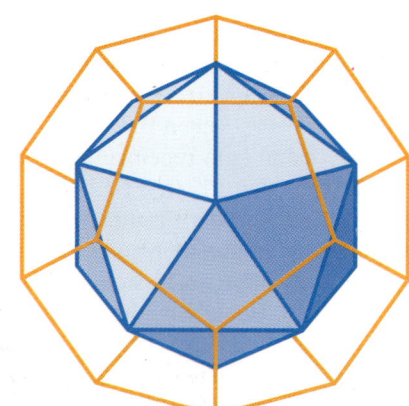

Dieses Dodekaeder besitzt 20 Ecken mit drei Pentagonen an jedem Eckpunkt. Die Mittelpunkte der Pentagone ergeben dann 20 gleichseitige Dreiecke, die ein regelmäßiges Ikosaeder bilden. Daher teilen sich die fünf regelmäßigen Polyeder in drei Gruppen: zwei duale Paare und ein selbstduales Polyeder.

Die Suche nach regelmäßigen Polytopen

Eine Gruppe von Plattländern könnte der Euklidschen Argumentation zur Bestimmung der Anzahl regelmäßiger Polyeder leicht folgen. Sie könnten das Theorem verstehen, daß auf höchstens fünf Arten Kopien ein und desselben regelmäßigen Polygons um einen Punkt in ihrem flachen Raum angeordnet werden können. Sie wären nicht in der Lage, sich vorzustellen, was es bedeutet, eine solche Anordnung in den dreidimensionalen Raum aufzufalten, aber sie können immerhin begreifen, daß es höchstens fünf regelmäßige Polyeder im Raum gibt.

Als die Mathematiker die Geometrie in höheren Dimensionen als ein Gebiet entdeckt hatten, über das sie neue Überlegungen anstellen konnten, begannen sie nach höherdimensionalen Analogien zu den Polygonen und Polyedern zu suchen. Ähnlich wie Polygone von Strecken und Polyeder von regelmäßigen Polygonen begrenzt sind, werden die analogen Objekte in vier Dimensionen von regelmäßigen Polyedern begrenzt. Solche Objekte in höheren Dimensionen wurden allgemein unter dem Namen *Polytope* bekannt.

Nachdem alle fünf regelmäßigen Polyeder im dreidimensionalen Raum wohlbekannt und entsprechend gewürdigt waren, lag es

5.21 Illustrationen zu William Stringhams Ansatz bei der Suche nach regelmäßigen Polytopen. Diese Figuren sind aus dem dritten Band des *American Journal of Mathematics* von 1880 übernommen.

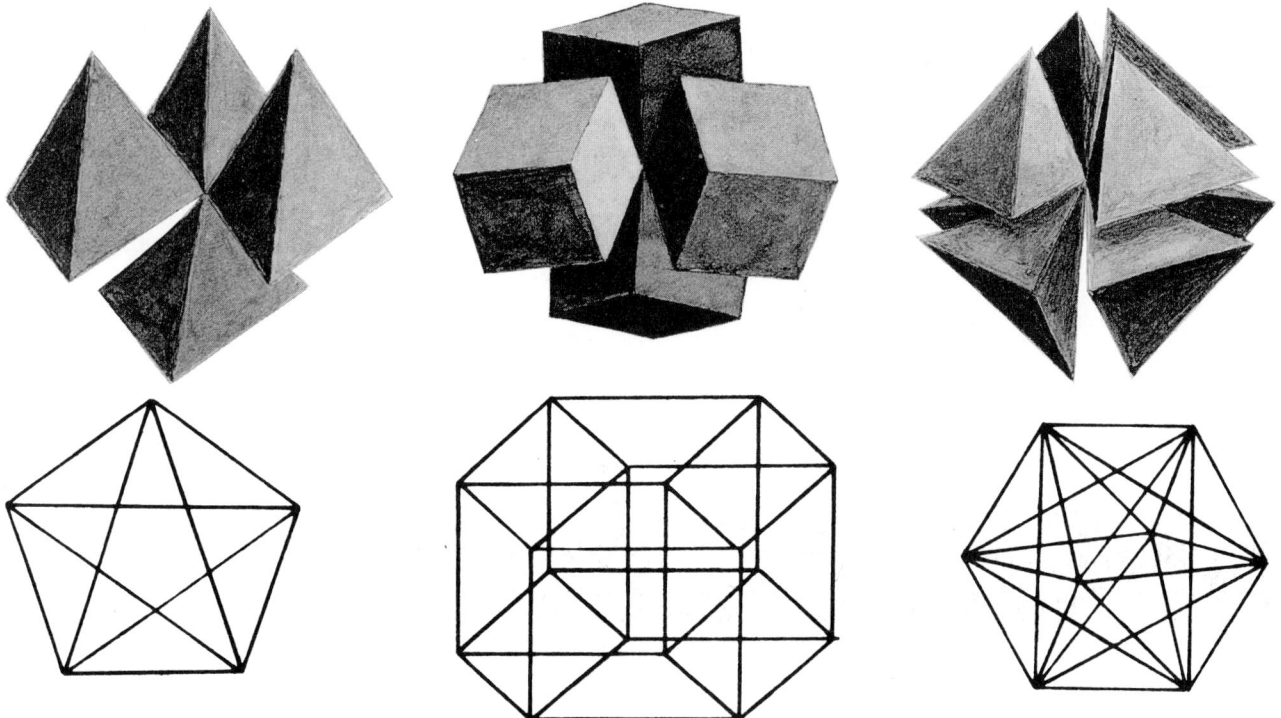

nahe, zu versuchen, ein ähnliches Resultat im vierdimensionalen Raum zu finden, und so begann die „Suche nach den regelmäßigen Polytopen". In den achtziger Jahren des vorigen Jahrhunderts, der Zeit, als Abbott über Plattland schrieb, war ein wahrhaftiger Polytopenrausch unter den Mathematikern der Vereinigten Staaten, Skandinaviens und Deutschlands ausgebrochen. Historisch belegt ist für mindestens einen namhaften Mathematiker, daß er damals eine falsche Liste veröffentlicht hat. Schließlich entbrannte ein heftiger Streit darum, wer für sich beanspruchen konnte, als erster alle regelmäßigen Polytope aufgelistet zu haben. Einer der Konkurrenten, William Stringham, analysierte die mögliche Anordnung regelmäßiger Polyeder um einen Punkt im dreidimensionalen Raum und erzeugte so eine ganze Reihe von Bildern, die er in einem Artikel im *American Journal of Mathematics* publizierte (Abbildung 5.21). Aber sein Beweis war unvollständig, da es noch weitere Fälle gab, die er hätte betrachten müssen. Deshalb war er nicht völlig überzeugt, wirklich alle regelmäßigen Polytope gefunden zu haben. Zum Glück tauchte aber schon bald ein einfacherer und zwingenderer Beweis auf.

5.22 Drei Würfel um eine Kante im Raum.

Um Stringhams Beweisansatz zu verstehen, betrachten wir eine regelmäßige Figur, die wir bereits sehr gut kennen: den Hyperkubus mit seinen 16 Ecken und jeweils vier Kanten an einer Ecke. Je drei dieser Kanten bestimmen einen gewöhnlichen Würfel, so daß es vier Würfel an jeder Ecke gibt. Genau wie wir den Teil eines Würfels nahe einer Ecke als Zusammentreffen dreier Quadrate in der Ebene mit einer Anweisung zum Zusammenfügen zweier Kanten im Raum auffassen können, mögen wir uns den Teil eines Hyperkubus nahe einer Ecke als vier Würfel im Dreidimensionalen vorstellen, die nach einer eindeutigen Vorschrift zusammengefügt werden können.

Und genausowenig, wie die Plattländer die drei Quadrate eines Würfels in ihrer Welt zusammenfalten können, da sie keinen Zugriff auf die dritte Dimension haben, können wir die vier Würfel im Vierdimensionalen zusammenfügen, um einen Hyperkubus zu bilden, aber wir sind immerhin in der Lage, das Problem zu erfassen.

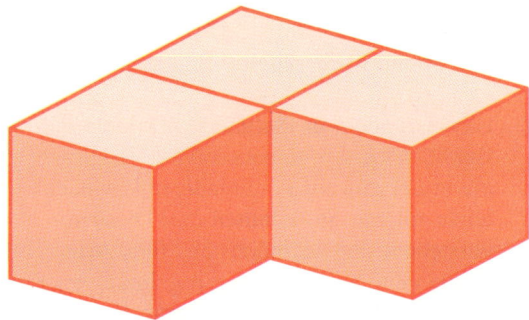

Das Problem möglicher regelmäßiger Polytope im Vierdimensionalen vereinfacht sich, wenn man nicht die vielen Möglichkeiten untersucht, wie sich eine Anzahl von Polyedern um eine Ecke arrangieren läßt, sondern betrachtet, wie viele Polyeder um eine Kante angeordnet werden können (Abbildung 5.22). Wenn die Winkelsumme der Polyeder um eine Kante nicht den Raum um die Kante füllt, bleibt genug Platz, um die Figur in die vierte Dimension aufzufalten.

Die Anzahl der Polyeder läßt sich dabei relativ leicht experimentell untersuchen. Ganz offensichtlich kann man höchstens drei Würfel um eine Kante im Raum anordnen, ohne den Bereich bereits vollständig auszufüllen. Deshalb kann es höchstens ein reguläres Polytop mit Würfelseiten geben, nämlich den Hyperkubus.

Der Vierersimplex

Was ist mit den Polytopen, die aus Tetraedern gebildet werden? Im vorigen Kapitel haben wir eine Methode zur Konstruktion eines solchen Objekts diskutiert, den vierdimensionalen Simplex, der auch Pentatop genannt wird. Er ist das einfachste Polytop im Vierdimensionalen, ähnlich dem Dreieck in der Ebene und dem Tetraeder im Raum. Um einen Vierersimplex zu konstruieren, beginnen wir mit einer Strecke in der Ebene und errichten darauf die Senkrechte durch den Mittelpunkt. Jeder Punkt auf dieser Geraden ist gleich weit von den beiden Eckpunkten entfernt. Wenn wir uns weit genug auf der Geraden bewegt haben, ist die Entfernung zu den Endpunkten gleich der Länge der Strecke, und wir erhalten ein regelmäßiges Dreieck, einen sogenannten Zweiersimplex.

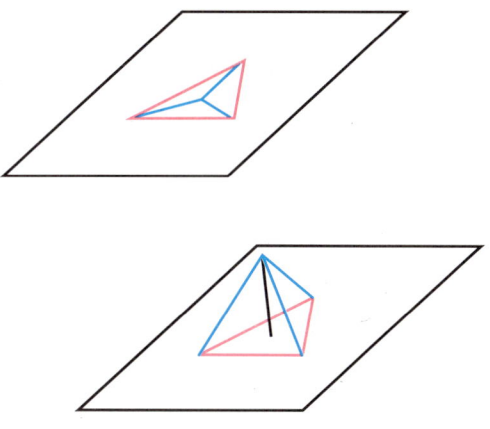

Nun zeichne man im Mittelpunkt des Dreiecks die Senkrechte im Raum. Die Plattländer könnten diese Konstruktion zwar nicht erfassen, aber wir wissen, daß jeder Punkt auf dieser Geraden von den Eckpunkten des Dreiecks gleich weit entfernt ist, so daß wir entlang dieser Geraden einen Punkt finden, dessen Abstand der Kantenlänge des Dreiecks entspricht. Das erzeugt drei neue gleichseitige Dreiecke, die zum Ausgangs-

dreieck kongruent sind, und wir haben ein regelmäßiges Tetraeder oder auch einen Dreiersimplex erzeugt.

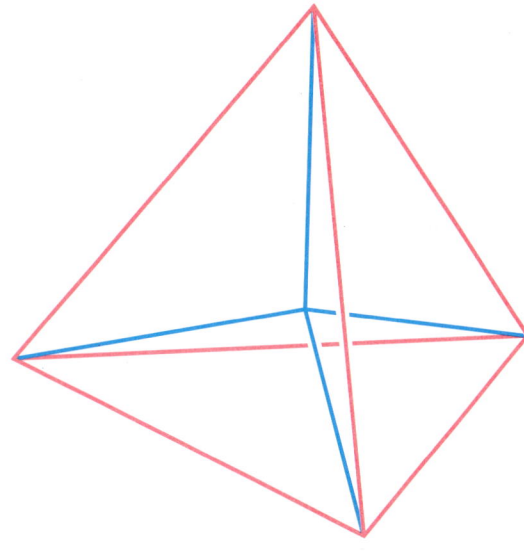

5.24 Symmetrische Projektion eines Vierersimplex im dreidimensionalen Raum. Der Mittelpunkt wurde entlang der vierten Raumrichtung verschoben, so daß alle zehn Kanten gleich lang sind.

Auf ähnliche Weise können wir uns eine Gerade im vierdimensionalen Raum vorstellen, die senkrecht zum Tetraeder durch dessen Schwerpunkt verläuft. In unserer dreidimensionalen Welt können wir diese Gerade natürlich nicht sehen, aber wir wissen, daß jeder Punkt auf ihr von allen Ecken des Tetraeders gleich weit entfernt ist. Wenn wir dieser Geraden weit genug folgen, erreichen wir einen Punkt, dessen Abstand der Länge der Kanten des ursprünglichen Tetraeders entspricht. Auf diese Weise erhalten wir vier neue Tetraeder, jedes kongruent zum Ausgangstetraeder, die zusammen einen regelmäßigen Vierersimplex im vierdimensionalen Raum bilden.

5.23 Konstruktion eines Dreiersimplex durch „Hochheben" des Mittelpunktes eines Zweiersimplex.

Wir können den Vierersimplex anhand seiner Schattenbilder in der Ebene oder im Raum untersuchen, indem wir die Projektionstechniken aus dem vorigen Kapitel anwenden. Wenn wir ein Tetraeder in der Ebene zeichnen, wählen wir vier Punkte und verbinden alle möglichen Paare. Wir erhalten nun zwei verschiedene Perspektiven, je nachdem ob eine Ecke im Inneren des Dreiecks, das durch die anderen drei Punkte gebildet wird, plaziert ist oder nicht (Abbildung 5.25). Genauso gibt es zwei verschiedene Perspektiven bei der Projektion eines Pentatops im Raum, die jetzt von den möglichen Positionen des fünften Eckpunktes abhängen — im Inneren des Tetraeders, der durch die anderen vier Punkte gebildet wird, oder nicht. Das erste Beispiel in Abbildung 5.26 weist vier äußere Eckpunkte auf, die um einen inneren angeordnet sind, wobei es sechs äußere und vier innere Kanten gibt und vier äußere und sechs innere Dreieckseiten vorhanden sind. Im zweiten Beispiel gibt es nur äußere Eckpunkte, und alle Kanten sind bis auf eine Ausnahme Außenkanten, und es sind sechs äußere und vier innere Dreiecke vorhanden. Diese beiden Darstellungen unterscheiden sich vor allem darin, daß im ersten Beispiel alle zehn Dreiecke so zusammengefügt werden können, daß keines davon irgendein anderes schneidet, während im zweiten Beispiel alle drei vertikalen Dreiecke und ihre gemeinsame Kante das horizontale Dreieck schneiden.

Jede Projektion des Vierersimplex zeigt drei Tetraeder an jeder Kante (Abbildung 5.27), genau wie es drei Würfel an jeder Kante eines Hyperkubus gibt. Analog zur Anordnung dreier Würfel um eine Gerade können wir drei Tetraeder um eine Kante anordnen, ohne den dreidimensionalen Raum lückenlos auszufüllen.

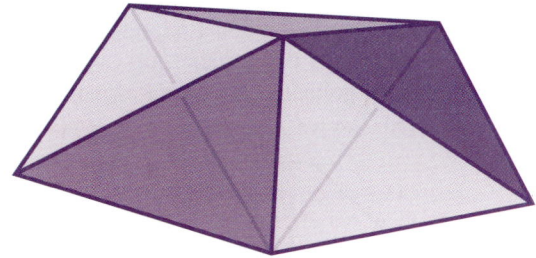

5.27 Drei Tetraeder um eine Kante im Raum.

5.25 Zwei Projektionen des Dreiersimplex in die Ebene.

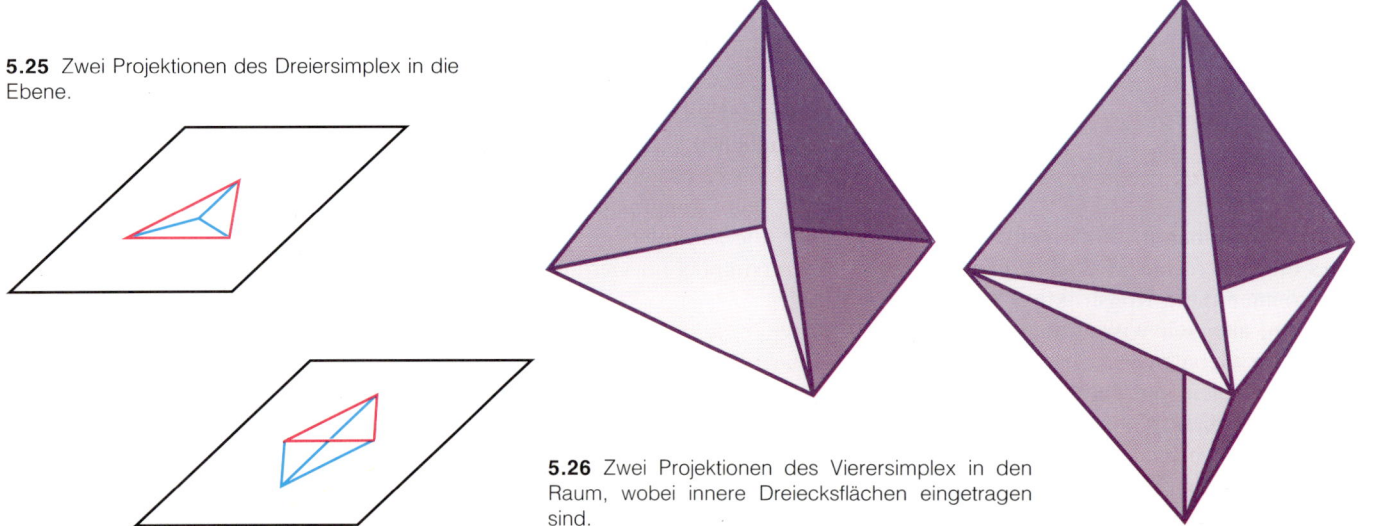

5.26 Zwei Projektionen des Vierersimplex in den Raum, wobei innere Dreiecksflächen eingetragen sind.

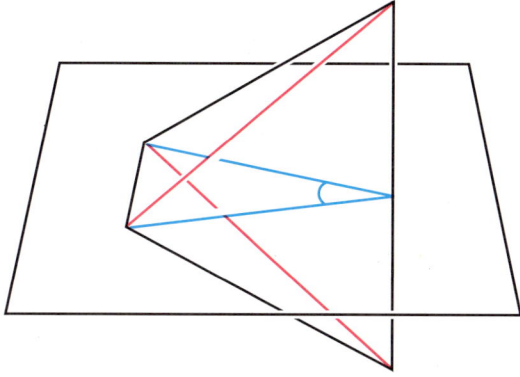

5.28 Der Innenwinkel am Mittelpunkt einer Kante eines Dreiersimplex.

Das Duale des Hyperkubus oder die 16-Zelle

Der Innenraumwinkel eines Tetraeders ist kleiner als ein rechter Winkel, so daß wir leicht vier Tetraeder um eine Kante im Dreidimensionalen anordnen können und noch genug Platz bleibt, sie ins Vierdimensionale aufzuklappen (Abbildung 5.29). Es gibt ein regelmäßiges Polytop, das diese Anordnung von vier Tetraedern an jeder Kante besitzt; um seine Konstruktion zu beschreiben, greifen wir auf das Dualitätsprinzip zurück. Wir wählen also die Mittelpunkte jeder dreidimensionalen Hyperfläche des vierdimensionalen Polytops aus, um das Duale zu konstruieren, indem wir diese Mittelpunkte für alle Hyperflächen verbinden, die ein gemeinsames Polygon als

Um zu sehen, wie viele regelmäßige Polyeder um eine Kante im Raum plaziert werden können, summieren wir die Innenraumwinkel jedes Polyeders, also die Winkel zwischen den zwei Flächen des Polyeders, die an der Kante zusammentreffen. Im Fall des Tetraeders können wir uns den Innenraumwinkel als ebenen Winkel vorstellen, den wir wie folgt erhalten: Wir orientieren das Tetraeder mit einer Kante vertikal und mit der gegenüberliegenden Kante horizontal und schneiden es dann in der Mitte durch, so daß ein gleichschenkliges Dreieck entsteht (Abbildung 5.28). Der Winkel dieses Dreiecks, das an der vertikalen Kante anliegt, entspricht dem Innenraumwinkel an dieser Kante. Er ist größer als der Winkel eines gleichseitigen Dreiecks, so daß sechs Tetraeder nicht um eine Kante herum angeordnet werden können.

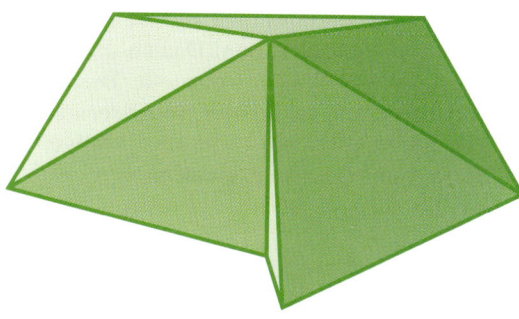

5.29 Vier Tetraeder um eine Kante im Raum.

Grenzfläche besitzen. Die Punkte, die von dreidimensionalen Hyperflächen mit einem gemeinsamen Eckpunkt stammen, bilden ein dreidimensionales Polyeder, die duale Zelle des Eckpunktes. Die Vereinigung dualer Zellen bildet das Duale des regelmäßigen Polytops.

Wie der Dreiersimplex oder das Tetraeder ist auch der Vierersimplex zu sich selbst dual. Um das Duale eines Hyperkubus zu beschreiben, wählen wir den Mittelpunkt aus jeder der acht Würfelflächen. Für jeden der 16 Eckpunkte gibt es vier Würfel, und jede Vierergruppe steuert ein Tetraeder als

5.30 Eine Projektion einer 16-Zelle in der Ebene, die zwei von 16 Dreiersimplexen zeigt. Die anderen Projektionen erhält man durch Rotation der Figur um Vielfache von 45 Grad.

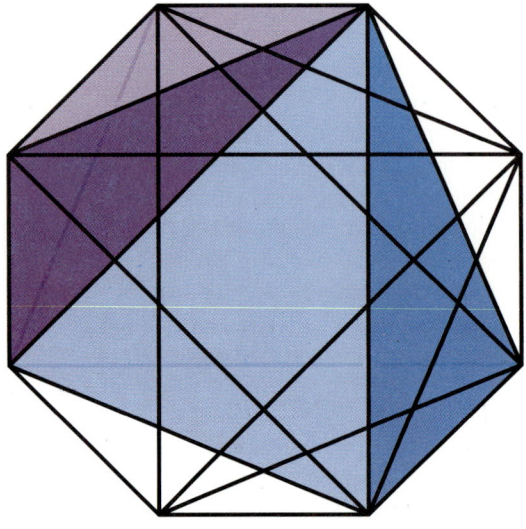

duales Objekt bei. Wir erhalten daher ein neues regelmäßiges Polytop, die 16-Zelle, die zum Hyperkubus dual ist und eine Analogie zum Oktaeder, dem Dualen des dreidimensionalen Würfels, darstellt. Dieses Polytop besteht aus je vier Tetraedern um jede Kante; es ist das dritte regelmäßige Polytop im Vierdimensionalen.

5.31 Fünf Tetraeder um eine Kante im Raum.

Polytope in fünf oder mehr Dimensionen

Die bisher diskutierten Konstruktionen sind keinesfalls eine Besonderheit des Vierdimensionalen. In jeder Dimension gibt es einen selbstdualen Simplex mit $n+1$ Ecken, wenn die Dimension n beträgt. Und es existieren ebenso höherdimensionale Analogien zum Würfel. Im n-dimensionalen Raum besitzt der n-Kubus 2^n Ecken und $2n$ Hyperflächen der Dimension $n-1$. Es wird immer ein drittes regelmäßiges Polytop in n Dimensionen geben, das duale Polytop des n-Kubus mit $2n$ Ecken und 2^n Hyperflächen, die aus Simplexen der Dimension $n-1$ bestehen. Diese Konstruktion wird deutlicher, wenn wir im achten Kapitel Koordinaten einführen.

Für Dimensionen jenseits von vier sind das schon alle Polytope, die wir finden können. Im n-Dimensionalen gibt es genau drei regelmäßige n-dimensionale Polytope, den n-Simplex, den n-Kubus und das n-dimensionale Kubusduale. Es gibt keine weiteren regelmäßigen Polytope.

Die regelmäßige 600-Zelle und ihr Duales

Der vierdimensionale Raum hält aber noch eine Überraschung bereit. Wir haben bereits drei und dann vier Tetraeder um eine Kante angeordnet und gesehen, daß es keine sechs Tetraeder um diese Kante geben kann. Aber wie steht es mit fünf? Tatsächlich stellt sich heraus, daß der Innenraumwinkel eines Tetraeders gerade klein genug ist, um fünf Tetraeder um eine Kante anordnen zu können; dabei bleibt ein sehr kleiner Raum ausgespart — genug, um die Figur ins Vierdimensionale aufzufalten.

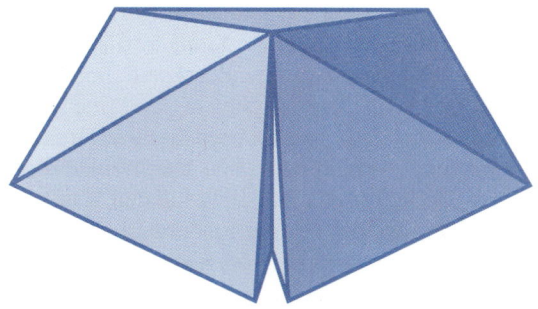

Diese Anordnung von fünf Tetraedern um jede Kante findet man in einem vierdimensionalen Polytop mit 600 Tetraedern wieder, das deshalb unter dem Namen 600-Zelle bekannt ist (Abbildung 5.32). Wir können den Teil dieses Polytops nahe einer Ecke dadurch beschreiben, daß wir die gleiche Konstruktion verwenden, die wir gebraucht haben, um vom Pentagon zur pentagonalen Pyramide an jedem Eckpunkt eines regelmäßigen Ikosaeders zu gelangen.

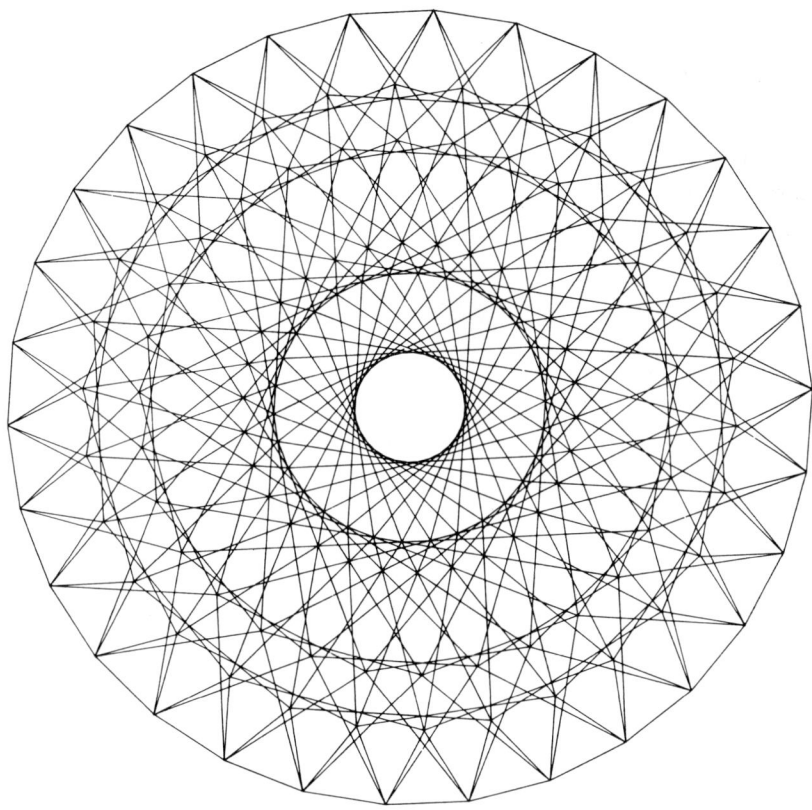

5.32 Die Projektion der 600-Zelle im dreidimensionalen Raum. Die Figur wurde aus *Regular Complex Polytopes* von H. S. M. Coxeter übernommen.

Beim Ikosaeder beginnen wir mit einem regelmäßigen Fünfeck in der Ebene und wählen einen Punkt über seinem Schwerpunkt, so daß der Abstand zu jeder der fünf Ecken der Länge der Ausgangskante entspricht. Für die 600-Zelle beginnen wir mit einem dreidimensionalen Ikosaeder und wählen im vierdimensionalen Raum einen Punkt „oberhalb" seines Schwerpunktes, so daß der Abstand zu jeder der zwölf Ecken der Länge der Ausgangskante entspricht. Die Kanten, die von diesem Punkt zu den ursprünglichen Ecken laufen, bilden 20 Tetraeder, die an einem Eckpunkt der 600-Zelle zusammenstoßen. Wiederum können wir diese Konstruktion ohne den Zugriff auf die vierte, zu unserem Raum senkrechte Richtung nicht real umsetzen, aber das Verfahren ist klar.

Jedes regelmäßige Polytop sollte ein Duales haben, und dieses Duale wird ein weiteres regelmäßiges Polytop sein. Da jeder Eckpunkt der 600-Zelle von 20 Tetraedern umgeben ist, wird jede Zelle des dualen Polytops 20 Ecken besitzen. Daher werden die dualen Zellen Dodekaeder sein. Es mag überraschen, daß ein regelmäßiges Polytop aus Dodekaedern aufgebaut sein kann, da drei reguläre Dodekaeder um eine Kante im dreidimensionalen Raum angeordnet werden müßten. Aber in der Tat paßt das zusammen. Der Innenraumwinkel eines Dodekaeders erweist sich als ein wenig kleiner

103

5.33 Eine Projektion der 120-Zelle im dreidimensionalen Raum in einem Drahtmodell von Paul R. Donchian; dieses Modell gehört zur Sammlung des Franklin-Instituts in Philadelphia.

Wir haben fünf regelmäßige Polyeder im dreidimensionalen Raum erhalten, und die obige Analyse hat bereits fünf reguläre Polytope im vierdimensionalen Raum erzeugt. Wir erhalten keine neuen Beispiele, wenn wir das Ikosaeder als Grundform nehmen, da der Innenraumwinkel an einer Kante des regelmäßigen Ikosaeders mehr als ein Drittel des Vollkreises beträgt. Aber es bleibt immer noch ein weiterer möglicher Baustein übrig, das Oktaeder, und hier erleben wir eine weitere Überraschung.

Die zu sich selbst duale 24-Zelle

Der Innenraumwinkel des Oktaeders ist größer als der des Würfels und kleiner als der des Dodekaeders; deshalb können wir drei, aber nicht vier Oktaeder um eine Kante anordnen (Abbildung 5.34). Es könnte also ein vierdimensionales regelmäßiges Polytop mit oktaedrischen Hyperflä-

als ein Drittel des Vollkreises, so daß drei von ihnen um eine Kante eine kleine Lücke lassen. Das Duale der 600-Zelle setzt sich aus 120 regulären Dodekaedern zusammen, was seinen Namen, 120-Zelle, begründet.

5.34 Drei Oktaeder um eine Kante im Raum.

5.35 Eine Projektion der 24-Zelle im Raum. Verschiedene Projektionen zweier Oktaeder sind farbig unterlegt.

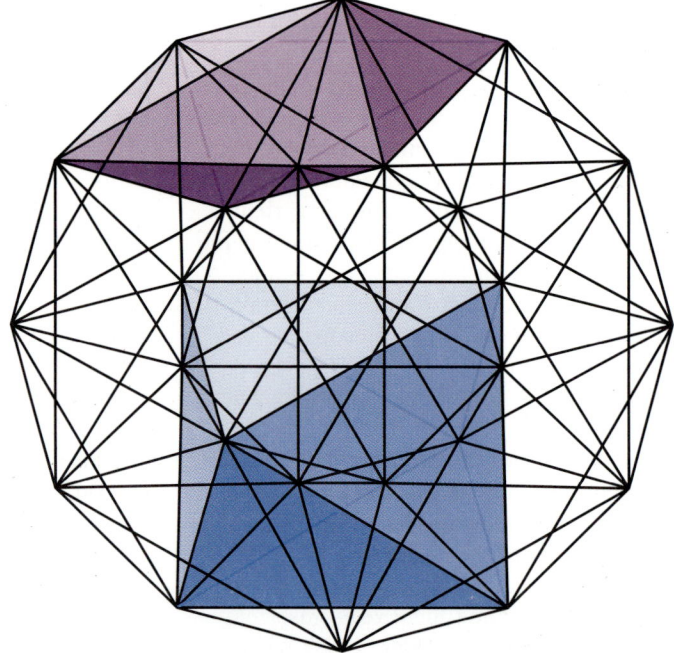

chen geben. Solch ein Objekt existiert tatsächlich. Es hat 24 oktaedrische Zellen und wird deshalb 24-Zelle genannt (Abbildung 5.35). An jedem Eckpunkt werden sich sechs Oktaeder befinden. Daher haben die Zellen des dualen Polytops je sechs Eckpunkte, und diese dualen Zellen sind ebenfalls regelmäßige Oktaeder. Das Duale einer 24-Zelle ist wieder eine 24-Zelle, so daß dieses Polytop zu sich selbst dual ist. Die Überraschung ist nun, daß es im vierdimensionalen Raum mehr regelmäßige Polytope gibt als im dreidimensionalen Raum – und das, obwohl wir in höheren Dimensionen nur die drei Grundtypen vorfinden.

Nach Abbott macht das Nachdenken über höhere Dimensionen bescheiden – und das galt sicherlich auch für die vielen Mathematiker, die in den achtziger Jahren des vorigen Jahrhunderts um die Ehre wetteiferten, zuerst sämtliche vierdimensionalen Polytope gefunden zu haben. Wir haben bewiesen, daß es höchstens sechs vierdimensionale regelmäßige Polytope geben kann, genau wie sie auch. Wem von ihnen gebührt die Ehre der Entdeckung? Der ganze Wettstreit stellte sich als bedeutungslos heraus, als bekannt wurde, daß das Ergebnis mehr als dreißig Jahre zuvor von einem deutschen Mathematiker namens Ludwig Schläfli in einer langen Arbeit über höherdimensionale Geometrie bereits bewiesen worden war, in der es keine einzige Abbildung gab!

Faltmodelle in verschiedenen Dimensionen

Wir haben unsere Beweisführung bisher auf lokale Strukturen eines Polyeders oder Polytops beschränkt – und nur die Hyperflächen in der Umgebung eines Punktes oder einer Kante betrachtet. Um auch die globale Struktur besser erfassen zu können, bieten sich Faltmodelle als Hilfsmittel an.

Diese Faltmodelle lassen sich am besten anschaulich machen, wenn wir noch einmal zu niedrigeren Dimensionen zurückkehren. Wir könnten zum Beispiel dem König von Linienland einen Bausatz für ein Quadrat schenken, der vier Strecken gleicher Länge und eine Anweisung enthält, wie die Endpunkte miteinander verbunden werden sollen. Der König würde bei der Montage drei Verbindungen herstellen, aber als Ergebnis nur einen zusammengefügten Stab von vierfacher Kantenlänge erhalten, denn die vierte Verbindung könnte er ja nicht ausführen,

5.36 Das ungefaltete Quadrat in Linienland.

5.37 Überlappung beim kollabierten Quadrat.

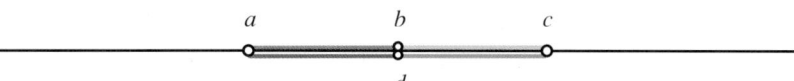

ohne daß sich die Seiten überlappen. Selbst wenn zwei Seiten den gleichen Raum auf der Linie einnehmen könnten, käme der König nicht weit – er könnte nun zwar einen Stab aus zwei zusammengefügten Seiten oben auf eine ähnliche Figur legen und ihre Endpunkte verbinden, aber immer noch kein richtiges Quadrat auf der Linie erzeugen; sein „kollabiertes" Viereck hätte nämlich verschiedene Winkel, zwei 180-Grad-Winkel und zwei Null-Grad-Winkel. Natürlich sind dies die einzig möglichen Winkel in Linienland. Wir müssen zur Ebene übergehen, um ein Quadrat mit vier übereinstimmenden Kanten und Winkeln zu erzeugen.

Analog sieht es beim Übergang von der Ebene in den Raum aus, wenn wir eine vorgefertigte Polyederstruktur in der Ebene durch Auslegen der Polygone entwerfen und vorschreiben, welche Kanten verbunden werden sollen. Ein Arbeitstrupp in Plattland könnte bei dieser Figur zwar mit der Montage beginnen, aber vollständig ausführen ließe sich das Projekt in ihrer zweidimensionalen Welt nicht.

Ein gutes Beispiel ist das Faltmodell eines Würfels. Wir legen eine Quadratfläche zugrunde und fügen vier benachbarte Quadrate an, um eine kreuzartige Gestalt zu erhalten. Dann schreiben wir vor, welche Kanten dieser Quadrate mit welchen anderen zu verbinden sind, was dem Faltmodell eines offenen Kastens entspricht. Es gibt genau vier freie Kanten, die bis jetzt noch nicht mit irgend etwas verbunden sind und somit für das letzte Quadrat übrig bleiben, das wir unten an unser Kreuz anhängen. Ein Ingenieur aus Plattland könnte die genaue Konstruktion der einzelnen Teile überwachen, aber wenn es gilt, das Objekt zusam-

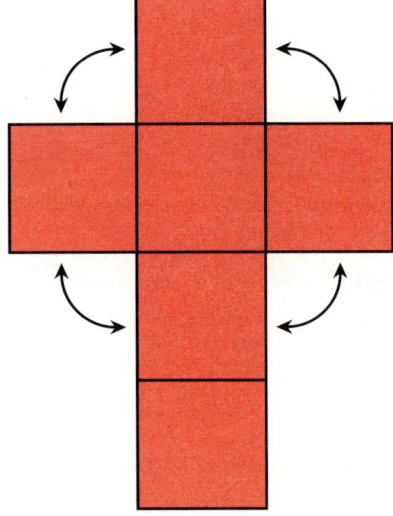

5.38 Der ungefaltete Würfel in der Ebene.

5.39 Ein hyperkubischer Drachen, gebaut von José Yturralde in Valencia.

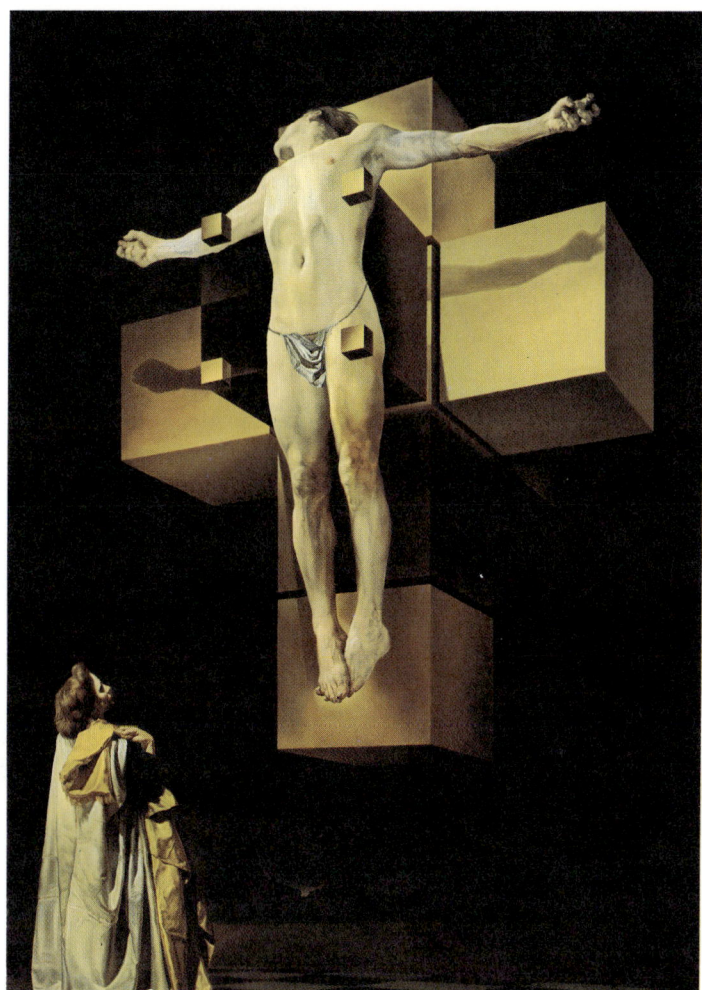

menzufügen, genügt es nicht mehr, die Innenwinkel zu verzerren — nach dem Auffalten zum dreidimensionalen Würfel würden alle Quadrate außer dem Grundflächenquadrat aus Plattland verschwinden. Als Schatten des sich auffaltenden Würfels würde eine weit entfernte Lichtquelle für die vier quadratischen Seitenflächen eine rechteckige Projektion erzeugen, die schließlich auf die Kante der quadratischen Grundfläche zurückschrumpfen würde.

Die analoge Faltfigur im dreidimensionalen Raum ist der nicht aufgeklappte Hyperkubus. Unsere Ingenieure könnten die acht dreidimensionalen Würfelflächen des Hyperkubus konstruieren und damit beginnen, einen Würfel mit sechs Würfeln zu umgeben. Nachdem wir erkannt haben, wie die benachbarten Quadratflächen zusammentreffen müssen, bleiben sechs freie Quadrate übrig. Diese sind bereit, den achten Kubus aufzunehmen, den wir unten an unsere Figur anhängen (Abildung 5.40). Leider kann niemand von uns völlig erfassen, wie sich diese Figur zum Hyperkubus zusammenfügt. Wenn ein weit entferntes Licht im vierdimensionalen Raum ähnlich dem vori-

gen Fall einen Schatten der sich auffaltenden Würfel in unserem Raum erzeugen würde, könnten wir beobachten, wie jeder der sechs Kuben zu einem schattenhaften rechteckigen Kasten wird, der sich gleichmäßig zu einer der Flächen des zugrundegelegten Würfels abplattet.

Salvador Dalí wählte 1954 den aufgefalteten Hyperwürfel als zentrales Symbol seines Gemäldes *Kreuzigung — Corpus Hypercubicus*, das Christus am kreuzförmigen Faltmodell des Hyperkubus zeigt. Und

5.40 Der ungefaltete Hyperkubus im Raum.

5.41 Seinem Gemälde *Kreuzigung* gab Salvador Dalí 1954 den Untertitel *Corpus Hypercubicus*.

107

1976 nahm Dalí Kontakt zu unserer Gruppe an der Brown-Universität auf, um einige mathematische Probleme mit uns zu diskutieren, auf die er bei seiner Arbeit an stereoskopischen Ölbildern gestoßen war. Er war begeistert von unserem falt- und drehbaren Modell eines Hyperkubus. Eine Kopie dieses Modells ist in Spanien in der Ausstellung des Salvador-Dalí-Museums in Figueras zu sehen.

Um dieses Modell zu bauen, beginnen wir mit sechs unvollständigen Würfeln aus je vier Quadraten und befestigen jeden davon an den Kanten eines zentralen Würfels; einen siebten Baustein hängen wir an den Rand des Unterteiles (Abbildungen 5.42 und 5.43). Das erhaltene Objekt läßt sich in die Ebene auffalten und als eine Art „verallgemeinertes Scharnier" frei drehen, wenn wir zwei gegenüberliegende Würfel verdrehen. Dieses Modell ist die Hauptfigur in Robert Heinleins Geschichte von einem, der ein buckliges Haus baute; Heinlein erzählt dabei von einem Architekten, der ein Haus in der Gestalt einer aufgefalteten Hyperpyramide baut. Das Haus klappt sich plötzlich mitsamt seinen Bewohnern in die vierte Dimension auf, und die erschreckten Menschen müssen herausfinden, was mit ihnen geschehen ist und wie sie in ihre eigene Dimension zurückfinden.

Bei Faltmodellen für regelmäßige Polyeder scheinen die polygonalen Flächen einen Streifen zu erzeugen. Wir können uns bei einem Würfel einen Streifen aus vier Quadraten vorstellen, die so zusammenpassen, daß sie einen „Ring" aus polyedrischen Seitenflächen bilden, der von zwei weiteren Quadraten abgedeckt wird (Abbildung 5.44). Ein Streifen aus vier Dreiecken faltet sich zu einem Tetraeder auf (Abbildung 5.45). Sechs regelmäßige Dreiecke bilden einen polyedrischen „Ring" mit zwei Dreiecksrändern in zueinander parallelen Ebenen. Fügt man zwei Dreiecke ein, so ergibt sich ein Oktaeder (Abbildung 5.46). Wird

5.42 Der faltbare Hyperkubus.

5.43 Konstruktion des faltbaren Hyperkubus.

5.44 Ein Streifen aus vier Quadraten kann zu einem quadratischen Prisma aufgefaltet werden. Zwei zusätzliche Quadrate ergeben Boden und Deckel.

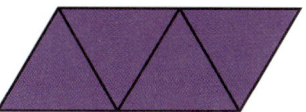

5.45 Ein Streifen aus vier Dreiecken läßt sich zu einem Tetraeder auffalten.

5.46 Ein Streifen aus sechs Dreiecken kann zu einem dreieckigen Antiprisma gefaltet werden. Zwei zusätzliche Dreiecke ergeben Boden und Deckel eines Oktaeders.

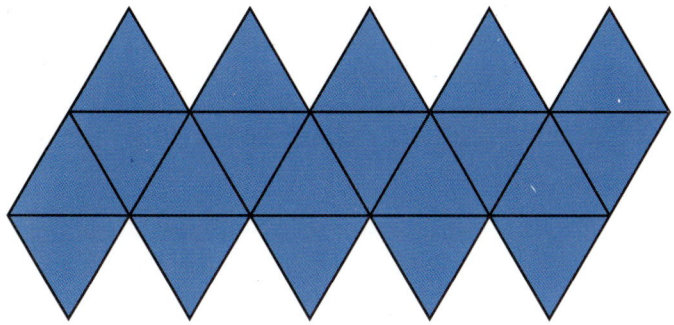

5.47 Ein Streifen aus zehn Dreiecken wird zu einem pentagonalen Antiprisma, wobei zehn zusätzliche Dreiecke für die Grund- und Deckflächen gebraucht werden.

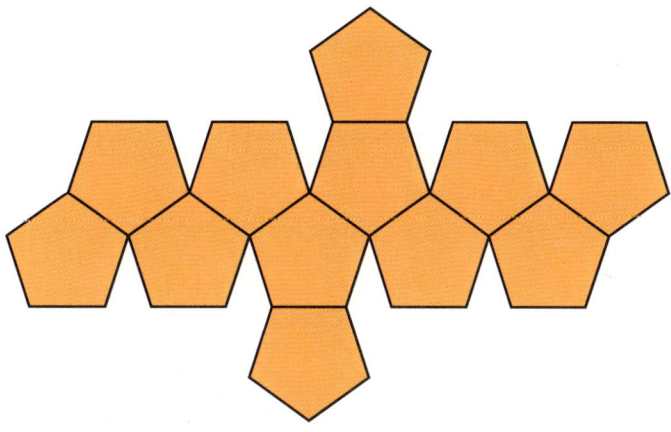

5.48 Ein Streifen aus zehn Pentagonen kann — zusammen mit zwei weiteren angehängten Pentagonen — zu einem Dodekaeder gefaltet werden.

die gleiche Konstruktion auf einen Streifen von zehn regelmäßigen Dreiecken angewandt (Abbildung 5.47), so entsteht ein Polyeder mit zwei pentagonalen Flächen in parallelen Ebenen. Dieses Objekt stellt das pentagonale Antiprisma dar, das wir zur Konstruktion eines regelmäßigen Ikosaeders herangezogen haben. Wir können diese Konstruktion auf sechs verschiedene Weisen ausführen, die das Ikosaeder als Muster

109

verwobener Streifen beschreiben (Abbildung 5.47). Schließlich bildet ein Streifen aus zehn Pentagonen, die von zwei weiteren Pentagonen bedeckt werden, das Dodekaeder (Abbildung 5.48).

Wir wollen dieses Grundprinzip auf die nächste Dimension übertragen, wobei wir jetzt nicht von einem ebenen Streifen aus Polygonen mit zusätzlichen, angehängten polygonalen Flächen ausgehen, sondern statt dessen mit einem Stapel aus Polyedern und zusätzlich angehängten Polyedern beginnen. Auf diese Weise können wir Faltmodelle aller regelmäßigen höherdimensionalen Polytope erhalten. Ein Beispiel für die Konstruktion der 24-Zelle ist in einem Artikel des Autors in dem Band *Shaping Space* (Formen des Raumes) enthalten. Der kanadische Geometer H. S. M. Coxeter verwendet eine ähnliche Beschreibung für die 120-Zelle und die 600-Zelle in seinem Buch über regelmäßige Polytope.

Die Suche nach regelmäßigen Polytopen führt auch heute, nach mehr als einem Jahrhundert, immer noch zu neuen Entdeckungen. Einige Eigenschaften dieser Polytope wurden zwar schon sehr früh gefunden, aber es hat lange gedauert, bis man die Schönheit dieser Objekte voll erfassen konnte. Erst seit wir interaktive Computerprogramme nutzen, sind wir in der Lage, diese Objekte gleichsam vor uns aufzustellen und zu drehen, und erleben dabei die gleiche Faszination wie vielleicht die Mathematiker früherer Zeiten, als sie ihre Modelle eines Oktaeders oder Dodekaeders von allen Seiten betrachteten. Das wird auch in Zukunft so bleiben, wenn wir uns mit Myriaden interessanter Figuren beschäftigen und jedesmal mit der Suche nach regelmäßigen Polytopen beginnen.

6. Perspektive und Bewegung

Salvador Dalí hat einmal ein dreißig Kilometer langes Pferd entworfen. Dabei war sein ursprünglicher Plan gar nicht so grandios gewesen – die Statue sollte zuerst „nur" ungefähr hundert Meter lang werden. In der von Dalí intendierten Perspektive müßte man sie durch ein Tor betrachten, um die realistische Figur eines großen Pferdes auf einer Rampe zu sehen, das auf uns niederschaut. Der Kopf mit den bebenden Nüstern wäre uns ganz nahe, während sich etwas weiter weg der gut proportionierte, kraftvolle Rist erhebt und am weitesten entfernt ein großer Rumpf erscheint. Ein sehr wirklichkeitsgetreues Pferd, könnte man

nen Standpunkt, von dem ein Betrachter die Statue als realistisches Pferd sehen würde – aus jeder anderen Perspektive würde das Pferd extrem langgestreckt erscheinen, wie Skizzen von Dalí in Abbildung 6.2 verdeutlichen.

Dalí fand es nicht sonderlich schwierig, die Größe der verschiedenen Elemente zu berechnen und sie in der richtigen Entfernung vom Betrachter zu plazieren, so daß die Erscheinung auf den ersten Blick jedenfalls realistisch wirken würde. Diese Perspektive ähnelt dem dreidimensionalen *Trompe l'oeil* bei den berühmten Kuppelbildern auf fla-

meinen, bis man weiter vordringt. Tatsächlich würde der Rist einige Meter entfernt auf einer hohen Struktur sitzen, während der Rumpf sich auf einer mehrere Stockwerke hohen Konstruktion am anderen Ende der Ausstellungsfläche erhebt. Der Rest des Pferdes würde sich zwischen diesen drei Bereichen ausdehnen. Es gibt nur ei-

6.2 Skizzen von Salvador Dalí zeigen ein Hundert-Meter-Pferd in extremer Perspektive.

6.3 Salvador Dalí und der Autor im Jahre 1976.

6.1 Das Photo des Taj Mahal gibt parallele Strukturen perspektivisch so wieder, daß sie auf einen gemeinsamen Fluchtpunkt zulaufen.

113

6.4 Dieses *Trompe l'oeil*-Fresko täuscht eine Kuppel vor, solange der Betrachter im Projektionspunkt steht. Ändert er den Blickwinkel, so wird die Täuschung erkennbar.

chen Decken, die dem Betrachter ein Gewölbe vortäuschen — solange er das Bild von einem bestimmten Standpunkt aus sieht (Abbildung 6.4). Solche Bilder verlieren aber schnell ihren Anschein von Räumlichkeit, wenn der Betrachter seinen Standort wechselt und dabei bemerkt, daß sich das Bild keineswegs wie ein dreidimensionales Objekt verhält.

Dalí war mit einem Pferd von der Länge eines Fußballfeldes noch nicht zufrieden. Sein nächster Entwurf dehnte das Pferd so sehr aus, daß dessen Rist auf die Spitze eines hohen Gebäudes in einiger Entfernung des Kopfes gelagert werden mußte. Der Rumpf sollte auf eine geeignet geformte Bergspitze in dreißig Kilometer Entfernung plaziert werden. Die zugrundeliegende mathematische Berechnung der Skulptur blieb dieselbe — nur die Skalierung hatte sich geändert.

Beim letzten Entwurf ging Dalí noch erheblich weiter — der Rist sollte nun auf eine Bergspitze gesetzt werden, und die Rolle des Rumpfes sollte vom Mond übernommen werden. Natürlich war klar, daß der Mond über dem Berg nur sehr selten wieder an genau der gleichen Stelle aufgehen und das realistische Bild eines Pferdes erzeugen würde. Um eine derartige Skulptur sehen zu können, müßte der Betrachter nicht nur den richtigen Standpunkt einnehmen, sondern auch zur richtigen Zeit dorthin kommen.

Dieser Plan wird nicht verwirklicht werden, aber wir können mit Hilfe der Computergraphik zumindest sehen, wie das Pferd aussehen würde — und auch das gefiel Dalí.

Die Perspektive

Dalís Entwurf beruhte auf einer meisterhaften perspektivischen Darstellung, wie sie als einer der nützlichsten Anhaltspunkte bei der Interpretation von Bildern herangezogen wird. Wenn wir an einer Türöffnung stehen und in einen Raum schauen, hängt die Art, wie wir die Innenausstattung wahrnehmen, sehr stark von unserem Standpunkt ab. Wenn jemand uns täuschen wollte, könnte er das Innere von exakt dem gleichen Blickpunkt aus photographieren und ein lebensgroßes Bild auf einer flachen Wand im Inneren des Raumes aufziehen. Kämen wir jetzt zur Türöffnung und würden hineinschauen, sähen wir genau, was wir vorher gesehen haben — wir erhielten exakt die gleiche visuelle Information. Wie können wir den Unterschied zwischen Bild und Wirklichkeit feststellen?

Der Unterschied läßt sich unmittelbar feststellen, wenn man den Standpunkt wechselt — etwa indem man etwas näher an das Bild herangeht oder zur Seite tritt. Man sieht dann sofort, wie sich die Objekte verändern: Ein flaches Bild verhält sich etwas anders als eine dreidimensionale Raumszene. Zum Beispiel wird sich ein in einem zweidimensionalen Bild dargestellter Tür- oder Bilderrahmen nicht in der gleichen Weise zu einem Trapez verzerren wie ein realer Rahmen im dreidimensionalen Raum, sondern rechteckig oder quadratisch bleiben.

Wir können uns in der zweidimensionalen Analogie Ein Quadrat bei dem Versuch vorstellen, in Plattland hin und her zu wandern, um herauszufinden, ob das, was er sieht, wirklich das Innere eines Hauses oder nur eine Darstellung dieses Inneren auf einem eindimensionalen Schirm ist. Der *Trompe l'oeil*-Effekt wird in jeder Dimension stark sein, da wir alle in unserem jeweiligen Raum durch perspektivische Täuschungen genarrt werden können. Wenn wir mit der Perspektive umzugehen lernen, können wir sie vorteilhaft zum Verständnis komplizierter dreidimensionaler Strukturen und eventuell auch zur Darstellung von Objekten der vierten Dimension benutzen.

Bislang haben wir beim Würfel und Hyperkubus nur Schattenbilder betrachtet, die durch Lichtstrahlen entstehen. Dabei werden parallele Linien als Parallelen (oder als Punkte) abgebildet, und parallele Strecken

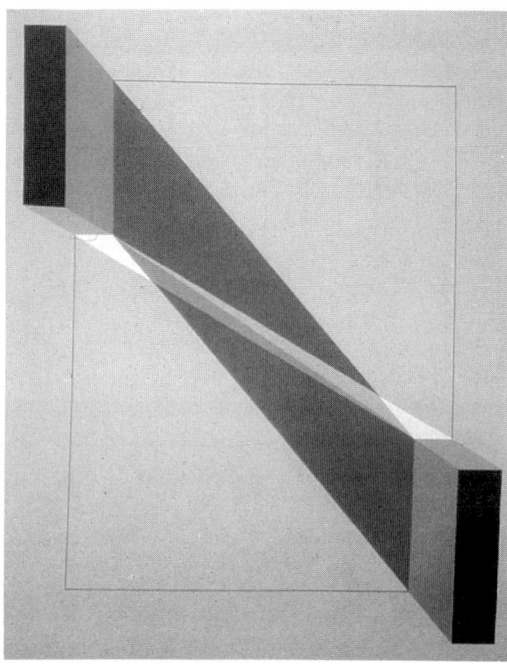

6.5 Lana Posners Bild *Perspective Twist* zeigt, daß aus Elementen, die für sich genommen alle perspektivisch korrekt dargestellt sind, ein unmöglicher Gesamtzustand entstehen kann.

gleicher Länge sind auch im Schattenbild gleich lang. Wir wissen aber, daß diese Parallelprojektion nicht mit unserer perspektivischen Wahrnehmung übereinstimmt. Zum Beispiel scheinen parallele Eisenbahnschienen in der Ferne in einem Punkt zusammenzulaufen, und ihre Schwellen werden perspektivisch verkürzt: Sie verlaufen zwar parallel (zum Horizont), werden aber in der Ferne scheinbar kürzer und rücken scheinbar immer dichter zusammen. Eine weit entfernte Eisenbahnschwelle erscheint kürzer, weil der Sehwinkel, den ihre Endpunkte mit dem Auge des Betrachters bilden, kleiner ist als bei einer gleich langen nähergelegenen Schwelle. In einer perspektivischen Darstellung können parallele Linien entsprechend als konvergierende Linien erscheinen, die in einem Fluchtpunkt zusammentreffen. Ein Würfel hat drei Gruppen paralleler Kanten, so daß das Bild einen, zwei oder drei Fluchtpunkte aufweisen kann.

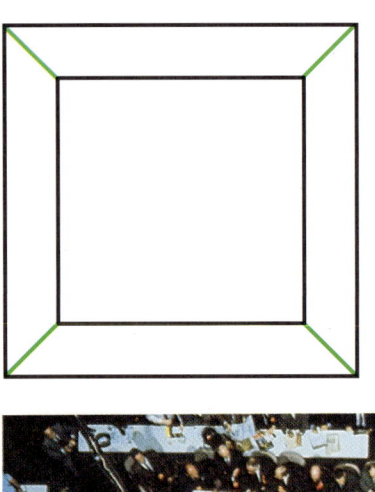

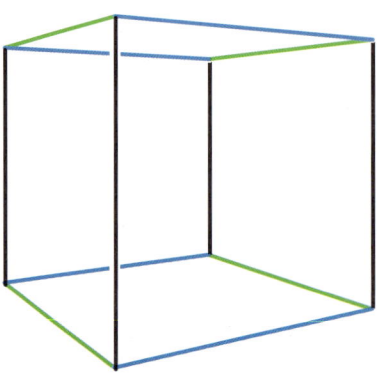

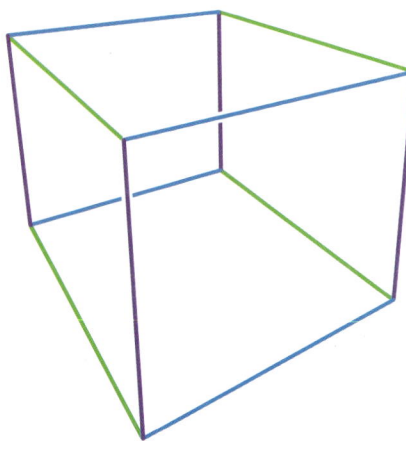

6.6 Ansicht eines Würfels in einer Perspektive mit einem Fluchtpunkt.

6.7 Ansicht eines Würfels in einer Perspektive mit zwei Fluchtpunkten.

6.8 Ansicht eines Würfels in einer Perspektive mit drei Fluchtpunkten.

Wenn wir uns einen Würfel anschauen, werden die nähergelegenen Bereiche größere, die weiter entfernten kleinere Abbilder haben. Die Vorderfläche eines frontal betrachteten Würfels wird größer als die Rückwand sein (Abbildung 6.9). Dieses „Quadrat-im-Quadrat" ist eine uns vertraute Darstellung der Ansicht eines vor uns stehenden Würfels. Bilder vertikaler oder horizontaler Kanten erscheinen als vertikale oder horizontale Strecken, aber die von uns „fliehenden" seitlichen Kanten scheinen zu einem Punkt inmitten des Würfels zu laufen. Die uns nächste und die von uns entfernteste Fläche scheinen Quadrate zu sein, die Bilder der anderen vier Flächen sind Trapeze. Aus Erfahrung wissen wir, daß die sechs Flächen eines Würfels Quadrate gleicher Form und Größe sind, auch wenn sie von keinem einzigen Punkt aus so erscheinen.

6.9 Dieses Photo eines Boxringes, das in zentraler Aufsicht aufgenommen wurde, illustriert das „Quadrat-in-einem-Quadrat". Senkrechte Kabel laufen in der Mitte des Quadrats zusammen, das von größeren Quadraten umgeben ist — die innersten geben die Umspannung des Boxringes wieder. Cleveland Williams liegt flach am Boden, während Muhammed Ali in eine neutrale Ecke zurückgeht.

  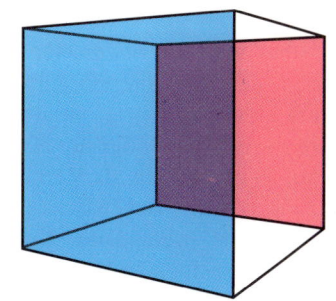 

Um einen besseren Eindruck vom Würfel zu erhalten, können wir uns eine ganze Reihe von Ansichten beim Gang um den Würfel anschauen oder den Würfel um eine vertikale Achse drehen, während wir ihn betrachten. Wenn der Würfel sich zu drehen beginnt, bleiben die Bilder senkrechter Linien senkrecht, aber die zuvor horizontalen und parallelen Strecken werden jetzt als gerade Linien abgebildet, deren Verlängerungen in einem Punkt konvergieren. Auf dieser Stufe sind die Bilder der horizontalen Quadrate nicht einmal mehr Trapeze, da die gegenüberliegenden Seiten nicht mehr parallel abgebildet werden. Während sich der Würfel weiterdreht, scheint das trapezförmige Bild einer vertikalen Fläche zu einer vertikalen Strecke abzuflachen, um sich dann wieder zu einem Trapez zu öffnen. Die Bilder scheinen sich selbst zu durchdringen, wenn die inneren und äußeren Quadrate ihren Platz wechseln. Das gleiche Phänomen tritt auf, wenn wir den Würfel um eine horizontale Achse drehen.

Perspektive bringt immer eine „Verzerrung" mit sich, die wir aber unbewußt bei der Wahrnehmung von Objekten berücksichtigen, so daß diese Objekte für uns konstant erscheinen. Wenn wir einen sich drehenden Würfel sehen, nehmen wir den Würfel als ein und dasselbe Objekt und nicht als eine sich verändernde Folge von Quadraten, Trapezen und komplizierten Vierecken wahr. Wenn wir uns jedoch be-

wußt machen, wie dreidimensionale Objekte beim Sehen abgebildet werden, können wir die Regeln der Perspektive auf drei-, vier- und höherdimensionale Räume anwenden.

Perspektivische Projektionen des Hyperkubus

In Analogie zur perspektivischen Darstellung eines Würfels können wir uns eine Reihe von perspektivischen Projektionen des Hyperkubus im dreidimensionalen Raum vorstellen. Ähnlich wie ein Würfel als Quadrat innerhalb eines Quadrats erscheint, wenn wir ihn frontal betrachten, wird sich als Frontalansicht eines Hyperkubus ein Würfel innerhalb eines Würfels er-

6.10 Perspektivische Darstellung eines rotierenden Würfels für verschiedene Stadien dieser Drehung um die senkrechte Mittelachse.

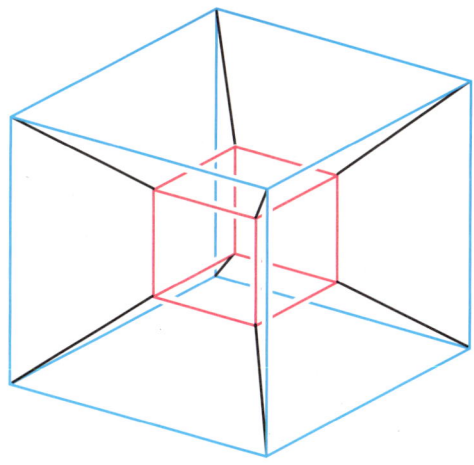

6.11 Die Zentralprojektion eines Hyperkubus vom vierdimensionalen Raum in den dreidimensionalen ergibt als Bild einen Würfel im Würfel.

117

geben: Der uns nächste Teil eines Hyperkubus wird uns als großer Würfel erscheinen, der am weitesten entfernte Teil wird ein kleinerer Würfel innerhalb des größeren sein. Die Bilder der Kanten des Hyperkubus erscheinen als Verbindungslinien zwischen den Ecken des äußeren und des inneren Würfels. Diese Projektion in den dreidimensionalen Raum erzeugt jeweils zwischen korrespondierenden Würfelflächen des inneren und des äußeren Würfels sechs Pyramidenstümpfe — mit trapezförmigen Pyramidenflächen.

6.12 Stahlplastik einer Zentralprojektion des Hyperkubus von Atillio Pierelli.

Diese Zentralprojektion ist eine sehr populäre Darstellung des Hyperkubus. Zum Beispiel wird sie von Madeleine L'Engle in der Novelle *A Wrinkle in Time* (Die Zeitfalle) beschrieben oder auch in der bereits erwähnten Kurzgeschichte von Robert Heinlein angeführt. Einige Autoren bezeichnen diese Zentralprojektion als *Tesserakt* — ein Begriff, der offenbar auf C. H. Hinton, einen Zeitgenossen Abbotts, zurückgeht, der 1880 in seinem Artikel *What Is the Fourth Dimension?* die Frage nach der Bedeutung der vierten Dimension diskutierte und eine eigene zweidimensionale Allegorie mit dem Titel *An Episode of Flatland* schrieb — im gleichen Jahr, in dem Abbott *Flatland* verfaßte. Der Bildhauer Attilio Pierelli benutzte diese Projektion als Grundform seines stählernen „Hyperkubus".

Schon bei einem dreidimensionalen Würfel ist es gar nicht so leicht, sich die verschiedenen perspektivischen Ansichten während einer Drehbewegung vorzustellen, aber bei einem Hyperkubus, der sich im vierdimensionalen Raum um sich selber dreht, geraten wir in enorme Schwierigkeiten. Zum Glück kann unser Computer, der bereits die Parallelprojektion des Hyperkubus im vierten Kapitel geliefert hat, auch perspektivische Ansichten des Hyperkubus für jeden beliebig ausgewählten Standpunkt berechnen. Die perspektivische Projektion, die diese Darstellung erzeugt, nennt man Zentralperspektive.

Wenn wir von einem dreidimensionalen Objekt eine Darstellung in Zentralperspektive erzeugen wollen, können wir den Schattenwurf einer punktförmigen Lichtquelle heranziehen. Um zum Beispiel ein perspektivisches Bild von einem kubischen Gitter in Aufsicht zu erhalten, können wir eine helle Lampe über das Gitter halten und den Schatten auf einer darunterliegenden Photoplatte festhalten. Dieser Schatten stellt eine genaue Aufzeichnung des Bildes dar, das ein Betrachter sähe, wenn seine Augen sich in derselben Position befänden wie die Lampe. Von dort sähe der Schattenwurf genauso aus wie das tatsächliche Objekt.

Es ist nicht schwer, einen Computer so zu programmieren, daß er solche Bilder auf dem Schirm darstellt. Haben wir erst einmal einen Standpunkt und eine Projektionsebene ausgewählt, kann die Maschine die Position für die Bilder der Eckpunkte bestimmen, indem sie berechnet, wo der Sehstrahl, der vom Auge des Betrachters durch den Eckpunkt läuft, die Ebene des Schirmes schneidet. Man kann die Zentralprojektion eines Hyperkubus in den dreidimensionalen Raum mathematisch nahezu mit den gleichen Mitteln erzeugen, die für die Zentralprojektion eines Würfels auf die Ebene angewendet werden. Bevor wir die Probleme der Visualisierung von dreidimensionalen Schatten vierdimensionaler Objekte diskutieren, werden wir zentralperspektivische Projektionen für einige dreidimensionale Körper betrachten.

Schlegelsche Diagramme von Polyedern

Die Zentralprojektionen regelmäßiger Polyeder bilden sehr schöne Muster, die die Struktur und die Symmetrien dieser Objekte verdeutlichen. Wenn bei einem regelmäßigen dreidimensionalen Polyeder alle Ecken auf einer Kugeloberfläche liegen, können wir den Körper vom Nordpol aus zentral auf die horizontale Ebene am Südpol projizieren. Für jeden Eckpunkt, der nicht mit dem Nordpol zusammenfällt, schneidet die Gerade durch den Nordpol und den Eckpunkt die horizontale Ebene im Bildpunkt der Ecke. Wenn zwei Eckpunkte durch eine Kante des Polyeders miteinander verbunden sind, entsteht als Bild der Kante eine Strecke in der Ebene, die die Bildpunkte der beiden Ecken miteinander verbindet. Diese Bilder der Kanten eines Polyeders bezeichnet man als *Schlegelsches Diagramm* des Polyeders − nach dem deutschen Mathematiker Viktor Schlegel, der diese Diagramme 1883 einführte. Für jedes Polyeder gibt es viele verschiedene zentrale Projektionen vom Nordpol auf eine horizontale Ebene durch den Südpol; sie hängen jeweils davon ab, wie das Polyeder in der Sphäre gedreht wird. Wir wollen hier nur solche Schlegel-Diagramme betrachten, die folgende spezielle Eigenschaft aufwei-

sen: Das Bild der dem Nordpol nächsten Fläche soll die Bilder aller anderen Ecken enthalten.

Ein Beispiel für ein solches Schlegel-Diagramm ist im Falle des Würfels das bekannte „Quadrat-im-Quadrat". Beim Tetraeder entsteht so ein Dreieck, dessen Ecken mit seinem Mittelpunkt verbunden sind. Um für ein Oktaeder das Schlegel-Diagramm zu konstruieren, drehen wir es so, daß zwei der Dreiecksflächen horizontal sind. Daraus resultiert als Projektion der obersten Fläche ein großes gleichseitiges Dreieck, und das Bild der untersten Fläche ist ein kleineres gleichseitiges Dreieck, das gegenüber dem äußeren um 180 Grad ge-

6.13 Zweidimensionale Schlegel-Diagramme für fünf regelmäßige Polyeder.

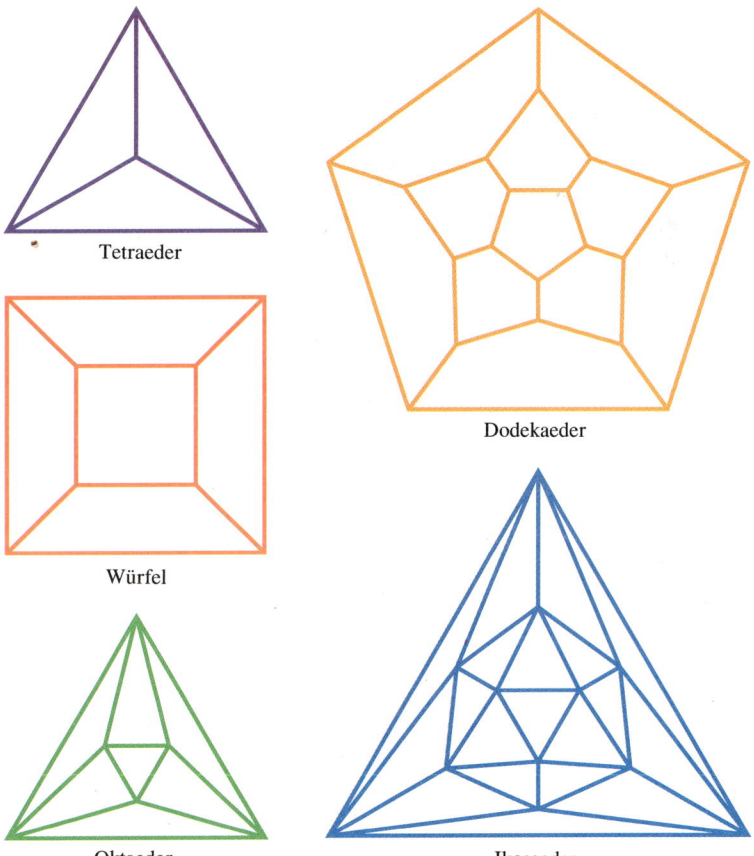

Tetraeder

Dodekaeder

Würfel

Oktaeder

Ikosaeder

119

Dreidimensionale Schlegelsche Polyeder für die 5-Zelle und die 16-Zelle. Die Figuren wurden aus dem Buch *Anschauliche Geometrie* von David Hilbert und Stefan Cohn-Vossen entnommen.

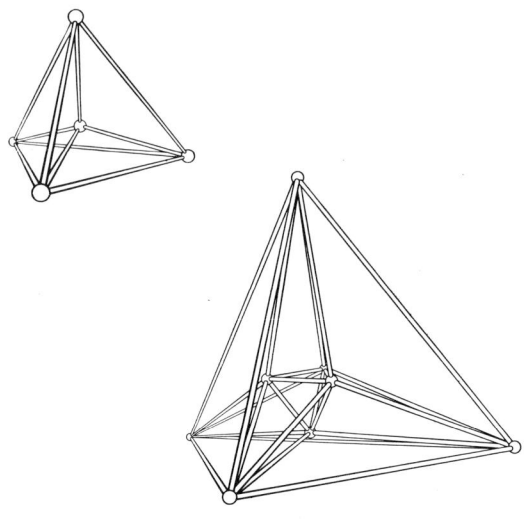

dreht ist. Bei den Bildern der anderen sechs Dreiecke des Oktaeders handelt es sich um Dreiecke in der Ebene, die jeweils entweder eine Kante des inneren Dreiecks mit einer Ecke des äußeren oder umgekehrt eine Ecke des inneren Dreiecks und eine Kante des äußeren verbinden. Im Schlegel-Diagramm eines Ikosaeders werden die zwölf Ecken in drei ineinandergeschachtelten Polygonen angeordnet. Ein großes gleichseitiges Dreieck enthält ein regelmäßiges Hexagon, das wiederum ein kleines gleichseitiges Dreieck enthält. Und bei einem Dodekaeder gibt es in dieser Projektion 20 Ecken, die ganz ähnlich in drei ineinandergeschachtelten Polygonen angeordnet sind: Ein großes gleichseitiges Pentagon enthält ein nicht konvexes zehnseitiges Polygon, welches wiederum ein kleines regelmäßiges Pentagon enthält. Diese Schlegel-Diagramme illustrieren auf einfache Weise die Symmetrien der regelmäßigen Polyeder und ihrer Flächen.

Schlegelsche Polyeder für regelmäßige Polytope

Wir können Schlegel-Diagramme mit den Mitteln der Zentralprojektion auch für regelmäßige vierdimensionale Polytope erzeugen, indem wir analog zur Zentralprojektion des dreidimensionalen Körpers in die Ebene verfahren. Das Schlegelsche Polyeder des Hyperkubus ist der Würfel in einem Würfel, wobei die entsprechenden Eckpunkte miteinander verbunden werden. Und die Struktur des Schlegel-Diagramms eines Tetraeders — ein Dreieck, dessen Ecken mit seinem Mittelpunkt verbunden sind — kehrt analog beim Vierersimplex wieder — in Gestalt eines Tetraeders, dessen Ecken mit einem zentralen Punkt verbunden sind. Die sechs Dreiecke, die diesen zentralen Punkt mit den Kanten des großen Tetraeders verbinden, teilen das In-

nere des Tetraeders in vier abgeplattete Dreieckspyramiden. Das Schlegelsche Polyeder der 16-Zelle, die zum Hyperkubus dual ist und aus 16 Tetraedern besteht, ähnelt formal dem Schlegel-Diagramm des zum Würfel dualen Oktaeders. Anstelle eines Dreiecks innerhalb eines Dreiecks ist das Schlegelsche Polyeder einer 16-Zelle ein Tetraeder innerhalb eines anderen gedrehten Tetraeders. Jeder Eckpunkt des inneren Tetraeders ist mit den drei nächsten Ecken des äußeren Tetraeders verbunden, was vier weitere Tetraeder der 16-Zelle erzeugt, und vier zusätzliche Tetraeder entstehen durch die Verbindung einer Ecke des äußeren Tetraeders zum nächsten Dreieck des inneren Tetraeders. Die übrigen sechs Hyperflächen sind dadurch bereits festgelegt — sie befinden sich dort, wo eine Kante des inneren Tetraeders mit der ihr nächsten Kante des äußeren verbunden ist.

Im Schlegel-Diagramm der selbstdualen 24-Zelle liegen die Ecken in drei ineinandergeschachtelten Polyedern: einem großen Oktaeder, das der Hyperfläche entspricht, die dem Betrachter am nächsten liegt, und einem kleinen Oktaeder im Inneren, wobei sich zwischen beiden ein Polyeder befindet, das man Kuboktaeder nennt (Abbildung 6.15). Die acht Dreiecksflächen und die sechs Quadrate dieses Kuboktaeders lassen sich konstruieren, indem man die acht Ecken eines Würfels jeweils bis zum Mittelpunkt der von der Ecke ausgehenden Würfelkante wegschneidet. Jedes der acht Dreiecke des Kuboktaeders gehört zu zwei Oktaedern – als innere Dreiecksfläche des äußeren Oktaeders und als äußere Dreiecksfläche des inneren Oktaeders. Auf diese Weise ergeben sich 18 der 24 Oktaeder in der 24-Zelle. Die verbleibenden sechs Oktaeder werden durch Verbinden der quadratischen Flächen des Kuboktaeders mit einer Ecke des äußeren und einer Ecke des inneren Oktaeders erzeugt. Ähnliche Darstellungen sind für die 120-Zelle und die 600-Zelle möglich, aber die große Zahl ihrer Eckpunkte macht die Interpretation der Diagramme schwierig. Allerdings kann man die Schlegelschen Polyeder regelmäßiger Polytope als Drahtgittermodelle bauen und drehen, um sie genauer zu untersuchen. Die Modelle von Paul R. Donchian sind die bekanntesten realen Konstruktionen solcher Objekte.

Eine einzelne Photographie eines solchen Schlegelschen Polyeders kann sehr verwirrend erscheinen. Bei komplizierten geometrischen Objekten haben Mathematiker bereits im letzten Jahrhundert mit stereoskopischen Bildpaaren gearbeitet. Dabei wird das Objekt einmal entsprechend dem rechten Auge eines Betrachters und ein zweites Mal aus der Perspektive des linken Auges photographiert. Betrachtet man ein solches Paar von Photographien derart, daß man

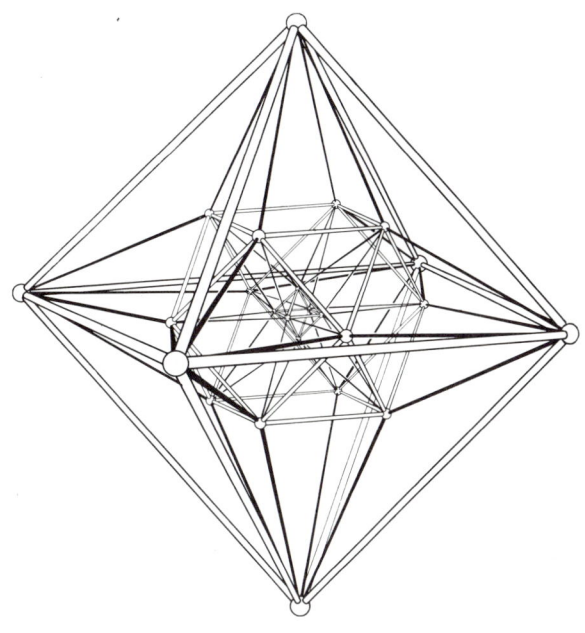

6.15 Dreidimensionales Schlegelsches Polyeder für die 24-Zelle, ebenfalls nach Hilbert und Cohn-Vossen.

6.16 Diese Aquarelle von David Brisson zeigen zwei Ansichten des Hyperkubus in Ebenen, die sich in einem gemeinsamen Punkt des vierdimensionalen Raumes schneiden und ein „Hyperstereogramm" bilden, das von Brisson erfunden wurde. Nur ein Teil der Figur paßt so zusammen, daß ein realistisches Bild einer beliebigen Ansicht entsteht.

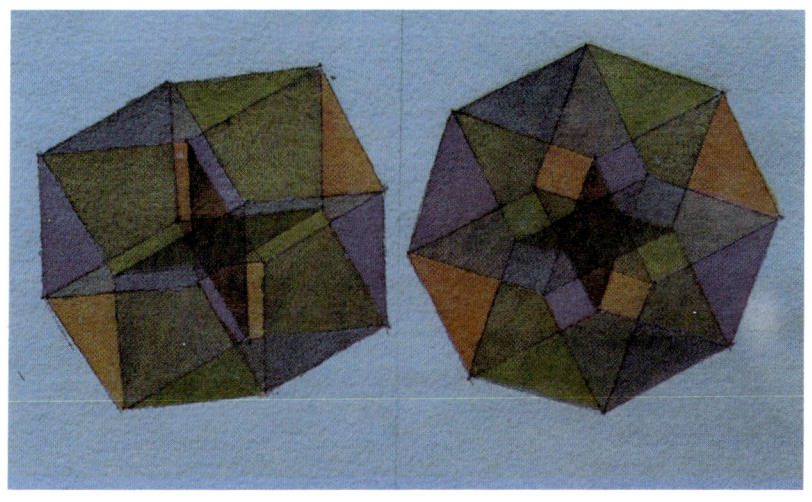

mit jedem Auge nur das korrespondierende Photo sieht, so kann man statt zwei getrennten Bildern *ein* dreidimensionales Bild wahrnehmen. Diese Technik ist zwar immer noch sehr nützlich, um komplizierte Anordnungen zu studieren, aber viel eindrucksvoller lassen sich dreidimensionale Strukturen vorführen, wenn man die Objekte dreht und dabei filmt, um sich anschließend den Film oder die Folge der Einzelbilder anzusehen.

Der bewegte Hyperkubus

Nach der Erfindung der Photographie hat Eadweard Muybridge diese neue Technik genutzt, um damit auch Veränderungen in Zeit und Raum zu zeigen. Er nahm von sich selbst eine Folge von Photos auf, während er auf einem ansteigenden Brett aufwärts ging, und ließ diese Sequenz in einer drehbaren Trommel rotieren, so daß er in dieser einfachen Version bewegter Bilder ohne Ende voranzuschreiten scheint. Zeitlupen- und Zeitraffertechniken ermöglichten die Analyse der Bewegungen eines Rennpferdes, und mit einer Weiterentwicklung dieser Verfahren für die Bildgebung läßt sich auch die Anspannung der Muskeln beim Heben eines Gewichts analysieren.

Nach gut 150jähriger Erfahrung mit photographischen „Animationstechniken" können wir heute moderne Computergraphik heranziehen, um komplizierte Anordnungen im dreidimensionalen Raum zu erzeugen und zu untersuchen. Architektur und Industriedesign werden zu dynamischen Prozessen, wenn wir nicht nur wenige Einzelbilder erzeugen, sondern eine Geschwindigkeit von 30 Computerbildern pro Sekunde erreichen, so daß der Eindruck eines Bewegungsablaufs erzielt wird. Auf diese Weise läßt sich simulieren, wie es wäre, in einem Gebäude, das noch gar nicht gebaut ist, einen Korridor entlang oder eine Treppe hinab zu gehen. Während eine Architektin ihren Kunden auf einem Rundgang durch die geplante Festhalle begleitet, kann sie die verschiedenen Besonderheiten verändern, um unterschiedliche Eindrücke zu erzeugen. Sollte das Fenster vielleicht etwas höher sein? Oder könnte der Eingangsbereich nicht länger werden? Durch eine Verschiebung auf einer Skala kann die neue Ansicht erzeugt und gleichzeitig die Veränderung eingefügt werden.

Moderne Graphikcomputer können diese Bilder sehr schnell erzeugen. Beispielsweise berechnet der Computer bei einem Drahtgittermodell die Positionen der Eckpunkte und zeichnet die entsprechenden Strecken ein. In welcher Zeit die Bilder er-

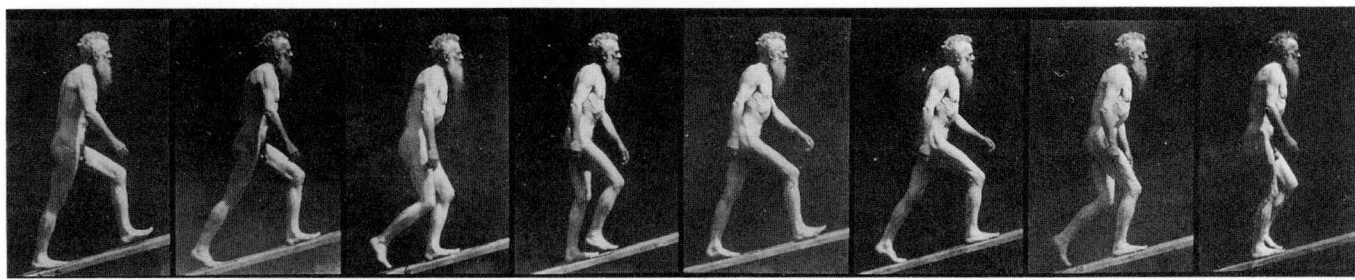

6.17 Eadweard Muybridge in einer Bildsequenz, mit der er in einem der ersten „Filme" eine Bewegung darstellen konnte.

zeugt und dargestellt werden können, hängt dabei stark von der Zahl der Ecken und Kanten ab. Schon auf relativ kleinen Maschinen kann ein Würfel mit acht Ecken und zwölf Kanten so gedreht werden, daß der Eindruck einer kontinuierlichen Bewegung in Echtzeit entsteht. Der Hyperkubus ist mit 16 Ecken und 32 Kanten nicht viel aufwendiger. A. K. Dewdney hat die Möglichkeiten zur Erzeugung von Programmen für die Rotation des Hyperkubus 1986 in seiner Rubrik „Computer-Kurzweil" im Juniheft von *Spektrum der Wissenschaft*, der deutschen Ausgabe des *Scientific American*, beschrieben.

Den Eindruck von Bewegung erzeugt das Programm anhand einer Parallelprojektion, indem es die Position einer Ecke des Würfels oder Hyperkubus und aller weiteren mit dieser über Kanten verbundenen Ecken verfolgt. Sind die Bilder dieser Punkte erst einmal bestimmt, lassen sich leicht alle anderen Punkte und Strecken ergänzen, da die Bilder gleich langer paralleler Strecken auch parallel und gleich lang sind (wie wir

im vierten Kapitel gesehen haben). Einige zusätzliche Berechnungen sind für die Zentralprojektion nötig, da Bilder paralleler Strecken hier nicht mehr parallel sein müssen, sondern auf Geraden durch Fluchtpunkte liegen können. Der Computer ist schnell genug, um auch die Berechnungen für perspektivische Bilder auszuführen und eine Animation von einem sich drehenden vierdimensionalen Hyperkubus zu erzeugen. Mit Hilfe einer geeigneten Farbkodierung lassen sich dabei einzelne Teile des rotierenden Hyperkubus verfolgen — zum Beispiel in dem Film *The Hypercube: Projections and Slicing* (Der Hyperkubus: Projektionen und Schnitte).

Der zweite Teil dieses Filmes beginnt mit einer Zentralprojektion des Würfels. In der ersten Einstellung verbinden weiße Kanten die entsprechenden Ecken eines roten Quadrats mit denen eines gegenüberliegenden grünen Quadrats. Während sich der Würfel im Raum dreht, verändern sich die Bilder unter der Zentralprojektion, bis wir an einer Stelle ein grünes Quadrat in einem ro-

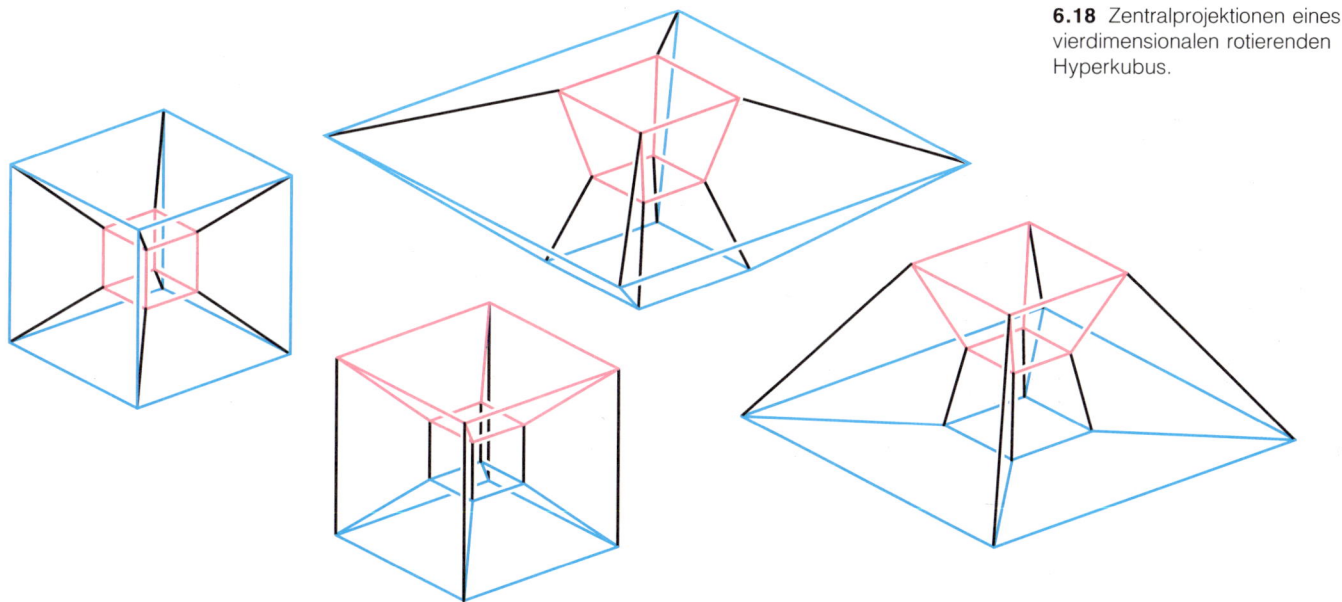

6.18 Zentralprojektionen eines vierdimensionalen rotierenden Hyperkubus.

ten, dann ein rotes Trapez neben einem grünen Trapez und schließlich ein rotes Quadrat innerhalb eines grünen Quadrats erhalten. Für den Hyperwürfel beginnt eine ähnliche Sequenz (wie in Abbildung 6.18 gezeigt) mit einem roten Würfel innerhalb eines blauen Würfels, wobei die Verbindungskanten zwischen korrespondierenden Eckpunkten schwarz dargestellt sind. Die durch Rotation des vierdimensionalen Hyperkubus erzeugten Bilder zeigen eine Analogie zum gewöhnlichen Würfel, der sich im dreidimensionalen Raum dreht: Der große blaue Würfel öffnet sich nach oben, flacht sich ab, stülpt sich dann nach innen und bildet schließlich einen Pyramidenstumpf, während zur gleichen Zeit der kleine rote Würfel sich nach unten öffnet, um einen weiteren Pyramidenstumpf zu bilden. Setzen wir nun die Drehung weiter fort, so wird der blaue zum kleinen Würfel und der rote flacht ab, um sich zum großen Würfel auszustülpen.

Wenn man solch eine Sequenz wiederholt betrachtet, erhält man einen guten Eindruck von der Symmetrie des Hyperkubus. Jede der acht Würfelhyperflächen nimmt der Reihe nach alle verschiedenen Positionen des Schlegelschen Polyeders ein. Während sich jeder Würfel im Laufe einer Umdrehung abflacht und wieder öffnet, verändert sich auch seine Orientierung. Ein Würfel, in dem sich vor dem Umstülpen ein rechter Handschuh befindet, würde danach einen linken Handschuh enthalten — und umgekehrt. Diese Umkehrung der Orientierung spielt eine zentrale Rolle in einem bekannten philosophischen Disput, den wir im neunten Kapitel behandeln werden. Sie ruft außerdem auch Mehrdeutigkeiten in den sich bewegenden Bildern vierdimensionaler Objekte hervor. Je mehr Erfahrung wir bei der Interpretation solcher Bildfolgen anhand einfacher Objekte gewonnen haben, desto größer sind unsere Chancen, unter-schiedliche Projektionen neuer Objekte im vier- oder höherdimensionalen Raum zu verstehen.

Der polyedrische Torus im Hyperkubus

Bislang haben wir Bilder geometrischer Objekte diskutiert, die durch Ecken und Kanten dargestellt werden können und sich besonders leicht mit dem Computer zeichnen lassen. Mit Hilfe verbesserter Techniken der Computergraphik lassen sich auch Flächen zwischen den Kanten ausfüllen, um Bilder zu erzeugen, die das Aussehen eines massiven Körpers besser wiedergeben. Aber welche Polygonzüge sollen ausgefüllt werden?

Beim Bild eines massiven Würfels genügt es, nur drei der sechs quadratischen Flächen zu zeichnen, da die hinteren Flächen von den vorderen verdeckt werden. Wenn sich ein Würfel dreht und dabei verschiedene Quadrate nach vorn kommen, läßt sich durch Farbkodierung oder Markierungen wie auf einen Knobelwürfel für einen beliebigen Zeitpunkt verdeutlichen, welche Würfelseiten man gerade sieht. Bei einem Würfel oder einem regelmäßigen Polyeder ist es nicht schwer zu entscheiden, welche Flächen ausgefüllt werden müssen, auch wenn dies bei komplizierteren dreidimensionalen Körpern im einzelnen doch eine subtile Programmierarbeit erfordert.

Im Falle des Hyperkubus kann die Frage, welche Quadrate ausgefüllt werden sollen, ernstzunehmende Probleme aufwerfen. Würden wir einfach alle Flächen ausfüllen, so erhielten wir als dreidimensionale Projektionen des Hyperkubus nur die Bilder, die ein massives Polyeder nach außen begrenzen. Die inneren Kanten und Flächen blieben verdeckt. Beispielsweise würden wir mit der Zentralprojektion den blauen

Würfel gar nicht sehen, wenn der rote gerade der größte ist. Wir könnten allerdings verschiedene Flächen durch Rotation des Hyperkubus aus dessen Inneren zum Vorschein bringen oder einige der Flächen transparent erscheinen lassen – was mit anspruchsvoller Computergraphik möglich ist.

Eine viel einfachere Methode wäre, einige der 24 quadratischen Flächen wegzulassen. Statt an jeder Kante drei Quadrate darzustellen, können wir uns auf nur zwei Quadrate beschränken und insgesamt nur 16 der 24 Hyperkubusflächen auswählen, die eine zweidimensionale Fläche im vierdimensionalen Raum bilden – den polyedrischen Torus des Hyperkubus. Wir können uns diesen Torus als Faltmodell aus 16 Quadraten in der Ebene vorstellen, wobei diese 16 Teilquadrate ein großes Quadrat bilden, das nach einer bestimmten Vorschrift gefaltet werden muß: Die obere Kante des großen Quadrats soll mit der unteren verbunden werden – was im dreidimensionalen Raum eine Röhre mit quadratischem Querschnitt ergibt. Aber außerdem erfordert die Faltvorschrift, daß der linke Rand des Quadrats mit dem rechten verbunden wird. Auch dies können wir isoliert im dreidimensionalen Raum ausführen, aber es ist unmöglich, im dreidimensionalen Raum beide Forderungen gleichzeitig zu erfüllen, ohne das ursprüngliche Quadrat zu dehnen oder zu verzerren. Im vierdimensionalen Raum läßt sich eine derartige Faltung jedoch zustande bringen, da wir die 16 Quadrate des Hyperkubus so auswählen können, daß es jeweils vier Quadrate an einer Ecke und zwei Quadrate an einer Kante gibt.

Wenn wir die Zentralprojektion benutzen, um ein Bild des Hyperkubus im dreidimensionalen Raum zu erzeugen und auf dem Computerbildschirm darzustellen, so haben einige der 16 Quadrate Bilder, die wieder

6.19 Wenn man bei diesem Faltmuster Ober- und Unterkante und die beiden Seiten miteinander verbindet, entsteht ein polyedrischer Torus auf dem Hyperkubus.

6.20 Ein polyedrischer Torus auf dem Hyperkubus.

Quadrate sind, während andere als Trapeze oder kompliziertere vierseitige Polygone erscheinen. Alle diese Polygone passen so zusammen, daß sie eine kastenförmige Annäherung an die vertraute Gestalt des aus der Drehung eines Kreises um eine Achse entstandenen Torus bilden. Wenn wir den Hyperkubus im vierdimensionalen Raum drehen, scheinen die sich verändernden Bilder des polyedrischen Torus im vierdimensionalen Raum einander zu durchdringen. Um besser verstehen zu können, welche Bedeutung dieser Torus im Hinblick auf allgemeine Eigenschaften vierdimensionaler Objekte hat, ist es nützlich, sich zuerst etwas näher mit der in der Kartographie verwendeten Zentralprojektion zu beschäftigen.

Die stereographische Projektion

Geographen wenden verschiedene Projektionen an, um die gekrümmte Erdoberfläche in zweidimensionalen Karten darzustellen. Wir haben bereits eine der nützlichsten Kartierungsmethoden kennengelernt: die Zentralprojektion von einem Punkt im Raum auf eine horizontale Ebene. Befindet sich der Punkt am Nordpol einer Sphäre, die in ihrem Südpol auf der horizontalen Ebene aufliegt, so bildet die Zentralprojektion jeden Punkt der Sphäre auf genau einen Punkt der Ebene ab. Dabei ergibt sich eine Abbildung der Sphäre auf die Ebene, die Kartographen als stereographische Projektion bezeichnen. Um diese Abbildung als Schattenbild zu beschreiben, stellen wir uns einen transparenten Globus auf einer Ebene vor, an dessen Nordpol sich eine helle Lichtquelle befindet. Für jeden Punkt auf der Sphäre gibt es einen Lichtstrahl, der durch diesen Punkt geht und ein Bild auf der horizontalen Ebene erzeugt. So entsteht für jeden Punkt — mit Ausnahme des Nordpols selbst — ein Bildpunkt in der Ebene, und jeder Punkt in der Ebene entspricht genau einem Punkt auf der Sphäre. Die Strahlen, die vom Nordpol durch die Punkte des Äquators gehen, bilden einen senkrechten, kreisförmigen Kegel, der aus der Ebene einen Kreis ausschneidet. Genauso wird das Bild jedes parallelen Breitenkreises auf der Sphäre zu einem Kreis in der Ebene.

Diese Projektion erzeugt eine sehr genaue Karte der Antarktis, aber in der Nähe des Äquators bereits enorme Verzerrungen. Landmassen der nördlichen Hemisphäre sind noch stärker verzerrt — Grönland zum Beispiel sieht auf der Karte riesig aus. Um ein vernünftigeres Bild von Grönland zu erhalten, können wir den Globus unter Beibehaltung der Ebene und Lichtquelle drehen, so daß Grönland in die Nähe des Auflagepunktes der Sphäre auf der Ebene rückt. Natürlich hat sich die Antarktis dabei sehr dicht zur Quelle der Lichtstrahlen verschoben, und nun erscheint ihr Bild unverhältnismäßig groß.

Eine markante Eigenschaft der stereographischen Projektion besteht darin, daß sie nicht nur parallele Breitenkreise auf Kreise abbildet — sie bildet auch beliebige andere Kreise der Sphäre auf Kreise der Ebene ab — wobei die Kreise, die durch den Nordpol gehen, eine Ausnahme bilden. Die Großkreise durch den Nordpol ergeben Geraden als Bild. Anhand dieser Eigenschaften läßt sich gut verfolgen, was mit der südlichen Hemisphäre geschieht, während wir den Globus um eine horizontale Achse durch seinen Mittelpunkt drehen.

Bevor die Drehung einsetzt, ist das Bild der Südhalbkugel eine Scheibe, deren Mittelpunkt mit dem Auflagepunkt der Sphäre auf der Ebene übereinstimmt. Durch die Drehung verschiebt sich das Bild des Äquators; zwar ist es zunächst immer noch ein Kreis, aber der Mittelpunkt ist nicht mehr

6.21 Die Zentralprojektion vom Nordpol bildet eine Familie von Kreisen auf der Sphäre als Familie von Kreisen in der horizontalen Ebene ab (a). Wie sich die Zentralprojektion ändert, während die Sphäre gedreht wird, zeigen die drei Beispiele für Neigungswinkel von null, 45 und 90 Grad (b).

mit dem Auflagepunkt identisch und entfernt sich zunehmend, während das Bild der südlichen Hemisphäre sich in eine exzentrische Scheibe verwandelt. Zu guter Letzt hat sich der Äquator so weit gedreht, daß er durch die Lichtquelle am obersten Punkt verläuft. Das Bild des Äquators ist nun eine gerade Linie, und das Bild der Südhalbkugel wird zu einer unendlich großen Halbebene. Wenn wir die Drehung weiter fortsetzen, bewegt sich die ursprünglich südliche Hemisphäre über die Lichtquelle hinweg. Liegt die Lichtquelle schließlich innerhalb der Südhalbkugel, so

wird diese Region in der Projektion außerhalb des Äquators abgebildet. Sobald sich der Äquator wieder in eine horizontale Lage gedreht hat, ist eine ähnliche Situation erreicht wie zu Beginn, wobei Nord- und Südhalbkugel ihre Position getauscht haben und ihre Bilder in der Ebene gleichsam „umgestülpt" wurden.

127

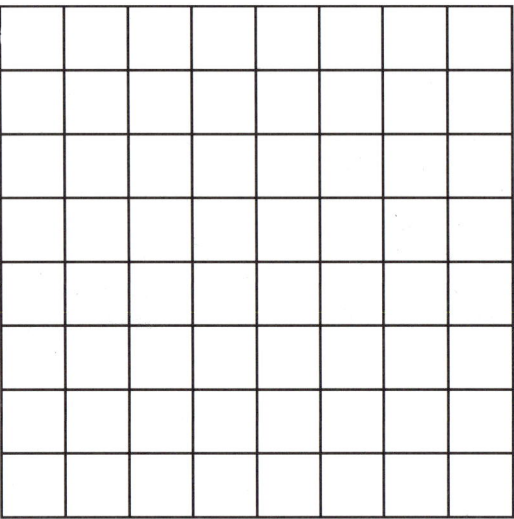

6.22 Ein feineres Faltmuster mit 8×8 Quadraten für den polyedrischen Torus.

6.23 Dreidimensionale Zentralprojektionen von aufeinanderfolgenden Unterteilungen des polyedrischen Torus. Mit wachsender Anzahl der Teilflächen nähert sich der polyedrische Torus immer mehr dem Clifford-Torus der Hypersphäre an.

Stereographische Projektion im vierdimensionalen Raum

Wir wollen die stereographische Projektion, deren Eigenschaften wir für die Projektion von der dreidimensionalen Sphäre auf die Ebene beschrieben haben, nun in der nächsthöheren Dimension untersuchen. Dazu stellen wir uns die Wirkung der Zentralprojektion auf eine Art Sphäre im vierdimensionalen Raum, eine Hypersphäre, vor. Ähnlich wie die gewöhnliche dreidimensionale Sphäre läßt sich die Hypersphäre als die Menge aller Punkte mit einem festen Abstand zu einem gegebenen Punkt beschreiben. Und analog zum Würfel, dessen Ecken den gleichen Abstand zu seinem Mittelpunkt haben und deshalb auf einer Sphäre um diesen Mittelpunkt liegen, gehören auch die Eckpunkte des Hyperkubus zu einer Hypersphäre.

Insbesondere liegen auch alle Ecken des polyedrischen Torus, den wir an früherer Stelle in diesem Kapitel betrachtet haben, auf einer Hypersphäre, da die Ecken dieses Torus 16 Eckpunkte des Hyperkubus darstellen. Analog zum Faltmuster dieses Torus aus 4×4 Quadraten können wir ein 8×8-Gitter aus 64 kleinen Quadraten zusammensetzen, deren Eckpunkte alle auf ei-

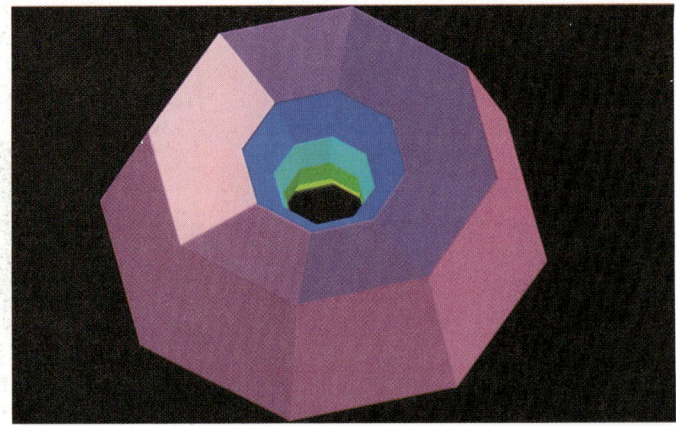

ner Hypersphäre liegen. Wir können mit Hilfe der Zentralprojektion nun ein dreidimensionales Bild dieses polyedrischen Torus erzeugen, um dann anhand der Projektion auf dem Computerbildschirm Polyeder im Raum zu sehen, die eine bessere Näherung des glatten Torus als Drehfläche erzeugen. Wiederholtes Unterteilen schafft eine sehr gute Approximation einer vierdimensionalen Fläche, die den glatten Torus zum Bild unter der Zentralprojektion hat. Dieser spezielle Torus, der im vorigen Jahrhundert erstmals von William Clifford untersucht wurde, ist als Clifford-Torus bekannt. Er hat als vierdimensionale Fläche in Geometrie und Topologie wegen seiner bemerkenswerten Symmetrien enorme Bedeutung und spielt auch in der Physik der dynamischen Systeme eine wichtige Rolle – etwa bei einem Doppelpendel – als die Fläche, die durch die Gleichungen für den Ort und die Geschwindigkeit des Pendels definiert wird.

Die Zentralprojektion des Clifford-Torus ergibt als dreidimensionales Bild den vertrauten, als Drehfläche erzeugten Torus. Wie wir im dritten Kapitel gesehen haben, gibt es vier verschiedene Familien von Kreisen auf diesem Torus: die horizontalen Breitenkreise, die vertikalen Längenkreise und die beiden Kreisarten in den Ebenen, die eine 45-Grad-Neigung zur horizontalen Ebene besitzen. Da bei der Zentralprojektion Kreise der Hypersphäre erhalten bleiben, muß der Clifford-Torus vier Familien von Kreisen aufweisen. Wenn wir die den Torus enthaltende Hypersphäre drehen und die Lichtquelle fixiert lassen, wird das Bild des Clifford-Torus unter der stereographischen Projektion verzerrt und bildet eine Menge sogenannter Dupin-Zyklide (nach ihrem Entdecker Claude Dupin).

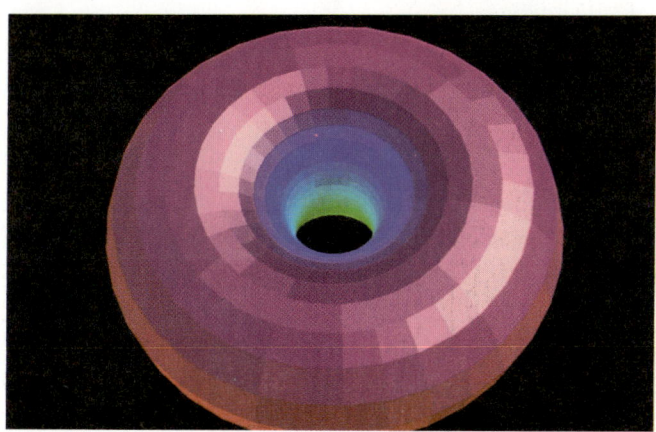
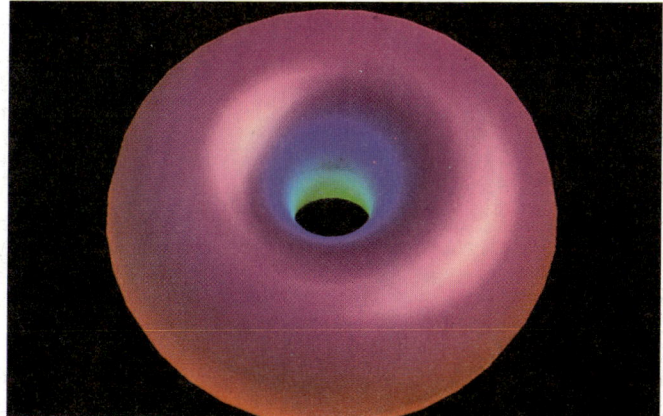

Wir können die Struktur des vierdimensionalen Clifford-Torus darstellen, indem wir die Flächen in zylindrische Streifen teilen und dann jeden zweiten davon weglassen. Wenn wir die vierdimensionale Hypersphäre drehen, haben einige Teile des Torus genauere Bilder, während andere Teile verzerrt erscheinen. Wir wollen den Torus nun so drehen, daß ein Punkt auf dem Torus durch die Lichtquelle geht; wir erhalten dann ein Bild, das sich im dreidimensionalen Raum bis ins Unendliche erstreckt. Die-

se unendlich große Fläche ist deshalb bemerkenswert, weil sie wie die Ebene den gesamten Raum völlig symmetrisch in zwei kongruente Teile zerlegt. Wenn wir die Drehung im vierdimensionalen Raum fortsetzen, wird aus dem Bild wieder der vertraute, aus der Drehfläche entstandene Torus – mit einem entscheidenden Unterschied: Die zylindrischen Streifen, die zuvor aus parallelen Breitenkreisen gebildet wurden, sind jetzt zu meridianen Längenstreifen geworden. Während dieser Verfor-

mung wurde der Torus vollständig umgekrempelt! Längen- und Breitenkreise wurden ausgetauscht.

Im nächsten Kapitel werden wir diese Zentralprojektion eines Torus auf der Hypersphäre auf die Bewegung eines Doppelpendels anwenden.

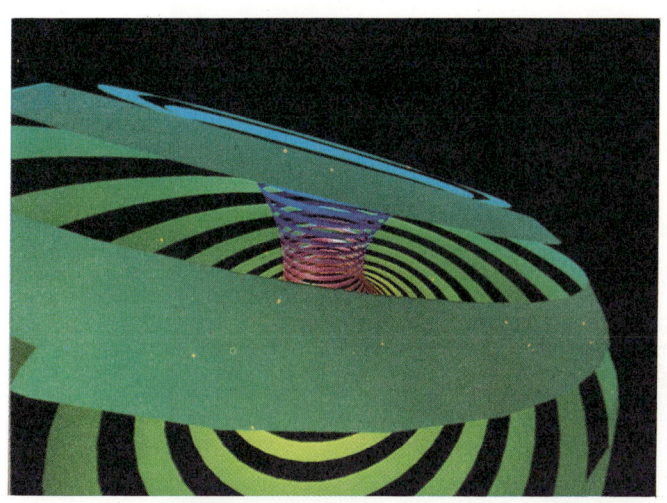

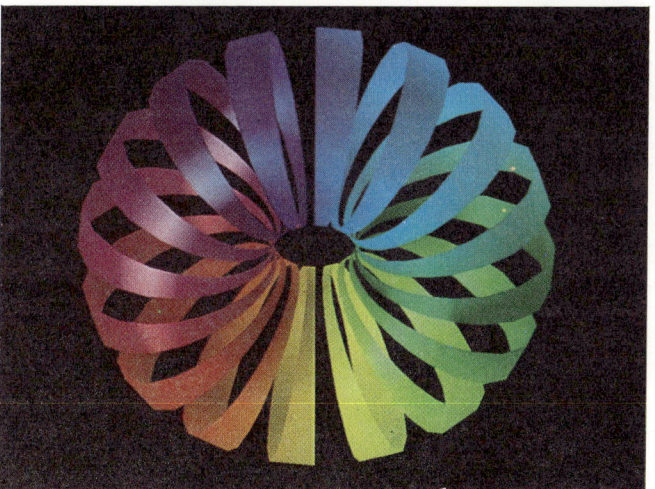

6.24 Sieben Zentralprojektionen eines Clifford-Torus, der sich im vierdimensionalen Raum dreht. Die Streifen, die zunächst horizontal um den Torus zu verlaufen scheinen, werden nach einer Vierteldrehung zu vertikalen Streifen.

7. Der Zustandsraum

Am Rehabilitationszentrum der Universität von Vermont untersuchen Gerald Weisman und seine Mitarbeiter ein körperliches Leiden, das epidemische Ausmaße erreicht und enorme Kosten verursacht: Rückenschmerzen im Lendenbereich. In allen Berufszweigen müssen Menschen routinemäßig Tätigkeiten ausführen, die ihre Rückenmuskulatur beanspruchen – wenn auch auf eine unterschiedliche Weise. Da eine Verletzung oder Schädigung zur Berufsunfähigkeit führen kann, kommt es bei der Rehabilitation entscheidend darauf an festzustellen, ob und wann ein Patient sich genügend erholt hat, um die Arbeit wieder aufnehmen zu können. Es genügt dabei nicht, nur seinen Allgemeinzustand anhand von bestimmten Belastungstests zu ermitteln. Die Ärzte benötigen darüber hinaus eine genaue und brauchbare Beschreibung der physischen Beanspruchung bei einer speziellen Tätigkeit, um beurteilen zu können, ob ein Patient den Arbeitsbelastungen gewachsen ist. Welche Körperhaltungen erfordert die Tätigkeit? Wie lange werden diese Haltungen eingenommen? Müssen Lasten gehoben oder getragen werden? Wie häufig müssen verschiedene Bewegungen wie Bücken oder Drehen des Rückens ausgeführt werden? Solche Analysen erweisen sich häufig als Übungsaufgabe zur Mathematik der Dimensionen, denn die Darstellung der Daten umfaßt verschiedene Dimensionen. Solche Beispiele sind das Kernthema, das sich wie ein roter Faden durch dieses Kapitel ziehen wird.

Dimensionen der Rehabilitationstherapie

Um die Bandbreite der möglichen Körperhaltungen zu untersuchen, haben Wissenschaftler einem Patienten ein sogenanntes Goniometer auf den Rücken geschnallt, das die Rückenstellung mißt, indem es Positionsänderungen in bezug auf drei Winkel aufzeichnet. Zwei Winkel geben die Lage der Wirbelsäule an – als Koordinaten, die analog zur Länge und Breite sind. Die dritte Koordinate mißt den Winkel, um den der Schultergürtel relativ zum Becken seitlich verdreht ist. Diese drei Zahlen beschreiben die Lage des Instruments (und seines Trägers) für jeden Moment der Bewegung, mit der eine Arbeitstätigkeit, wie etwa das Heben schwerer Kisten, ausgeführt wird.
Wenn wir diese Koordinaten in einem dreidimensionalen Gitter darstellen, entspricht jeder einzelne Zustand einem Punkt auf diesem Gitter. Das heißt, gemeinsam spannen diese Koordinaten einen dreidimensionalen Raum auf, den wir als Zustandsraum bezeichnen. Während des Arbeitsvorgangs verändert sich mit der Körperhaltung auch die Lage der entsprechenden Punkte im Zustandsraum. Diese Bewegungen einer ganzen Reihe von Punkten im Zustandsraum sind ein Hinweis auf die körperliche Beanspruchung bei der untersuchten Tätigkeit.

Durch die Aufzeichnung eines solchen Arbeitsvorgangs in einem dreidimensionalen Raum wird die Bewegung nicht vollständig beschrieben. Es ist hierin keine Information darüber enthalten, ob eine Person an einen anderen Ort gegangen oder eine Leiter hinaufgestiegen ist, während sie sich bückte oder drehte. Nur das Bücken und Drehen wird aufgezeichnet, da diese zugehörigen Variablen das entscheidende Kriterium für den Zustand der Lendenregion sind.

Jede Tätigkeit hat ihre eigene Dimensionalität, die von der Anzahl der verschiedenen

7.1 Ein Goniometer, das auf den Rücken geschnallt wird, zeichnet die verschiedenen Winkel des Bückens und Drehens während einer Hebebewegung auf. Die Abfolge solcher Positionen ist ein Beispiel für einen Zustandsraum.

133

Richtungen des Bückens und Drehens während der Arbeit abhängt; je mehr Richtungen berücksichtigt werden, desto höher ist die Dimension des Zustandsraumes, in dem wir die Arbeitsabläufe darstellen. Ein Parkwächter, der Papier einsammelt, bückt sich viele Male immer in die gleiche Richtung; hier genügt es, mit dem Goniometer nur die Veränderungen für einen einzigen Winkel zu verfolgen. Die Bückbewegungen könnten während eines ganzen Tages vollständig erfaßt und auf einem Papierstreifen aufgezeichnet werden, so daß sich der Winkel für jeden Zeitpunkt ablesen läßt. Man braucht dann im Prinzip nur noch zu ermitteln, wie häufig und wie lange der Parkwächter beim Vornüberbeugen einen bestimmten Winkel überschritten hat. In den Begriffen des Goniometers ist die Arbeit des Parkwächters ein eindimensionales Problem.

Ein Büroangestellter mag sich beim Sitzen gleich oft nach links und nach rechts lehnen, so daß seine Körperhaltung mit zwei Koordinaten festgehalten werden kann. Da es keine Drehung gibt, ist die dritte Winkelkoordinate immer Null, so daß die Stellung seiner Lendengegend für jeden Zeitpunkt durch einen Punkt in einem zweidimensionalen Gitter angegeben werden kann. Sobald sich der Angestellte bei seiner Tätigkeit bewegt, kann die Positionsänderung eines Meßpunktes des Goniometers als Spur auf dem zweidimensionalen Computerbildschirm aufgezeichnet werden — als „Orbit" im Zustandsraum. Man beachte, daß es in diesem Beispiel keine Zeitachse gibt. Wenn wir wissen wollen, zu welcher Zeit der Angestellte eine vorgegebene Haltung einnimmt, müßten wir also für den entsprechenden Punkt in der zweidimensionalen Aufzeichnung den Zeitpunkt vermerken.

An der Universität von Vermont analysieren die Wissenschaftler solche Orbits, in-

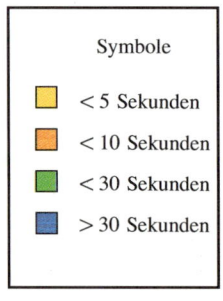

7.2 In diesen Diagrammen sind Meßwerte des Goniometers dargestellt. Die Farben der Balken geben jeweils die Zeit an, die für das Bücken und Drehen während eines Arbeitsvorgangs gebraucht wurde.

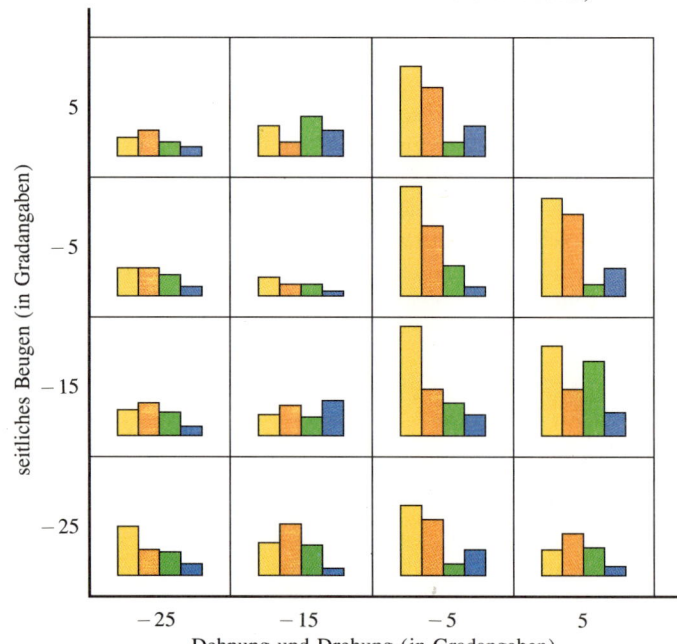

dem sie das Gitter in Zellen zerlegen. Durch Abzählen der Häufigkeit, mit der ein Orbit während eines Arbeitstages in eine bestimmte Zelle eintritt, können sie Komplexität und Intensität der jeweiligen Beanspruchung messen. So läßt sich beurteilen, welche Orbit-Typen Patienten mit unterschiedlichen Beschwerden vertragen können.

Für eine Arbeit, die sowohl Drehen als auch zwei unterschiedliche Arten des Beugens erfordert, hat jeder Meßwert des Goniometers drei Koordinaten, so daß der Orbit in einem dreidimesionalen Raum liegt. Wieder besteht die Technik darin, den Zustandsraum in Zellen oder „Kästchen" einzuteilen und die Häufigkeit zu beobachten, mit der der Orbit in den verschiedenen Kästchen des Raumes auftritt. Wie wir in den früheren Kapiteln gesehen haben, analysiert man ein geometrisches Objekt im dreidimensionalen Raum häufig mit Hilfe von Projektionen in die zweidimensionale Ebene — und genauso ist es auch hier.

Bei den Untersuchungen des unteren Rückenbereichs lassen sich nicht alle Variablen in einem dreidimensionalen Zustandsraum beschreiben. Der behandelnde Arzt will vielleicht zusätzliche Variablen in Betracht ziehen, die sich auf den Lendenbereich auswirken, etwa bei Beanspruchung durch Heben das Gewicht der Last oder auch die Umgebungstemperatur, so daß ein geeigneter Zustandsraum mehr als drei Dimensionen haben kann. Um Punktmengen in einem vier- und fünfdimensionalen Zustandsraum zu analysieren, benutzen die Wissenschaftler ähnliche geometrische Verfahren, wie wir sie zur Beschreibung des Hyperkubus herangezogen haben. Solche höherdimensionalen Strukturen können den Interpretationsrahmen für die Analyse von Daten in unterschiedlichsten Bereichen bilden.

Dimensionalität und Tanz

Julie Strandberg hat an der Brown-Universität die Bewegungsfreiheit beim Tanz untersucht und die Ergebnisse in ihrer Choreographie *Dimensions* umgesetzt, einem zwanzigminütigen Stück für 24 Tänzer, das dort mehrfach aufgeführt wurde und einmal auch in New York zu sehen war. Bei den Proben zu diesem Stück mußten die Tänzer zunächst eine Reihe von Übungen absolvieren, die dazu dienten, ihnen die Auswirkungen begrenzter Dimensionen auf die Bewegungen bewußt zu machen. Die Tänzer legten sich mit dem Rücken, dem Bauch oder der Seite auf den Boden und versuchten, sich schlängelnd hin und her zu bewegen und dabei in zwei Dimensionen zu verharren. Aufrecht stehend versuchten sie, eine Linie in „ägyptischem Hieroglyphenstil" entlangzugehen, immer darauf bedacht, dabei möglichst in ein und derselben vertikalen Ebene zu bleiben. Sie beschäftigten sich mit den Bewegungen, bei denen ihr Rücken parallel zur Wand blieb — so ist es mög-

7.3 Die Tänzer stellen im Ballett *Dimensions* die Bewegung von Polygonen dar, die an eine vertikale Fläche gebunden sind.

lich, unter dieser Einschränkung ein Rad zu schlagen, aber eine Rolle vorwärts ist ausgeschlossen. Es stellt athletische Anforderungen an einen Tänzer, auf die andere Seite eines Mittänzers zu gelangen und dabei flach an der Wand zu bleiben.

Bei der Aufführung verlassen die Tänzer gelegentlich die Begrenzung ihrer Wand, um sich in zunehmend komplexere Bewegungen zu steigern, wobei sie aber den Bezug zu den zweidimensionalen Anfängen nie aufgeben. Schließlich bewegen sie sich mit ihren Sprüngen, mit Hebefiguren und Schwüngen an Schaukeln jenseits der Begrenzung durch die Schwerkraft. Der gesamte Tanz erzählt die Geschichte einer Plattländerin, die plötzlich in die dreidimensionale Welt eingeführt wird. Der Kontrast zwischen den extremen Bewegungseinschränkungen, denen auch noch so einfallsreiche Plattländer nicht entfliehen können, und der Bewegungsfreiheit der Tänzer im Raum ist verblüffend. Um den auf dem Boden lebenden Plattländern eine Ahnung von diesem höherdimensionalen Paradies zu geben, wird die Szene durch ein Paar von Tänzern eingeleitet, zwischen die sich die Plattländerin schiebt, zunächst eingeklemmt wie eine Art Spielkarte, bis ihr die beiden Mittänzer gezeigt haben, wie sie sich selbständig im Raum bewegen kann. Der Eindruck einer Befreiung wird durch wechselnde Farben und komplizierte Rhythmen bei Drehungen oder Sprüngen verstärkt, die in Plattland nicht möglich sind. Auf die Dauer ist das alles jedoch zuviel für die zweidimensionale Weltenreisende, und sehr bald fällt sie in ihre heimische Ebene mit der quälenden Erinnerung an ein freieres, höherdimensionales Land zurück. Es ist eine etwas traurige Geschichte, aber eine sehr gelungene Parabel.

Der Zustandsraum aller möglichen Positionen des Tanzes hat eine extrem hohe Di-

mension. Die Position des linken Oberarmes relativ zu den Schultern ist bereits dreidimensional und von der gleichen Art von Winkeln bestimmt, die mit einem Goniometer bei der Analyse der Haltungsbeschwerden benutzt werden. Die Position des Unterarmes, der relativ zum Oberarm bewegt und gedreht wird, fügt weitere drei Dimensionen hinzu. Wir erhalten sechs Dimensionen für den linken Arm und haben noch nicht einmal das Handgelenk einbezogen! Wenn wir solche Zustände aufzeichnen und analysieren, werden wir allmählich die Dimensionen der Welt begreifen, durch die wir uns — meist ohne nachzudenken — bewegen.

7.4 Die Bergsteigerin ist beim Erklettern der Felswand praktisch auf eine zweidimensionale Umgebung beschränkt.

Die Orbits eines dynamischen Systems

Einen erheblich einfacheren Zustandsraum mit nur vier Dimensionen haben zwei Mathematiker der Brown-Universität, Hüseyin Koçak und Fred Bisshopp, entdeckt, als sie die Bewegungen eines Doppelpendels numerisch mit dem Computer untersuchten und enorme Datenmengen erzeugten. Der Computer simulierte umfassende Zahlen von Ort und Geschwindigkeit der beiden Pendel, und zwar jeweils für verschiedene Anfangspositionen und für unterschiedliche Verhältnisse der Winkelgeschwindigkeiten beider Pendel. Um Strukturen sichtbar zu machen, die in den langen Listen von Zahlen nicht zu erkennen waren, wollten Koçak und Bisshopp ihre Daten bildlich darstellen. Sie kamen also zu uns, um zu sehen, ob unsere geometrischen Methoden der Visualisierung höherdimensionaler Zustände ihnen bei ihrem Problem der angewandten Mathematik helfen könnten. Wie sich herausstellte, paßten unsere Forschungsprojekte bestens zusammen.

Koçak und Bisshopp zeichneten die Position jedes Pendels als Punkt auf einem Kreis in der zweidimensionalen Ebene, so daß für jede vorgegebene Zeit zwei Punkte auf zwei Kreisen die Position der zwei Pendel bezeichneten. Da jede Beobachtung zwei Punkte mit jeweils zwei Koordinaten in der Ebene einbezog, hatte der Datensatz vier Dimensionen. Natürlich könnten die beiden Kreise nebeneinander in der Ebene gezeichnet werden, aber eine solche Darstellung würde die Beziehung zwischen den Bewegungen der Pendel nicht wiedergeben. Doch wie lassen sich diese Beziehungen effizienter veranschaulichen?

Bei zwei Variablen wie Körpergröße und Spannweite der Arme können wir die Beziehung anhand einer zweidimensionalen Darstellung erkennen, wobei wir uns die Ebene aus Geraden zusammengesetzt vorstellen – aus senkrechten Geraden durch jeden Punkt der horizontalen Achse. Ganz analog können wir die Beziehung zwischen Punkten auf Kreisen durch eine Darstellung auf einem Torus verdeutlichen, wenn wir diesen Torus als Kreis aus Kreisen betrachten. Wir können den zugehörigen Graphen auf einen Torus im dreidimensionalen Raum, mit einem vertikalen Kreis für jeden horizontalen „Achsenkreis", zeichnen, aber wenn wir die Position des Pendelsystems im vierdimensionalen Zustandsraum auf dem Clifford-Torus der Hypersphäre darstellen, ergibt sich eine höhere Symmetrie des Graphen. Diese Darstellung ermöglicht es, die hervorstechendsten Muster in den verschiedenen Bahnkurven zu entdecken.

Der Bewegungsablauf der beiden Pendel konnte anhand einer Folge von Punkten als Kurve auf dem Torus in der Hypersphäre dargestellt werden. Und für die Aufgabe, die Struktur dieser Orbits bei verschiedenen Anfangspositionen und Frequenzen der Pendel darzustellen, waren unsere Computertechniken bestens geeignet. Die Anordnung der Datenpunkte des physikalischen Experiments in benachbarten Orbits legte nahe, die Oberfläche in Streifen darzustellen. Dieser Kunstgriff erwies sich auch für die Darstellung und Analyse anderer Flächen im drei- und vierdimensionalen Raum als effiziente Methode.

Wenn eines der Pendel ruht, ergeben sich als Bahnkurven auf dem Torus Längen- oder Breitenkreise. Bei einer synchronen Bewegung beider Pendel läuft die Bahnkurve einmal ganz um den Torus und schneidet dabei jeden Breitenkreis und jeden Längenkreis genau einmal. Diese Orbits stellen sich als genau die Kreise heraus, die wir im dritten Kapitel durch schräges Schneiden des Torus erhalten haben, so daß die

137

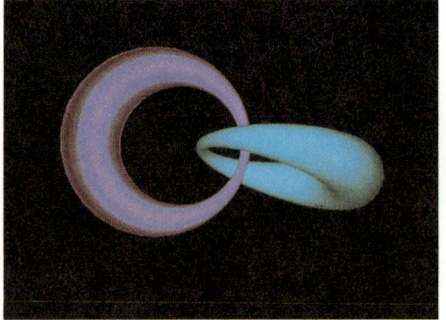 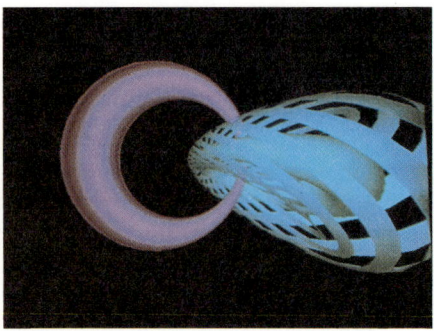 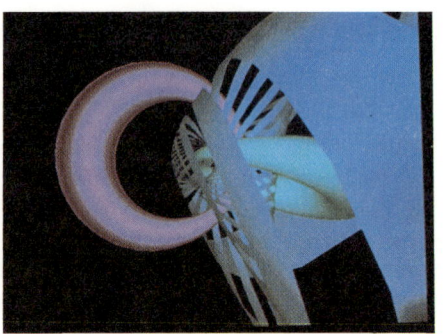

7.5 Diese Bildfolge zeigt die Orbits eines synchronen Doppelpendels jeweils als Rand eines Streifens auf der Torusfläche. Die Frequenz eines Pendels ist durch seine Länge bestimmt; jeder Torus enthält Orbits für Pendel zweier bestimmter Frequenzen, das heißt zweier bestimmter Längen. Jede Fläche enthält Orbits für Pendel, deren Längen ein festes Verhältnis aufweisen, so daß der purpurne Torus mit Orbits gefüllt ist, für die das erste Pendel sehr viel kürzer ist als das zweite; der blaugrüne Torus

Schnittebene in zwei Punkten tangential am Torus zu liegen kam. Der Film *The Hypersphere: Foliation and Projections*, der in Zusammenarbeit mit Koçak, Bisshopp und den Informatikstudenten David Laidlaw und David Margolis entstand, stellt die möglichen Orbits synchronisierter Pendel dar, sogenannte Hopf-Kreise; sie wurden nach dem Schweizer Mathematiker Heinz Hopf benannt, der die Eigenschaften dieser Kreise in den dreißiger Jahren untersuchte. Die Hopf-Kreise auf einer Hypersphäre gehören zu den kuriosesten höherdimensionalen Bildern. Noch kompliziertere Datensätze erzeugen Orbits größerer Komplexität, die zu verknoteten Kurven führen oder offene Schleifen bilden, die sich nicht nach einer gewissen Zeit wieder schließen. Vergleiche zwischen solchen komplexen Systemen und der Menge der Hopf-Kreise können ein Ansatzpunkt sein, um die Beziehungen der Orbits dynamischer Systeme genauer darzustellen.

Anthropologische Betrachtungen und der Raum der Kreise

Kreiskonfigurationen niedriger Dimension tauchen auch in Bereichen auf, die mit Physik und Mathematik kaum etwas zu tun haben, aber von einer geometrischen Betrachtungsweise genauso profitieren können. Richard Gould vom Anthropologischen Institut der Brown-Universität hat zum Beispiel den Zustandsraum der Kreise in der Ebene zur Strukturierung von Daten über die Aborigines Australiens herangezogen. Diese Jäger und Sammler bleiben nur solange an einem festen Ort, wie sie im näheren Umkreis Nahrung finden. Vom zentralen Lagerplatz aus durchstreifen einzelne Gruppen ein großes Gebiet, um zu jagen. Man kann sich dieses Gebiet als Kreis vorstellen. Wenn nun äußere Gefahren die Jäger abends zur Rückkehr in das sichere Lager zwingen, wird der Radius des Kreises relativ klein sein, während bei Fehlen einer äußeren Bedrohung der Kreis größer wird, weil die Jäger über mehrere Nächte unterwegs sein können und sich weiter vom Lager entfernen. Schließlich wird das Lager verlegt. Gould wollte nun herausfinden, welches Gebiet von einer umherziehenden

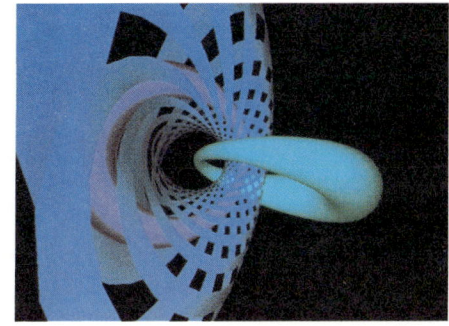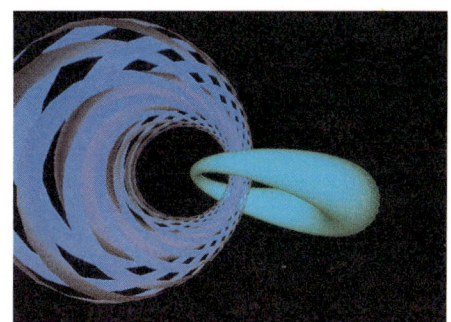

entspricht Orbits für den Fall, daß das zweite Pendel sehr viel kürzer als das erste ist. Die Folge der blaugrauen Streifen zeigt diese Flächen, während das zunächst kürzere Pendel länger und das längere kürzer wird. Auf halbem Wege zwischen dem blaugrauen und dem purpurnen Ring dehnt sich die Fläche bis ins Unendliche aus und enthält die Orbits von Doppelpendeln jeweils gleicher Länge.

7.6 Ureinwohner in einem Wüstenlager nahe Tikatika in Westaustralien.

Gruppe beansprucht wird und welches Muster dieses Umherziehen im Laufe der Zeit erkennen läßt.

Um eine ganze Anzahl von Kreisen zu verfolgen, vermerkte Gould für jeden einzelnen drei Zahlen: Längen- und Breitenangaben für die Position des Lagers und eine dritte Zahl für den Radius des Kreises. Der Zustandsraum ist somit dreidimensional, und die Bewegung der Siedlung stellt sich als Folge von Punkten in diesem Raum dar – als „Polygon im Raum der Kreise". Um die gesamte nach und nach besiedelte Fläche zu bestimmen, muß man wissen, wie sich die Kreisflächen überlappen, wobei die dreidimensionale Aufzeichnung einen weiteren Vorteil bietet, denn für die Lagerplätze konnte Gould eine Zahl berechnen, die den Grad der Überschneidung bei zwei be-

139

N

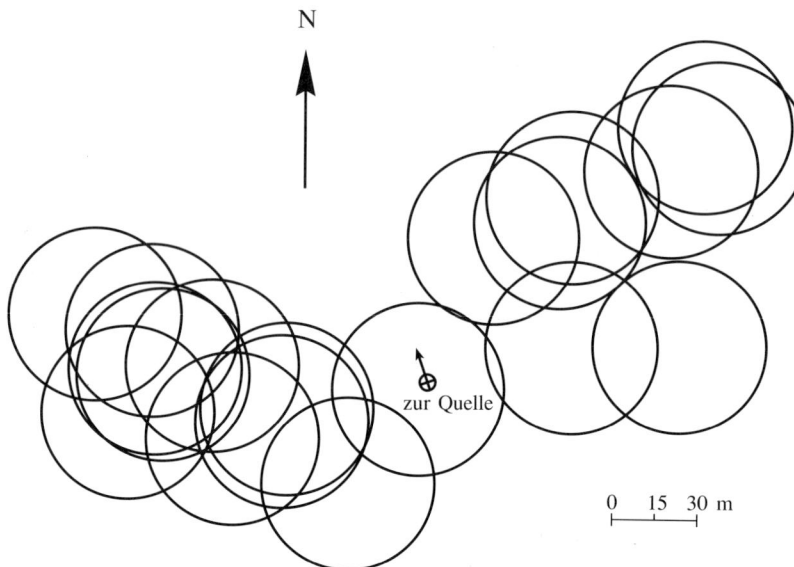

zur Quelle

0   15   30 m

7.7 Ein Muster aus sich überlappenden Kreisen stellt die Lagerplätze und Jagdgebiete der
Ureinwohner in der Nähe von
Mulyangiril in Westaustralien dar.

liebigen Kreisen angibt — insbesondere
auch dann, wenn der eine vollständig im
anderen enthalten ist.

Die Mathematik zu diesem Problem hat eine bemerkenswerte Geschichte. Der Raum
der Kreise wurde im vorigen Jahrhundert
von dem französischen Mathematiker Ed-
mond Laguerre untersucht. Er betrachtete
das Zahlentripel, das eine gegebene Kreisscheibe darstellt, als einen Punkt im gewöhnlichen dreidimensionalen Raum, und
fügte einen „Abstand" hinzu, um Über-
schneidungen zweier Kreise oder das Ent-
haltensein eines Kreises in einem anderen
zu beschreiben; der Abstand wurde dabei
in bezug auf ein Punktepaar im dreidimensionalen Raum angegeben. Um diesen Abstand zu berechnen, wandte Laguerre aber
nicht den Satz des Pythagoras an, der den
Abstand aus einer Summe von Quadraten
berechnet, sondern Laguerres Abstand ergibt sich aus der Differenz von Quadraten.
Dieses verallgemeinerte Abstandsmaß spielt
in der Relativitätstheorie im Hinblick auf
die Raumgeometrie eine wichtige Rolle.
Wir können diesen Abstandsbegriff weiter-

entwickeln, indem wir einen anschauliche-
ren Zustandsraum untersuchen, den Raum
der Scheinwerferkegel bei einer Bühne.

Die Dimensionalität
der Bühnenbeleuchtung

Wir wollen nun ein einfaches Beispiel betrachten, das uns in einen ziemlich komplizierten Raum geometrischer Objekte führt.
Die Bühnenbeleuchtung eines Theaters besteht aus einer Reihe von Scheinwerfern
und Projektoren, die während der Vorstellung entsprechend den Veränderungen innerhalb einer Szene unterschiedliche Bereiche ausleuchten. Manchmal muß die Größe
eines Spotlights während einer Szene variiert werden. Wie kann die Beleuchterin all
die Lichtkegel verfolgen und ihren Assistenten die nötigen Anweisungen vermitteln, so daß die beabsichtigten Effekte erzielt werden?

Die Scheinwerfer haben alle dieselbe Form
und erzeugen jeweils einen Lichtkegel, der,
wenn er senkrecht auf den Bühnenboden
fällt, dort einen Lichtkreis bildet. Der
Lichtkegel hat einen solchen Winkel, daß
der Radius der Scheibe genau mit der Höhe
des Scheinwerfers über dem Boden übereinstimmt. Daher kann die Beleuchterin den
Radius der Scheibe anhand dieser Höhe angeben und so für jedes Spotlihgt die Position leicht festlegen. Sie kann einfach die
Position des Mittelpunktes der Scheibe in
Form der Koordinaten notieren, die der Re-
gisseur ihr vorgibt. Für eine vollständige
Beschreibung fügt sie eine dritte Koordinate hinzu, die den Radius oder die Höhe angibt. Die Scheinwerfer legen auf diese
Weise einen dreidimensionalen Zustandsraum fest.

Die drei Koordinaten ermöglichen einerseits eine bequeme Kennzeichnung der ver-

schiedenen Scheinwerfer – beispielsweise können die Koordinaten (6, 8, 3) ein Spotlight bezeichnen, dessen Mittelpunkt 6 Meter von der linken Seite und 8 Meter von der vorderen Kante der Bühne entfernt ist und das einen Radius von 3 Metern hat. Andererseits definiert die Menge der Koordinaten einen geometrischen Raum. Wenn Mathematiker eine Menge als einen Raum bezeichnen, beinhaltet dieser Begriff gewöhnlich auch Struktur. In unserem Fall können die Koordinaten zur Beschreibung bestimmter Eigenschaften von Bühnenscheinwerfern und ihren Beziehungen zueinander und zum Bühnenboden dienen. Beispielsweise bleibt das Licht mit den Koordinaten (6, 8, 3) auf der Bühne, während das Spotlight (12, 3, 4) über die Vorderkante der Bühne hinausreicht. Es ist einfach, eine Regel dafür zu bestimmen, wann ein Spotlight hinter der Vorderkante der Bühne bleibt – dann, wenn die zweite Koordinate größer als die dritte ist. Auf diese Weise erkennen wir Beziehungen zwischen der Geometrie der Anordnung und der Koordinatenstellung.

Die Beleuchterin kann auch komplexere Probleme in der Koordinatenschreibweise lösen. Wann wird beispielsweise ein Lichtkegel in einem anderen enthalten sein? Dies geschieht, wenn der Abstand zwischen den Punkten in der Ebene, der durch die ersten beiden Koordinaten gegeben ist, größer wird als die Differenz der dritten Koordinate. In diesem Raum spielen die drei Koordinaten nicht die gleiche Rolle, so daß der Zustandsraum nicht mit der gewohnten Geometrie des herkömmlichen dreidimensionalen Raumes identisch ist, obwohl die Geometrie dreidimensional zu sein scheint.

Dieses Beispiel verdeutlicht auch die Rolle der Zeit als vierte Koordinate. Früher oder später hört jeder davon, daß die „Zeit die vierte Dimension" sei. Diese Vorstellung

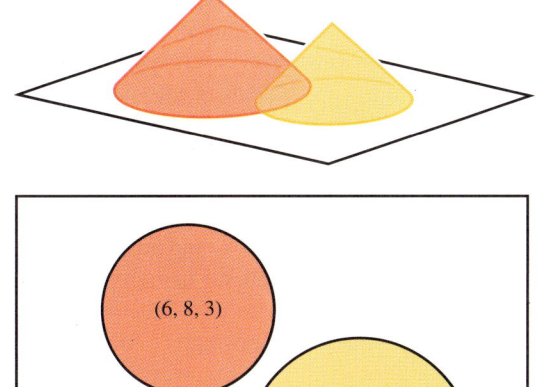

7.8 Die Scheinwerferkegel über einer Bühne erzeugen kreisförmige Spotlights auf dem Boden.

7.9 Die Koordinaten für Mittelpunkt und Radius jedes Spotlights lassen erkennen, ob der Scheinwerferkegel vollständig auf die Bühne gerichtet ist oder nicht.

impliziert eine Einschränkung. Im vorigen Jahrhundert wurde die Zeit als *eine* vierte Dimension angesehen, die aber keinesfalls die besondere Rolle *der* vierten Dimension spielen muß. Wenn Physiker speziell in der Relativitätstheorie ein Ergebnis mit drei Raumkoordinaten und einer Zeitkoordinate angeben, betrachten sie einen vierdimensionalen Zustandsraum. Dieser Raum hat seine eigene Geometrie und weicht von der vierdimensionalen Geometrie, die sich aus der gewöhnlichen Ebene und der räumlichen Geometrie herleiten müßte und das Abstandsmaß durch den verallgemeinerten Satz des Pythagoras definieren würde, in einem wichtigen Aspekt ab: In der Relativitätstheorie ist der Abstand zweier Ereignisse anders festgelegt, nämlich als

$$\sqrt{(x-x')^2 + (y-y')^2 + (z-z')^2 - (t-t')^2};$$

141

die Zeitkoordinate, die mit der Lichtgeschwindigkeit verknüpft ist und in speziellen Einheiten gemessen wird, tritt in diesem Ausdruck mit einem negativen Vorzeichen auf und nicht mit einem positiven Vorzeichen, wie es beim verallgemeinerten Satz des Pythagoras der Fall wäre.

Der dreidimensionale Zustandsraum der Bühnenscheinwerfer ähnelt der vierdimensionalen Geometrie, die man zur Modellierung von Molekülen anwendet. Atome, aus denen ein Molekül besteht, werden durch kleine Kugeln mit unterschiedlichen Radien dargestellt. Die Anordnung der Atome in einem bestimmten Molekül wird anhand solcher Sphären beschrieben, die jeweils durch drei Koordinaten für den Mittelpunkt und eine weitere Koordinate für den Radius gekennzeichnet werden können. Der Zustandsraum der Atome ist also vierdimensional. Wir können ein solches Molekül in einen Graphikcomputer eingeben und jede beliebige Ansicht des Objekts ausgeben lassen. Der Computer kann anhand einer algebraischen Bedingung in vier Koordinaten bestimmen, ob zwei Atome sich schneiden oder nicht. Die Sphären sind überschneidungsfrei, solange die Bedingung $(x-x')^2 + (y-y')^2 + (z-z')^2 - (r+r')^2 < 0$ erfüllt ist. Die Geometrie dieses Zustandsraumes ist der Relativitätstheorie viel näher als der gewöhnlichen Euklidischen vierdimensionalen Geometrie.

7.10 Ein einfaches Molekül wird durch eine Menge sich nicht überlappender Sphären modelliert, die durch Stäbe verbunden sind.

Das Lichtmodell, mit dem wir unsere Diskussion begonnen haben, kann sehr viel komplizierter werden, wenn jeder Scheinwerfer mit einem Regelwiderstand (Dimmer) ausgestattet ist, so daß die Helligkeit des Spotlights reguliert werden kann. Das Zufügen einer Koordinate für die Helligkeit läßt den Zustandsraum vierdimensional erscheinen. Wollen wir auch noch die Farbe jedes Scheinwerfers angeben, steigt die Dimensionalität weiter in die Höhe. Gewöhnlich beschreiben wir eine Farbe, indem wir verschiedene Zahlen für den relativen Rot-, Gelb- und Blauanteil (bei Pigmenten) oder Rot-, Grün- und Blauanteil (bei Licht) ge-

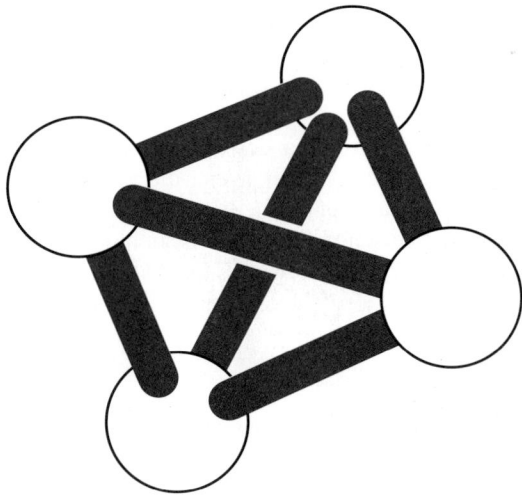

brauchen. In jedem Fall sind zur Bestimmung der Farbe drei weitere Koordinaten nötig, so daß die Beleuchterin sieben Koordinaten für jedes Licht erhält — zwei für die Position am Boden, eine für den Radius, eine für die Helligkeit und drei für die Farbe. So sieht man, daß ein einfaches Beispiel zu einem hochdimensionalen Zustandsraum führen kann.

Die Welt der modernen Physik ist sehr viel komplizierter als Einsteins Beschreibung der Ereignisse in drei Raumdimensionen und einer Zeitdimension. Einige gegenwärtige Modelle verfolgen zehn Dimensionen, die sich wie Raumkoordinaten verhalten, und eine, die sich wie die Zeit verhält, um einen elfdimensionalen Zustandsraum aufzuspannen. Ein weiteres wichtiges Modell verwendet einen Zustandsraum mit 26 Dimensionen. In jedem Fall hängt die Wahl des Modells in nicht geringem Maße von der Mathematik ab, die für diese Dimensionen angewandt wird — als Hilfsmittel, um die komplexen Beziehungen der Dimensionen in diesen Räumen zu untersuchen.

7.11 Naum Gabos Skulptur *Linear Construction in Space No. 1* besteht aus Nylonfäden, die über einen durchsichtigen Rahmen gespannt sind und im Zustandsraum der Strecken ein Muster erzeugen.

Zustandsräume für Strecken und Geraden

Der geometrische Raum der Strecken hat als Zustandsraum eine lange Geschichte. In dieser Geometrie sind die Grundelemente keine Punkte sondern Strecken, die durch ein Paar von Endpunkten bestimmt werden. Schon im vorigen Jahrhundert wurde ein solches Beispiel für eine reale vierdimensionale Geometrie untersucht, die architektonische Strukturen aus geraden Flächen ebenso gut beschreiben kann wie etwa die Skulpturen von Naum Gabo, der Fäden in einen Rahmen spannt. Viele Kunstwerke von Gabo lassen sich mit Hilfe einfacher Formeln beschreiben — und während wir zu verstehen beginnen, wie die Grundformen im Raum der Strecken entwickelt werden, erfahren wir auch ein wenig vom künstlerischen Schaffensprozeß, der diese Formen in bestechender Schönheit zusammenfügt.

Die Komplexität des endgültigen Entwurfs spiegelt häufig ihre Dimensionalität wider. Betrachten wir nun einen eleganten Ansatz, um mit immer komplexer werdenden Konstruktionsschritten eine wichtige vierdimensionale Geometrie der Strecken im Raum zu entwerfen. Für eine Ausstellung von Plastiken entscheiden sich zwei Künstler, die Wand zur Dekoration mit einem Muster aus dehnbarem Band zu bespannen. Sie wählen ein gefälliges Design, das aus 20 von der linken Ecke der Wand hinunter zur Fußleiste gespannten Schnüren besteht. Um die Schnüre später wieder genauso arrangieren zu können, mußten sie eine Notation der Bänderanordnung entwickeln. Anhand zweier Zahlen können sie für jede Schnur die Endpunkte bestimmen. Beispielsweise gibt das Zahlenpaar (4, 3) die Schnur an, die von einem Punkt am Boden in vier Meter Entfernung zur Ecke ausgeht und an einem Punkt endet, der in drei Meter Höhe

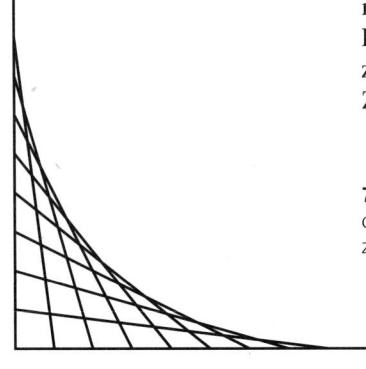

in der Wandecke liegt. Da man nur zwei Punkte benötigt, um eine gegebene Schnur zu spannen, beträgt die Dimensionalität des Zustandsraumes offenbar Zwei.

7.12 Zwei Punkte, die sich gleichmäßig entlang der Koordinatenachsen bewegen, erzeugen eine zweidimensionale Geometrie der Strecken.

Irgendwie ähnelt die Konstruktion einer Skulptur im Raum der Strecken dem Verbinden von Punkten. In der Ebene ist ein Polygon durch eine Reihe geordneter Paare bestimmt — um es zu zeichnen, braucht man nur die Punkte der Reihe nach zu verbinden. Bei dem Beispiel in Abbildung 7.12 sind die Grundelemente keine Punkte, sondern Strecken, und wir zeichnen ein „Polygon aus Strecken" auf.

Wir können die Dimensionalität unserer Anordnung erhöhen, indem wir erlauben, das untere Bandende an beliebiger Stelle auf dem Boden zu befestigen, während das obere Ende immer noch irgendwo in der linken Ecke der Wand verbleibt. Wir brauchen nun weiterhin eine Zahl für die Höhe, aber die Aufzeichnung wird jetzt eine zweite Zahl für die Bodenkoordinate enthalten. Die Anordnung der Strecken ist nun dreidimensional.

7.13 Zwei Punkte, sie sich entlang zweier windschiefer Geraden im Raum bewegen, erzeugen ein hyperbolisches Paraboloid — hier wird es aus Schnüren gebildet.

Wenn die Schnüre beliebig auf der senkrechten Wand beginnen und an beliebiger Stelle am Boden enden dürfen, erhalten wir ein vierdimensionales System. Wir können jede Linie durch vier Koordinaten festlegen, wobei die ersten beiden den Endpunkt auf dem Boden festlegen und die dritte und vierte die Fußleisten- und Höhenkoordinate des Endpunktes an der Wand angeben.

Als Beispiel einer „Kurve" in dieser Geometrie können wir einen Streckenzug betrachten, der die Punkte einer vertikalen Linie auf der Wand mit den Punkten einer zur Fußleiste parallelen Linie verbindet, wobei an der Fußleiste jeweils um einen festen Abstand vorgeschritten wird, während wir in der Senkrechten um eine Einheit abwärts weitergehen. Dies ergibt eine Folge von Strecken im Raum, die der Folge von Punkten im Zustandsraum entsprechen. Diese Punkte liegen im Zustandsraum auf einer geraden Linie, und im gewöhnlichen Raum bilden die Strecken eine in der Architektur wichtige Fläche: ein hyperbolisches Paraboloid.

Wir wollen nun vom Raum der Strecken zum Raum der Geraden übergehen. Jede Strecke bestimmt eine Gerade. Umgekehrt läßt sich zu jeder Geraden, die in zwei verschiedenen Punkten durch zwei Ebenen tritt, eine Strecke finden, die durch die beiden Schnittpunkte festgelegt ist. Es steht uns nun frei, die Strecken zwischen den Schnittpunkten anhand von vier Koordinaten zu beschreiben — je zwei Koordinaten für jeden Schnittpunkt. Auf diese Weise wird der Raum der Geraden vierdimensional.

Inwieweit sich zwei Schnüre schneiden oder nicht, läßt sich berechnen. Zwei beliebige Geraden in einer Ebene haben gemeinhin einen Schnittpunkt. Aber wenn wir die Geraden aus einer dreidimensionalen Menge auswählen, ist es unwahrscheinlicher, daß sie sich schneiden, und bei einem vierdimensionalen System von Geraden im Raum kommt es noch viel seltener vor, daß sich zwei Geraden schneiden.

Die Menge der Geraden in der zweidimensionalen Ebene ist ebenfalls nur zweidimensional — auch wenn sich für die Geraden im dreidimensionalen Raum ein vierdimensionaler Raum ergibt. Diese Zweidimensionalität ergibt sich daraus, daß wir eine Gerade anhand der Schnittpunkte mit den Koordinatenachsen bestimmen können, sofern sie nicht durch den Ursprung verläuft. Diese Menge der Geraden in der Ebene ist auch mit der Menge der Ebenen durch den Ursprung im Raum verwandt. Um das zu erkennen, betrachten wir eine Ebene, die nicht durch den Ursprung verläuft, und überlegen uns, wie der Schnitt mit dieser gegebenen Ebene für andere Ebenen aussieht. Sofern diese Ebenen durch den Ursprung gehen, entsteht als Schnitt fast immer eine Gerade. Dies setzt die Ebenen, die durch den Ursprung verlaufen, und die Geraden in einer Ebene miteinander in Beziehung und hat zur Folge, daß die Menge der Ebenen durch den Ursprung im Dreidimensionalen zweidimensional ist. Ähnlich steht die Menge der zweidimensionalen Ebenen durch den Ursprung im vierdimensionalen Raum in einem Eins-zu-Eins-Verhältnis mit den Geraden im dreidimensionalen Raum, die nicht durch den Ursprung verlaufen. Diese Entsprechung bildet das Herzstück der Projektiven Geometrie.

Im Raum der Geraden oder Ebenen scheint es immer Spezialfälle zu geben: Geraden oder Ebenen, die nicht durch die Wahl der Koordinaten festgelegt sind. Man denke zum Beispiel an den zweidimensionalen Raum der Geraden in der Ebene. Wenn wir eine Gerade durch ihre Schnittpunkte mit der horizontalen oder vertikalen Achse in

der Ebene (in der „Zwei-Punkte-Form") darstellen, entgehen uns solche Geraden, die durch den Ursprung verlaufen. Wenn wir eine Gerade durch ihre Schnittpunkte mit zwei vertikalen Geraden bestimmen (in der „Steigungsform"), lassen wir alle anderen vertikalen Linien aus. Ähnlich verhält es sich mit den Geraden im Raum, wenn wir sie durch die Schnittpunkte mit zwei Ebenen erhalten, so daß uns für den Fall, daß die Ebenen sich schneiden, die Geraden entgehen, die durch ihre Schnittlinie verlaufen. Sind die Ebenen dagegen parallel, so entgehen uns alle Geraden in anderen parallelen Ebenen. Wenn wir an der Geometrie nahe irgendeiner gegebenen Geraden interessiert sind, können wir die Referenzebenen so wählen, daß sich alle Probleme der Bestimmung nahegelegener Ge-

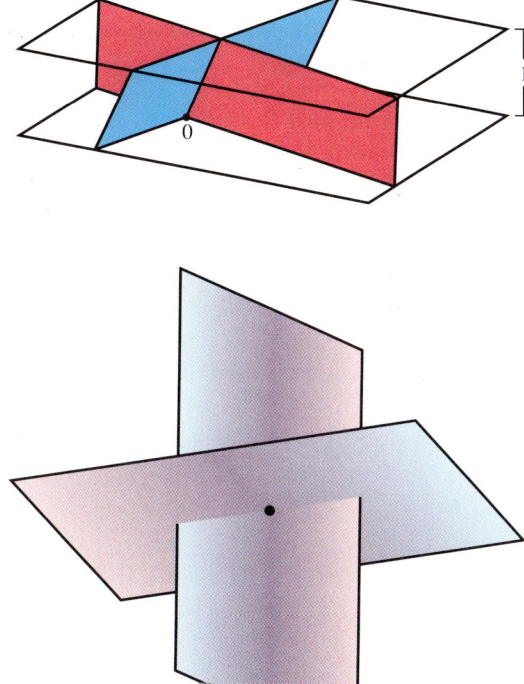

7.14 Jede Gerade in der horizontalen Ebene zur Höhe Eins entspricht im dreidimensionalen Raum einer Ebene durch den Ursprung.

7.15 Vier Koordinaten beschreiben die Menge zweidimensionaler Ebenen durch den Ursprung des vierdimensionalen Raumes. Zwei den Ursprung enthaltende Parallelogramme des vierdimensionalen Raumes können sich in einem einzigen Punkt schneiden. In diesem dreidimensionalen Diagramm stellt die Farbe die Höhe in der vierten Dimension dar, so daß deutlich wird, daß es genau ein Punktepaar gibt, bei dem sowohl die vierte Koordinate als auch die ersten drei übereinstimmen.

raden vermeiden lassen und wir auf diese Weise die gesamte Projektive Geometrie für den Raum der Geraden oder Ebenen untersuchen können.

Wir stoßen auf eine ähnliche Schwierigkeit, wenn wir ein für die gesamte Sphäre gültiges Koordinatensystem finden wollen. In den gewöhnlichen Längen- und Breitenangaben können wir dem Nord- oder Südpol, in dem jeweils sämtliche Längengrade zusammenlaufen, keine eindeutigen Koordinaten zuordnen. Diese Pole entsprechen singulären Punkten der Karte. Drehen wir die

sogenannte *Mannigfaltigkeit*. Für diesen Typ von Raum liegt jeder Punkt in einem Gebiet, das eine Karte ohne Singularitäten besitzt; diese Karten überlappen sich hinreichend, um die Geometrie an verschiedenen Punkten zueinander in Beziehung zu setzen.

Wenn wir einmal einen Atlas von Karten auf einer Oberfläche festgelegt haben, können wir entscheiden, ob eine Funktion auf der Oberfläche *differenzierbar* ist, das heißt, ob es möglich ist, die Funktion an einer beliebigen Stelle durch den Graphen einer linearen Funktion anzunähern. Je

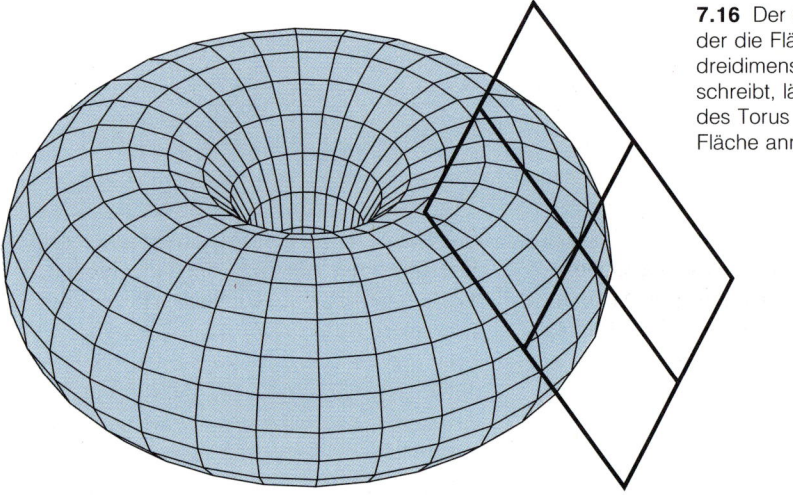

7.16 Der Graph einer Funktion, der die Fläche eines Torus im dreidimensionalen Raum beschreibt, läßt sich in jedem Punkt des Torus durch eine tangentiale Fläche annähern.

Kugel, während wir das Koordinatennetz festhalten, wird es im Gebiet der Arktis und Antarktis keine singulären Punkte mehr geben, dafür sind aber andere Punkte der Kugel singulär geworden. Wir wissen, daß wir einen *Atlas*, das heißt eine Menge von Karten, erhalten, in dem jeder Punkt für wenigstens eine Karte nicht singulär ist und die Karten sich genügend überlappen, um eine Route von irgendeinem Punkt zu irgendeinem anderen Punkt planen zu können. Dieser Begriff eines Atlas von Karten steht im Mittelpunkt einer Definition für eine besondere Art von Zustandsraum, die

nach der Dimension des Raumes kann dieser Graph eine Gerade, eine Ebene oder eine Hyperebene sein. Die Menge aller differenzierbaren Funktionen ist ein besonders wichtiges Merkmal einer Oberfläche; man bezeichnet sie als *differenzierbare Struktur*. Wie sich bereits sehr früh herausstellte, gibt es auf der gewöhnlichen zweidimensionalen Sphäre im dreidimensionalen Raum im wesentlichen nur eine mögliche differenzierbare Struktur, und die Mathematiker vermuteten zunächst, daß es überhaupt nur eine differenzierbare Struktur auf einer Sphäre beliebiger Dimension gäbe. Daher

war es eine große Überraschung, als John
Milnor 1958 für die differenzierbare Struktur auf einer siebendimensionalen Sphäre
völlig verschiedene Definitionsmöglichkei-
ten fand. Er konstruierte einen Atlas mit einer vollkommen stimmigen Menge an Karten auf der Siebenersphäre, so daß er die
differenzierbaren Funktionen herausfinden
konnte, und verglich diese mit der Menge
der differenzierbaren Funktionen auf der
mit dem herkömmlichen Atlas versehenen
Siebenersphäre. Die beiden Mengen sind
verschieden. Milnor hatte etwas konstruiert, das wir heute eine *exotische* differenzierbare Struktur auf einer höherdimensionalen Sphäre nennen; damit hatte er einen
gänzlich neu zu erforschenden Bereich erschlossen, die *Differentialtopologie*.

Trotz der Existenz exotischer Strukturen
auf der Sphäre vermuteten die Mathematiker allgemein, daß wenigstens die differenzierbare Struktur des gewöhnlichen Raumes
eindeutig bestimmt sei. Diese Tatsache
konnte für alle Dimensionen mit Ausnahme
der vierten bewiesen werden, und die Mathematiker erwarteten, daß auch der fehlende Beweis noch erbracht würde. Aber zu
ihrer Überraschung erwies sich diese Ver-
mutung als falsch. In den frühen achtziger
Jahren kamen zwei junge Mathematiker,
Michael Freed und Simon Donaldson, zu
dem Ergebnis, daß es unendlich viele Möglichkeiten gibt, eine differenzierbare Struktur im vierdimensionalen Raum zu konstruieren.

Wellenausbreitung und Brennpunkts-
verhalten

Heizungen und Lautsprecher strahlen Schall
oder Wärme in den umgebenden Raum ab.
Die Form der Wellenausbreitung hängt dabei von der jeweiligen Form und Position
der Quelle ab. Viele Strahlungsquellen bün-
deln die Strahlung, ähnlich wie eine Linse
Lichtstrahlen in einem Brennpunkt fokussieren kann. Zwei sich schneidende Zweige
der Mathematik, die geometrische Akustik
und die geometrische Optik, beschäftigen
sich mit der Wellenausbreitung und den fo-
kussierenden Eigenschaften von Kurven
und Flächen. Dabei wird eine Verbindung
zwischen der Geometrie der Geraden im
Raum und der Geometrie der Kreise in der
Ebene hergestellt.

Die Wellen, die von einer Quelle abgestrahlt werden, überlagern sich und können
durch Interferenz Brennpunkte erzeugen.
Die Interferenzmaxima der verschiedenen
Wellen ergeben verwickelte Muster, die
mit zunehmender Dimension der Quellen
immer komplexer werden. Wieder einmal
helfen uns die Analogien zwischen den
Dimensionen, diese Muster zu erfassen.
Wenn wir die Geometrie der Brennpunkte
ebener Kurven verstehen, können wir uns
auch die sehr viel komplizierteren Oberflächen, die von Brennpunkten im dreidimensionalen Raum ausgehen, viel leichter erklären. Und die Geometrie der Wellen in
einem Raum läßt sich verstehen, wenn man
einen höherdimensionalen Zustandsraum
von Geraden oder Kreisen betrachtet, die
diesem Objekt zugeordnet werden können.

Die Wellenmuster sind am einfachsten,
wenn die Strahlungsquelle die einfachste
mögliche Form hat — die eines Punktes.
Wenn wir in ein Telefon sprechen, wirkt
unser Sprechsignal wie eine punktförmige
Quelle: Im Mikrofon erzeugt unsere Stim-

147

7.17 Konzentrische Kreise um eine punktförmige Quelle.

7.18 Kreisförmige Wellen, die sich von den Punkten auf einem Kreis nach innen ausbreiten, konvergieren im Kreismittelpunkt und werden um 180 Grad gedreht wieder ausgesandt.

me Wellen, die über ein Kabel übertragen werden. Die Situation ist ähnlich wie die Wärmeleitung in einem Metallstab, der an einem Ende erhitzt wird. In beiden Fällen pflanzt sich eine einzige „punktförmige Welle" in einem eindimensionalen Raum fort. Wenn wir jedem Punkt eine Farbe geben, die seine Temperatur anzeigt, erhalten wir ein Spektrum entlang des von der Welle zurückgelegten Weges von Rot für heiß bis zu kaltem Violett. Wird der Metallstab in der Mitte erhitzt, so wandern Wärmewellen in beide Richtungen. Punkte gleicher Entfernung von der Wärmequelle werden gleiche Temperatur und daher gleiche Farbe erhalten.

Als zweidimensionale Beispiele für eine Wellenausbreitung können wir uns die Rippeln vorstellen, die ein Stein in einem stillen Teich hervorruft, oder ein Lauffeuer, das sich nach einem Blitzschlag im Unterholz ausbreitet. Die Wellen, die in der Ebene von einem einzelnen Punkt ausgehen, sind konzentrische Kreise. Bei Wärmestrahlung von einer Punktquelle werden diese Wellenfronten gleicher Temperatur als „isotherme Kreise" erscheinen – vergleichbar den Isothermen auf einer Wetterkarte, die ebenfalls Orte gleicher Temperatur miteinander verbinden. Wenn wir jeden Punkt des Raumes entsprechend seiner Entfernung vom Ursprung färben, entspricht das in gewisser Weise einer Transformation von einer Variablen in eine andere.

Ist die Wärmequelle ein schmaler, langer Heizkörper entlang einer Wand, so werden die Punkte auf dem Boden mit gleicher Temperatur in zur Wand parallelen Geraden liegen. Wärme wird radial abgestrahlt, so daß die Wellen einander nie verstärken oder auslöschen. Das Fehlen eines Interferenzmusters beruht hier darauf, daß die Quelle dieser Wellen annähernd als linienförmig gelten kann.

Interessantere Muster gehen von Quellen aus, die weder punkt- noch linienförmig sind, sondern gekrümmte Konturen aufweisen. Im einfachsten Beispiel geht eine Welle von einem Kreis in der Ebene aus. Wenn wir in einen stillen Teich einen hohlen Metallzylinder ins Wasser tauchen und periodisch auf und ab bewegen, erzeugen wir Stoßwellen, die sich über die Wasseroberfläche ausbreiten. Außerhalb des Zylinders pflanzen sich die Wellen lediglich in Form wachsender konzentrischer Kreise nach außen fort, ohne einander zu überschneiden. Gleichzeitig bewegen sich im Inneren des Zylinders andere Wellen auf den Mittelpunkt zu, wo jede eintreffende Welle zu einem Punkt zusammenschrumpft, um dann wieder als wachsender Kreis nach außen zu wandern – und vielleicht sogar bis in den Rahmen jenseits des Zylindermantels vorzudringen. Diese Welle wird jeden Punkt bis auf den Mittelpunkt genau zweimal durchlaufen. Die Farbkodierung ist hier längst nicht so wirkungsvoll wie bei einer punkt- oder linienförmigen Quelle, da sich den Punkten jeweils keine eindeutige Farbe zuordnen läßt.

Auf eine andere Weise können wir aber anhand der Farben sehr gut verfolgen, was passiert, wenn der innere Kreis zu einem Punkt zusammenschrumpft und danach wieder anwächst. Dazu stellen wir einzelne Punkte der kreisförmigen Welle dem gewöhnlichen Farbkreis entsprechend farbig dar, und zwar dem entgegengesetzten Uhrzeigersinn folgend der Reihe nach rot, orange, gelb, grün, blau und violett. Mit der sich in den Kreismittelpunkt zusammenziehenden Welle wandert nun jeder Punkt auf einer Geraden zum Mittelpunkt. Nachdem sich diese farbigen Linien im Brennpunkt getroffen haben und wieder auseinanderlaufen, taucht jeder Farbpunkt auf der gegenüberliegenden Seite wieder auf; so erreicht der rote Punkt, dessen Startposition am rechten Rand des Zylinders lag, einen gegenüberliegenden Punkt am linken Rand. Insgesamt hat sich der Kreis im Laufe dieses Vorgangs völlig „umgekrempelt".

Das Verhalten der Wellen ist sehr viel komplexer, wenn sie von einer Kurve ausgehen, deren Krümmung sich von Punkt zu Punkt ändert – wie etwa bei einer Ellipse. Um den Bereich darzustellen, der von parallelen Wellen kurz nach Verlassen der Ellipse überstrichen wird, zeichnen wir Kreise desselben kleinen Radius mit Mittelpunkten auf der Ellipse. Als Rand dieses Bereichs, der durch die Vereinigung aller Kreise entsteht, erhalten wir zwei zur Ellipse parallel verlaufende Kurven. Eine dieser Kurven setzt sich nach außen fort und ergibt eine Familie von Kurven, die nie mit-

einander wechselwirken. Sie sind nahezu ellipsenförmig, auch wenn sie natürlich keine exakten Ellipsen sind.

Die innere parallele Kurve verhält sich dagegen ganz anders. Kurz nachdem sie auf das Zentrum zugewandert ist, bildet sie *Singularitäten* aus, hornartige Punkte, an denen die Kurve abrupt ihre Richtung ändert (Abbildung 7.19). Während im Fall eines Kreises die gesamte parallele Wellenfront zur selben Zeit im selben Punkt kollabiert, findet dieses Fokussieren im Fall der Ellipse zu unterschiedlicher Zeit statt. Die ersten Singularitäten erscheinen nahe den

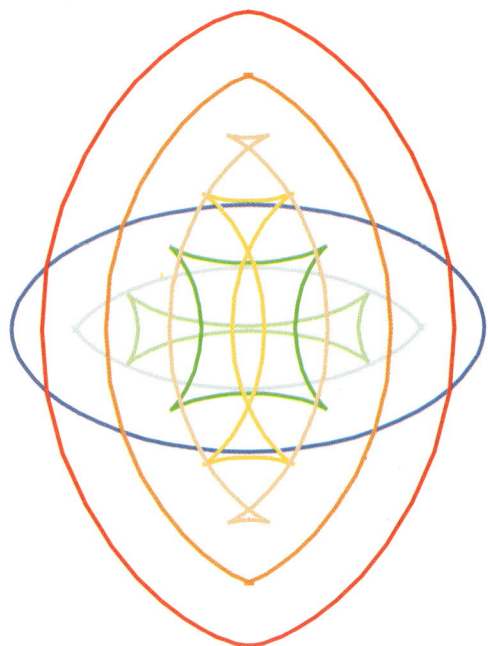

7.19 Eine Ellipse und einige ihrer inneren parallelen Kurven.

am stärksten gekrümmten Bereichen der dunkelblauen Ellipse. Zu einer bestimmten Zeit scheint die innere hellblaue Kurve zwei spitzwinklige Ecken auszubilden, die sich sofort in ein Paar „Fischschwänze" verwandeln, so daß die parallele Kurve nun vier scharfkantige Hörner und ein Paar Doppelpunkte hat, an denen sie sich selbst

 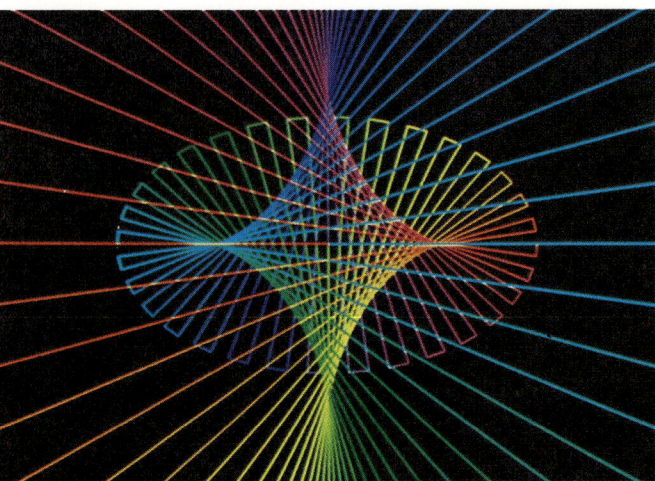

7.20 Wenn man eine große Anzahl paralleler Kurven einer Ellipse in einem Bild darstellt, ziehen ihre Spitzen die Brennpunktskurve der Ellipse nach (a). Strahlen, die von den Punkten auf einer Ellipse ausgehen, zeigen die Brennpunktskurve als eine Kaustik (b).

durchdringt. Während die parallele Kurve weiter fortschreitet, kommen die Doppelpunkte zu einem einzigen Punkt zusammen (hellgrün) und verschwinden daraufhin, wobei eine dunkelgrüne Kurve mit vier Spitzen ohne Kreuzungspunkte zurückbleibt. Ein wenig später kommen sich zwei der Bögen so nah, daß sie eine parallele Kurve mit einem Paar von Doppelpunkten und vier Hörnern ausbilden (gelb und hellorange). Die beiden Hörnerpaare laufen dann mit den Doppelpunkten zusammen (dunkelorange), und nach diesem Stadium wird die parallele Kurve wieder zu einer singularitätenfreien roten Kurve, die eine Ellipse vorstellt. Im Verlauf dieses Vorgangs hat sich die Ellipse einmal vollständig umgekrempelt.

Wenn wir eine Menge paralleler Kurven im selben Diagramm darstellen, erkennen wir ein neues Phänomen, das schwierig auszumachen wäre, wenn wir nur eine einzelne parallele Kurve verfolgen würden: Die Hörner der zur Ellipse parallelen Kurven beschreiben eine andere Kurve, die *Brennpunktskurve* oder *Evolute* der Ellipse. Wenn wir eine Kurve genau genug kennen, um ihre parallelen Kurven zu erzeugen, dann können wir die Kurve der Brennpunkte als die Vereinigung aller Hörner paralleler Kurven erhalten.

Wir gewinnen eine neue Einsicht in die Geometrie dieser wichtigen Brennpunktskurve, indem wir unseren Standpunkt ändern. Anstatt an parallele Kurven zu denken, die alle auf einmal von einer Ausgangskurve ausgesandt werden, können wir uns Strahlen senkrecht zur Kurve vorstellen, die von einer ganzen Reihe von auf der Kurve verteilten Punkten ausgehen. Wir können uns jeden dieser Punkte als Laser entlang des Randes eines elliptischen Stadions denken, der einen Laserstrahl in gerader Richtung vom Rand aussendet. Aus einem Luftschiff hoch über dem Stadion erkennt man, daß aus der Wechselwirkung der Strahlen eine

 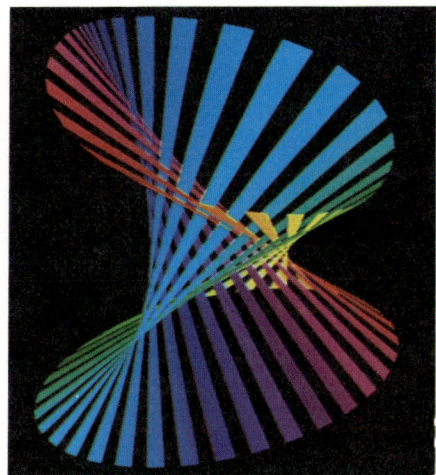 

7.21 Breite Lichtstreifen, die von der Ellipse unter einem 45-Grad-Winkel zu ihrer Ebene ausstrahlen, erzeugen eine Katastrophenfläche der Ellipse im Raum. Zuerst schaut man von oben auf diese Figur (a), dann schräg von der Seite (b), und schließlich ist sie ausgefüllt dargestellt (c).

helle Kurve entsteht, die in der mathematischen Optik als *Kaustik* bezeichnet wird. Sie ist mit der Brennpunktskurve identisch.

Im Fall eines kreisförmigen Stadions werden alle von Punkten auf dem Rand ausgehenden Strahlen in einem einzigen Punkt zusammenlaufen, so daß die Evolute zu diesem einzigen Punkt degeneriert ist. Wenn sich der Kreis zu einer Ellipse verformt, öffnet sich diese zum Punkt degenerierte Evolute zu einer Kurve.

Die Eigenschaften dieser Evolute sagen etwas darüber aus, wie sich die Krümmung entlang der Ellipse ändert. Beispielsweise hat die Evolute die gleichen Symmetrien wie die ursprüngliche Ellipse. Sie hat ihre eigenen Singularitäten, zwei Spitzen auf der Hauptachse der Ellipse und zwei Spitzen auf der Nebenachse. Die Strahlen, die von den Punkten auf der Ellipse ausgehen, be-

decken manche Bereiche der Ebene zweimal und andere viermal. Die Evolute trennt die Gebiete zweifacher Überdeckung von der Menge der Punkte, die viermal überdeckt werden.

Fügen wir eine dritte Dimension hinzu, so können wir dieselben Phänomene klarer darstellen. Wenn die Laser auf dem Rand des Stadions ihr Licht nicht direkt geradeaus, sondern in einem 45-Grad-Winkel aussenden, werden die Strahlen ein Muster über dem Raum des Stadions bilden. Von einem Luftschiff hoch über dem Stadion sieht das Muster genau gleich aus, aber von der Seite sehen wir eine sehr viel interessantere Figur. Die Strahlen schneiden einander und bilden aus Doppelpunkten bestehende Geraden aus, sie treten zueinander in Wechselwirkung und formen dabei helle Kurven der Spitzen. An bestimmten Punkten kommen die Bögen der Doppelpunkte mit denen der Spitzen zusammen, so daß noch kompliziertere Singularitäten auftre-

151

ten. Streifen aus Licht, die von Positionen entlang des Stadionrandes ausstrahlen, greifen wie die Finger zweier gefalteter Hände ineinander. Wenn wir von allen Punkten des Randes Licht aussenden, wird eine Fläche aus Strahlen gebildet, die in der geometrischen Optik als „Katastrophenfläche der Normalenabbildung" bekannt ist.

Diese Fläche mit ihren aus Singularitäten bestehenden Kurven enthält die Geschichte aller parallelen Kurven der Ausgangskurve. Wir können die verschiedenen parallelen Kurven der Ellipse als horizontale Schnitte dieser Fläche erhalten. Eine Kurve zu einem Niveau ist gerade die parallele Kurve, die aus der Fläche herausgehoben ist – und zwar um den Abstand zur Ebene der Ausgangsellipse. Wenn der horizontale Schnitt durch einen der zwei Bögen mit Doppelpunkten geht, enthält die entsprechende parallele Kurve ein Paar Doppelpunkte. Wenn er durch eine Kurve aus Spitzen geht, so enthält die entsprechende parallele Kurve ein Horn an der Stelle.

Wir können diese Geometrie bis auf die dreidimensionale Laguerre-Geometrie der Kreise in der Ebene zurückführen, die wir schon früher in diesem Kapitel erwähnt haben. In dieser Geometrie entspricht ein Punkt im dreidimensionalem Raum einem Kreis mit dem Mittelpunkt in der horizontalen Ebene, der durch die ersten zwei Koordinaten angegeben wird, und einer dritten Koordinate für den Radius. Die Punkte auf einer um 45 Grad geneigten Geraden, die senkrecht über einem Punkt einer horizontalen Geraden liegen, entsprechen Kreisen in der Ebene, die die Gerade in diesem Punkt berühren. Daher entspricht die Katastrophenfläche, die von der Menge dieser 45-Grad-Geraden gebildet wird, einer Kurve der Menge der Kreise, die in wenigstens einem Punkt tangential zur Kurve liegen. Sehr viele Aussagen über die

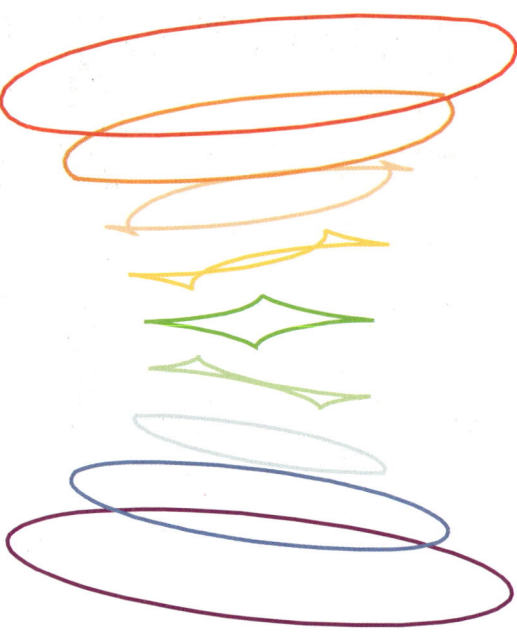

7.22 Horizontale Schnitte durch die Katastrophenfläche ergeben in den Raum gehobene parallele Kurven der Ellipse.

7.23 Die Katastrophenfläche eines Kreises ist ein Doppelkegel.

Geometrie der Kurve sind in dieser Fläche enthalten. Beispielsweise entspricht die Doppelpunktskurve, in der sich die Katastrophenfläche selbst schneidet, der Menge der Kreise, die in zwei oder mehr Punkten tangential zur Kurve liegen.

Wir können nun die Ellipse zu einem Kreis deformieren, um eine neue Seite dieses bereits diskutierten Falles zu verstehen. Die Strahlen, die unter einem 45-Grad-Winkel von der Ellipse ausgehen, werden sich mit der Deformation mitbewegen, bis das gesamte Brennpunktsverhalten, das anfangs eine Ausdehnung zeigt, in einem einzigen Punkt kollabiert, dem Ursprung eines Doppelkegels. Wir können uns die Brennpunktskurve einer Ellipse als eine Störung eines hochgradig singulären konischen Punktes denken. Dieses Bild wird uns bei der Betrachtung von Drehflächen weiterhelfen.

Wellen im dreidimensionalen Raum

Mathematiker haben viele Eigenschaften ebener Kurven entdeckt, als sie eine Beziehung zur Geometrie der Katastrophenfläche im dreidimensionalen Raum herstellten. Indem man die „Lebensgeschichte" eines sich verändernden räumlichen Objekts in eine weitere Dimension ausdehnt, lassen sich die zeitlichen Phänomene eines Raumes in statische Zustände eines anderen Raumes übertragen. Wenn wir alle unsere Darstellungstechniken auf die Katastrophenfläche anwenden, können wir solche Phänomene auf völlig neue Weise untersuchen.

Wir könnten nun immer weitere ebene Kurven mit den gleichen Methoden prüfen, indem wir die Beziehung zwischen einer Kurve und ihrer Brennpunktskurve untersuchen, um besser zu verstehen, wie ebene Objekte Wellen aussenden. Aber da wir

uns in erster Linie für verschiedene Dimensionen interessieren, werden wir nun die Ergebnisse bei der Betrachtung von zweidimensionalen Objekten auf die Phänomene in drei und mehr Dimensionen anwenden.

Was geschieht, wenn der uns umgebende Raum nicht zwei-, sondern dreidimensional ist? Die Wellenfronten, die das einfachste Objekt, eine punktförmige Wärme-, Schall- oder Lichtquelle, in den umgebenden Raum abstrahlt, sind konzentrische Sphären. Die genaue Geschwindigkeit der Wellen hängt von den physikalischen Eigenschaften des Systems ab, aber ihre geometrische Gestalt

7.24 Diese aufgeschnittene Ansicht zeigt die Kugelwellen um einen Punkt im Raum.

wird unveränderbar durch diese sphärischen Wellenfronten beschrieben.

Wir könnten die gesamte Geschichte einer von einem Punkt ausgehenden Welle als Menge konzentrischer Sphären darstellen, wobei die größte Sphäre allerdings alle anderen völlig verdeckt. Natürlich ließe sich dieses Verdeckungsproblem umgehen, indem man transparente Sphären verwendet oder die Symmetrie der Wellen heranzieht. Dabei braucht man nicht die gesamte Welle zu betrachten, sondern es genügt eine untere Halbkugel. Die aufeinanderfolgenden Wellen aus einem Punkt werden dann zu

153

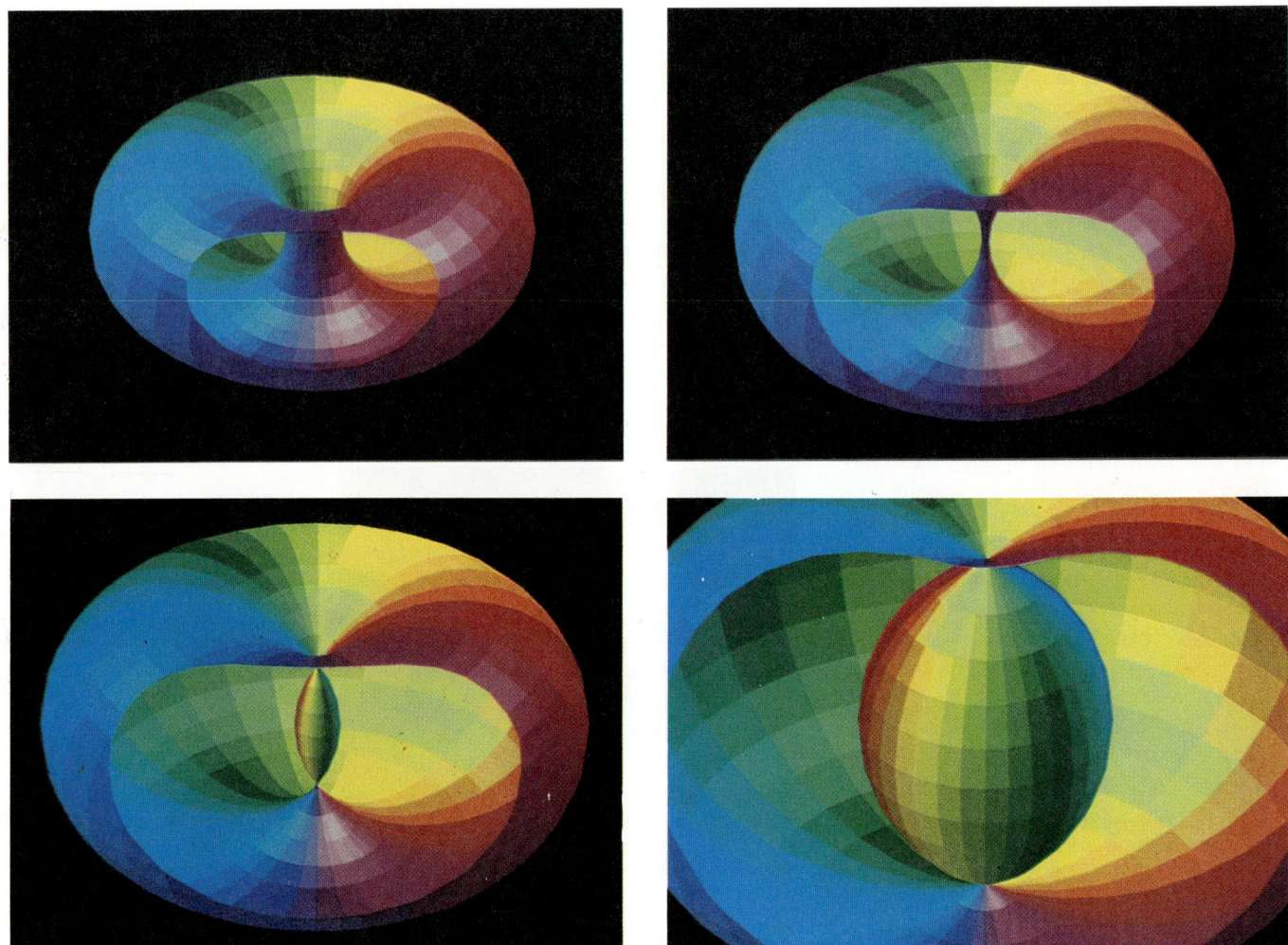

7.25 Angeschnittene Ansichten zeigen, wie die von einem Kreis ausgehenden Torusflächen sich durchdringen und danach ein Hornzyklid beziehungsweise Spindelzyklide bilden.

ineinanderliegenden Halbkugelschalen, die wir alle auf einmal sehen können.

Diese Darstellung zeigt deutlich, daß die konzentrischen Kreise in der Äquatorebene präzise die Geschichte der Wellen wiedergeben, die von einem Punkt in der Ebene ausgehen.

Das einfachste eindimensionale Objekt, eine gerade Linie, sendet Wellen in den Raum aus, die kreisförmige Zylinder mit immer gleicher Achse sind. Ein zur Achse senkrechter Schnitt erzeugt die gleichen konzentrischen Kreismuster, wie sie von einem Punkt zur Ebene erzeugt werden. Schneiden wir den Zylinder mit einer Ebene, die die Ausgangslinie enthält, gelangen wir zu dem niederdimensionalen Fall einer paarweise parallele Geraden ausstrahlenden Linie.

Die einfachste geschlossene Kurve ist wieder einmal ein Kreis. Die Wellen, die von einem Kreis im Raum ausgehen, sind Drehflächen. Zu Beginn wird solch eine Welle einen Torus bilden – die Drehfläche, die ein kleiner Kreis erzeugt, dessen Mittelpunkt mit einem Punkt des ursprünglichen Kreises zusammenfällt und der in einer senkrechten Ebene liegt. Im Inneren des Kreises läuft die Welle in sich selbst zurück und bildet dabei Singularitäten aus.

Damit die größeren parallelen Flächen das Geschehen im Inneren nicht verdecken, können wir Schnittechniken anwenden, um die Familie der parallelen Flächen sichtbar zu machen. Wenn wir den Torus in der Ebene des ursprünglichen Kreises schneiden, erhalten wir eine Familie von Paaren konzentrischer Kreise – genau wie bei den von einem Kreis ausgehenden Wellen, die sich in der Ebene ausbreiten.

Wenn wir nun den Schnitt senkrecht zur Ebene des Kreises durch den Mittelpunkt legen, erhalten wir etwas ganz Neues. Eine solche Ebene schneidet den ursprünglichen Kreis in zwei gegenüberliegenden Punkten, die achsensymmetrisch zum Mittelpunkt des Ausgangskreises liegen. Von jedem dieser Punkte geht eine Familie konzentrischer Kreise aus. Während die beiden zugehörigen Wellenfronten nach innen wandern, schneiden sie sich zunächst nicht, bis sich die beiden äußersten Kreise in einem Punkt berühren und sich in der Folge in einem Punktepaar auf der Symmetrielinie treffen.

Zu jedem Stadium erhalten wir die parallelen Oberflächen durch Ausbildung einer Drehfläche des Kurvenpaares um die Symmetrieachse. Zunächst ist diese Fläche ein Torus ohne Singularitäten. Wenn sich die kreisförmigen Wellen erstmals berühren, nimmt ihre Drehfläche eine Form an, die die Geometer im 19. Jahrhundert als „Hornzyklid" bezeichneten. Wenn die kreisförmigen Wellen einander schneiden, wird ihre Drehfläche zu einem „Spindelzyklid". Sie besitzt zwei singuläre Punkte, die jeweils dem singulären Punkt eines Doppelkegels entsprechen.

Wir können ganz allgemein die parallelen Flächen betrachten, die von einer Oberfläche im dreidimensionalen Raum ausgehen. Wie wir bereits gesehen haben, werden bei einer glatten Fläche auch die parallelen Flächen glatt sein, solange der Abstand zur Ausgangsfläche klein ist. Mit wachsendem Abstand können die parallelen Flächen Singularitäten entwickeln. Beispielsweise werden die zu einer Sphäre parallelen Flächen im Sphärenmittelpunkt kollabieren und wieder ausgestrahlt werden, so daß genau ein Brennpunkt existiert.

Die parallelen Flächen eines Ellipsoids, das durch Drehung einer Ellipse um eine ihrer

7.26 Die parallelen Flächen einer ellipsoidalen Drehfläche.

7.27 Parallele Flächen eines Ellipsoids mit ungleichen Achsen (a) und die Brennpunktskurve des Ellipsoids mit ungleichen Achsen, die von hornartigen Kanten der parallelen Flächen ausgezogen wird (b).

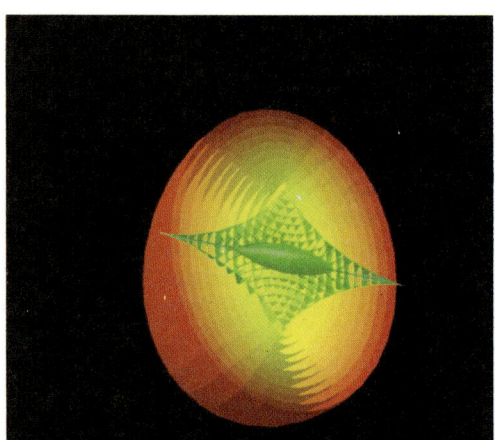

Symmetrieachsen entsteht, werden selbst wieder Flächen sein, die durch Drehung paralleler Kurven der Ellipse um dieselbe Achse entstehen. Die Singularitäten dieser parallelen Flächen werden kreisförmige Kurven von Hörnern und „Spindelpunkten" und Kreisen aus Doppelpunkten sein. Diese Singularitäten liegen alle entweder auf der Drehfläche der Evolute der Ellipse oder auf einer Strecke entlang der Drehachse.

Aber was passiert, wenn wir ein durch Drehung erhaltenes Ellipsoid in ein Ellipsoid mit drei unterschiedlich langen Achsen verformen? Diese Frage stellte vor mehr als 130 Jahren der britische Mathematiker Arthur Cayley. Mit enormem Aufwand gelang es ihm, die Form der Brennpunktsfläche für ein einzelnes Beispiel als Bild darzustellen. Heute können wir ganze Familien paralleler Flächen und ihre zugehörigen Brennpunktsflächen computergraphisch erzeugen.

8. Koordinaten in der Geometrie

Alles, was wir bisher mit den Dimensionen gemacht haben, beruht auf dem Grundgebäude der analytischen Geometrie, die man auch Geometrie der Koordinaten nennen könnte. Immer wieder sind wir auf Zahlenfolgen gestoßen, die die Koordinaten eines Ortes oder einer Gestalt festlegten. Der Bezug eines Punktes im Raum zu einer Reihe von Zahlen ist die grundlegende Verbindung zwischen Geometrie und Algebra. Für Punkte der Ebene spiegeln Zahlenpaare die Beziehungen wider, während es bei Punkten im dreidimensionalen Raum Zahlentripel sind. Geometrische Transformationen wie Vergrößern oder Projizieren finden ihre Entsprechung in Transformationen der Koordinatenpaare oder -tripel. Geometrische Aussagen werden in algebraische Aussagen übersetzt und umgekehrt. Die mathematische Beschreibung dieser Transformationen gehört in das Gebiet der linearen Algebra.

Leider hat diese erfolgreiche Betrachtungsweise der Mathematik der Dimensionen auch dazu geführt, daß viele ihrer schönsten Resultate einem großen Leserkreis verborgen blieben. Deshalb habe ich in diesem Buch ganz absichtlich die geometrischen Themen von einem sogenannten synthetischen Standpunkt aus behandelt, Koordinatendarstellungen sparsam benützt und die algebraischen Aspekte nicht ausführlich entwickelt.

Die synthetische Betrachtungsweise hat die Geometrie seit der Antike bis ins 17. Jahrhundert beherrscht — bis zu dem Zeitpunkt, als René Descartes die analytische Geometrie entwickelte, die dann zwei Jahrhunderte später die Grundlage für die Entwicklung einer höherdimensionalen Geometrie bildete. Zunächst schränkten die Mathematiker ihre Anwendungen der analytischen Geometrie auf die Ziffern der Zahlengerade und die Zahlenpaare der Ebene ein, aber zu Beginn des 19. Jahrhunderts wußte man schon sehr genau, daß sich die Algebra zur Beschreibung der Zahlengeraden und der Koordinatenebene auch auf den dreidimensionalen Raum ausdehnen ließ.

Heute behandeln wir solche Staffelungen mit großer Selbstverständlichkeit. Ein Satz über Objekte der Ebene kann — in Koordinatenschreibweise ausgedrückt — häufig einen entsprechenden Satz im Raum nahelegen: Anstelle von zwei Koordinaten schreiben wir einfach drei. Aber wenn zwei oder drei Koordinaten möglich sind, warum dann nicht auch vier? Da die Algebra praktisch gleich bleibt, erweitern sich die Sätze über Zahlenpaare und Zahlentripel und ergeben formale Theoreme über Rechenoperationen mit Zahlenquadrupeln. In der analytischen Geometrie erhalten wir besonders aussagekräftige Ergebnisse, wenn wir die geometrischen Beziehungen in Koordinatenform ausdrücken, dann an den Zahlenpaaren oder -tripeln die entsprechenden algebraischen Umformungen vornehmen und schließlich die Ergebnisse dieser Transformationen wieder auf den ursprünglichen Punkt in der Ebene oder im Raum anwenden. Aber wie lassen sich die analogen Transformationen bei Zahlenquadrupeln interpretieren? Und was passiert, wenn wir die abstrakten Beziehungen für Zahlentupel mit fünf, elf oder auch 26 Koordinaten betrachten?

Meist sind Mathematiker, die sich mit höheren Dimensionen beschäftigen, schon vollauf zufrieden, wenn sie von den formalen Aussagen der linearen Algebra Gebrauch machen können und die geometrische Sprechweise beibehalten bleibt, wobei

8.1 In diesem raffinierten Bild von James Billmyer sind einzelne Punkte durch farbige Linien verbunden, die dem Betrachter in vier verschiedenen Richtungen unterschiedliche Tiefen suggerieren.

man allerdings auf den Versuch einer konkreten Veranschaulichung der Begriffe verzichtet. All das beginnt sich zu ändern, seit moderne Graphikcomputer zum Einsatz kommen, die nicht „verstehen", in welcher Dimension sie sich befinden. Wenn wir eine Liste von Zahlenpaaren in den Computer eingeben, wird er sie als Punkte auf dem Bildschirm darstellen. Wenn wir Zahlentripel eingeben, wird der Computer zuerst jedes Tripel nach einer bestimmten Regel durch Zahlenpaare ersetzen und danach diese Punktepaare darstellen. Die Methoden zur Bestimmung der Bildschirmkoordinaten eines Punktes stammen aus der linearen Algebra.

Koordinaten und Achsen

Wir wollen zunächst den mathematischen Rahmen für den Umgang mit Objekten in höherdimensionalen Räumen abstecken. Dazu sollen kurz einige Strukturen aufgezeigt werden, mit deren Hilfe wir einzelne Zahlen, Zahlenpaare und Zahlentripel in der Geometrie der Koordinaten mit einer, zwei oder drei Dimensionen identifizieren können.

Auf einer Geraden können wir einen Ursprung wählen, der mit Null bezeichnet wird, und einen weiteren Punkt, den wir mit Eins bezeichnen. Der Ursprung markiert einen Startpunkt, und der Abstand vom Ursprung zur Eins legt eine Skala fest. Jeder Punkt auf dem Strahl von Null durch Eins ist durch seinen Abstand vom Ursprung gegeben, der durch ein Vielfaches des Abstands von Null zu Eins dargestellt wird. Punkte auf dem in die gegenüberliegende Richtung weisenden Strahl werden genauso durch ihren Abstand identifiziert, aber durch ein negatives Vorzeichen gekennzeichnet. Auf diese Weise entspricht jeder Punkt einer reellen Zahl,

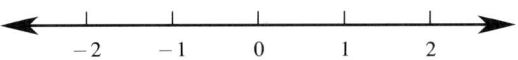

8.2 Eindimensionale Koordinaten auf der Zahlengeraden.

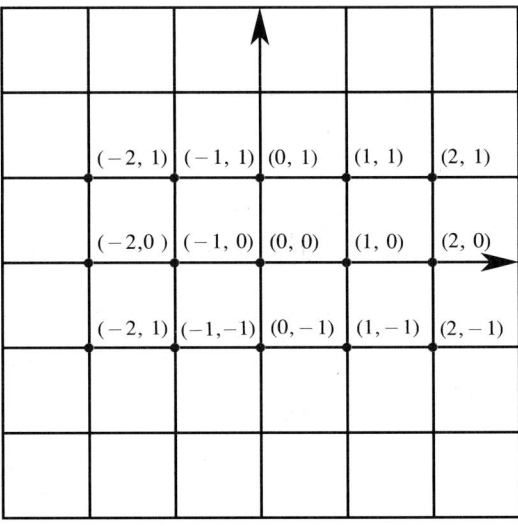

8.3 Zweidimensionales Koordinatensystem.

seiner Koordinate; und jede reelle Zahl entspricht einem einzigen Punkt auf der Geraden. Die Gerade ist ein eindimensionaler Raum.

Die Ebene ist ein zweidimensionaler Raum. Um die Koordinaten für die Punkte der Ebene festzulegen, beginnen wir mit zwei Koordinatenachsen, die sich in ihrem gemeinsamen Ursprung schneiden; der Ursprung wird mit $(0,0)$ bezeichnet. Die Punkte auf der ersten Achse, der x-Achse, entsprechen dem Koordinatenpaar $(x,0)$; für die zweite Achse, die y-Achse, sind alle Punkte durch $(0,y)$ bezeichnet. Durch jeden Punkt der Ebene können wir Parallelen zu den Koordinatenachsen zeichnen, wobei die Achsenabschnitte den Ort des Punktes vollständig durch das Zahlenpaar (x, y) bestimmen. Der Punkt (x, y) stellt den vierten Eckpunkt eines Parallelogramms mit einer Ecke im Ursprung und den anderen Ecken bei $(x, 0)$ und $(0, y)$ dar. In der analytischen Geometrie drücken wir diese geometrische Konstruktion als Summe zweier Punktepaare der entsprechenden Koordinaten aus:

$$(a, c) + (b, d) = (a + b, c + d)$$

Für einen beliebigen Punkt erhalten wir $(x, y) = (x, 0) + (0, y)$, so daß jeder Punkt als Summe aus Punkten auf den Koordinatenachsen ausgedrückt werden kann. In diesem Koordinatensystem können wir ein Einheitsquadrat mit den vier mit $(0, 0)$, $(1, 0)$, $(1, 1)$ und $(0, 1)$ bezeichneten Eckpunkten definieren.

Um Koordinaten für die Punkte im gewöhnlichen dreidimensionalen Raum aufzustellen, beginnen wir mit drei Achsen, deren gemeinsamer Ursprung $(0, 0, 0)$ ist. Wir bezeichnen die Punkte auf der ersten Achse mit $(x, 0, 0)$, die Punkte auf der zweiten Achse mit $(0, y, 0)$ und die auf der dritten Achse mit $(0, 0, z)$. Wie im Fall der Ebene definieren wir die Koordinaten der Summe aus zwei Tripeln als Summe der entsprechenden Koordinaten. Die Summe von Punkten auf den ersten zwei Achsen bestimmt die 1-2-Koordinatenebene, die alle Punkte der Form $(x, y, 0) = (x, 0, 0) + (0, y, 0)$ enthält.

Genauso haben die Punkte auf der 1-3-Koordinatenebene die Koordinaten $(x, 0, z)$, und die Punkte auf der 2-3-Koordinatenebene sind von der Form $(0, y, z)$. Durch jeden Punkt im dreidimensionalen Raum, der mit (x, y, z) bezeichnet wird, gibt es zu jeder dieser drei Koordinatenebenen eine parallele Ebene — insgesamt also drei parallele Ebenen, die die erste Achse im

8.4 Diese Tapisserien, die Joan Erikson entworfen und Mary Schoenbrun gewebt hat, stellen anhand eines zweidimensionalen Gitters die Wechselbeziehungen zwischen verschiedenen Stadien der Persönlichkeitsentwicklung dar, wie sie in den Theorien von Erik und Joan Erikson beschrieben werden. Im ersten Beispiel verläuft die Entwicklung gleichförmig — jedes Stadium trägt bei gleicher Dauer gleichermaßen bei. Im zweiten Fall variiert die Höhe der einzelnen Rechteckfelder entsprechend der Dauer der einzelnen Stadien.

8.5 Das Einheitsquadrat im zweidimensionalen Koordinatensystem.

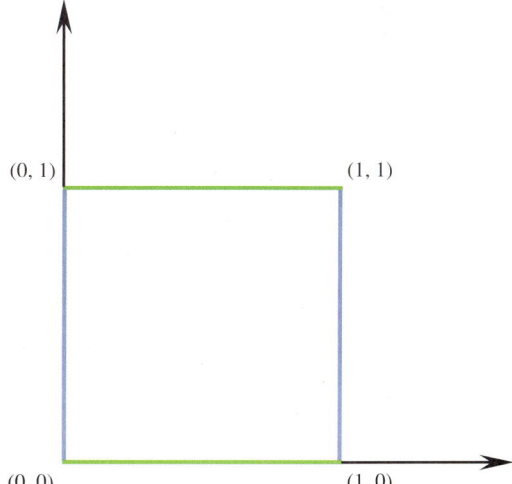

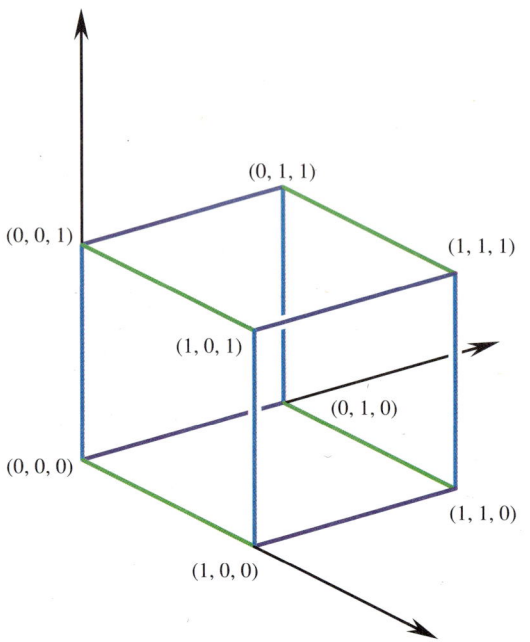

8.6 Der Einheitswürfel im dreidimensionalen Koordinatensystem.

Punkt $(x,0,0)$, die zweite im Punkt $(0,y,0)$ und die dritte im Punkt $(0,0,z)$ schneiden. Jeder Punkt (x,y,z) kann daher als Summe der Punkte auf den Koordinatenachsen geschrieben werden. Der Punkt (x,y,z) ist der achte Eckpunkt eines Parallelepipeds, dessen eine Ecke im Ursprung liegt. In diesem Koordinatensystem können wir den Einheitswürfel anhand der Eckpunkte $(0,0,0)$, $(1,0,0)$, $(1,1,0)$, $(0,1,0)$, $(0,0,1)$, $(1,0,1)$, $(1,1,1)$ und $(0,1,1)$ definieren.

Wir haben nicht ohne Absicht die gleichen Wörter für die Achsen und Koordinaten zur Beschreibung der zweidimensionalen Geometrie der Ebene und der dreidimensionalen Geometrie des gewöhnlichen Raumes benutzt. In dieser Übereinstimmung drückt sich eine grundlegende Beziehung zwischen den beiden Räumen aus. Wenn wir ein Objekt in der Ebene beschreiben, können wir häufig mühelos das entsprechende Objekt im Raum finden. Aber die Analogie führt noch weiter: Wir können die gleiche Sprache zur Definition eines Systems aus Zahlenquadrupeln verwenden – also für einen vierdimensionalen Hyperraum.

In diesem Fall können wir unsere Vorstellung nicht länger auf die vertrauten Konstruktionen der Geraden und Ebenen gründen. Wir fangen also direkt mit der Koordinatendarstellung an und fragen danach, was wir über den Raum aller Viertupel reeller Zahlen (x,y,z,v) aussagen können. Analog zu unserem früheren Vorgehen bestimmen wir, daß die Punkte der Form $(x,0,0,0)$ zur ersten Koordinatenachse gehören und die Punkte $(0,y,0,0)$ die zweite, $(0,0,u,0)$ die dritte und schließlich $(0,0,0,v)$ die vierte Achse bilden. Der Schnittpunkt dieser vier Achsen mit der Bezeichnung $(0,0,0,0)$ ist der Ursprung dieses vierdimensionalen Koordinatensystems. Wie zuvor addieren wir zwei Viertupel durch Addition ihrer entsprechenden Koordinaten. Daher kann jeder Punkt im vierdimensionalen Raum als Summe aus vier Punkten auf den Koordinatenachsen dargestellt werden.

Je ein Paar dieser Koordinatenachsen stellt eine Koordinatenebene dar, beispielsweise die 2-3-Koordinatenebene, die alle Punkte der Form $(0,y,u,0)$ enthält. Je drei der vier Koordinatenachsen legen eine Koordinatenhyperebene fest. Durch jeden Punkt im vierdimensionalen Raum gibt es vier

Hyperebenen, die zu den Koordinatenhyperebenen parallel sind und die erste Achse in $(x, 0, 0, 0)$, die zweite in $(0, y, 0, 0)$, die dritte in $(0, 0, u, 0)$ und die vierte in $(0, 0, 0, v)$ treffen. In Abhängigkeit von der Wahl der Koordinatenachsen ist jeder Punkt vollständig durch das Zahlenquadrupel (x, y, u, v) bestimmt. Dieser Punkt ist der 16. Eckpunkt eines Parallelotops, dessen eine Ecke im Ursprung liegt. Auf diese Weise erhalten wir ein Koordinatensystem für den vierdimensionalen Raum. In diesem Koordinatensystem können wir einen Einheitshyperkubus mit 16 Eckpunkten definieren:

$(0, 0, 0, 0), (1, 0, 0, 0), (1, 1, 0, 0), (0, 1, 0, 0),$

$(0, 0, 1, 0), (1, 0, 1, 0), (1, 1, 1, 0), (0, 1, 1, 0),$

$(0, 0, 1, 1), (1, 0, 1, 1), (1, 1, 1, 1), (0, 1, 1, 1),$

$(0, 0, 0, 1), (1, 0, 0, 1), (1, 1, 0, 1), (0, 1, 0, 1)$

Nichts hält uns davon ab, die gleiche abstrakte Beschreibung für eine Menge von Fünftupeln im fünfdimensionalen oder von n-Tupeln im n-dimensionalen Raum anzuwenden. In gewissem Sinne können wir sagen, daß der n-dimensionale Raum genau die Menge aller n-Tupel reeller Zahlen ist, aber dies mißachtet die reichhaltige n-dimensionale Geometrie. Wir gewinnen zusätzliche Einblicke in die Beziehungen der Zahlenpaare, Tripel oder n-Tupel, wenn wir sie in einem Raum geringerer Dimension — etwa der Ebene oder dem dreidimensionalen Raum — graphisch darstellen.

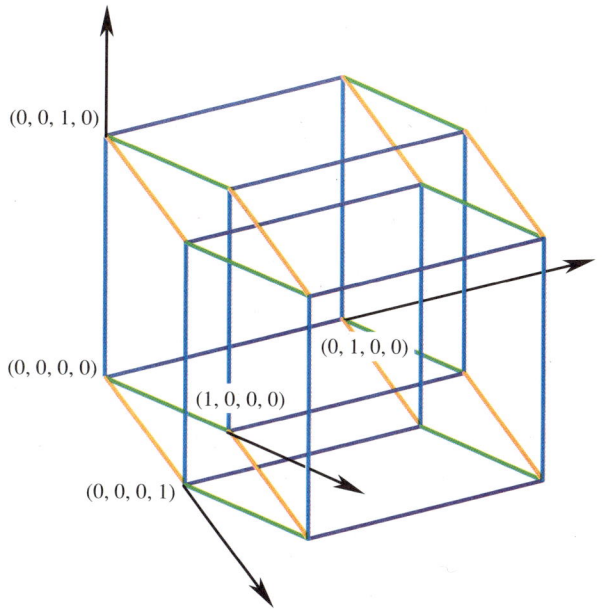

8.7 Der Einheitshyperkubus im vierdimensionalen Koordinatensystem.

Längenmessungen und der verallgemeinerte Satz des Pythagoras

Es gehört zu den wichtigsten Vorzügen der analytischen Geometrie, daß es für den Abstand zwischen zwei Punkten in einem Koordinatensystem beliebiger Dimension eine explizite Formel gibt, die sich aus einer Verallgemeinerung des Satzes des Pythagoras ableiten läßt.

In einem eindimensionalen Koordinatensystem können wir den Abstand von zwei Punkten bestimmen, indem wir die Differenz ihrer Koordinaten berechnen und den Absolutbetrag bilden. Der Abstand zwischen den Punkten, die mit a und b bezeichnet sind, beträgt dann $|a-b|$.

In der Ebene können je zwei Punkte (a, c) und (b, d) durch eine Strecke verbunden werden, die die Hypotenuse eines recht-

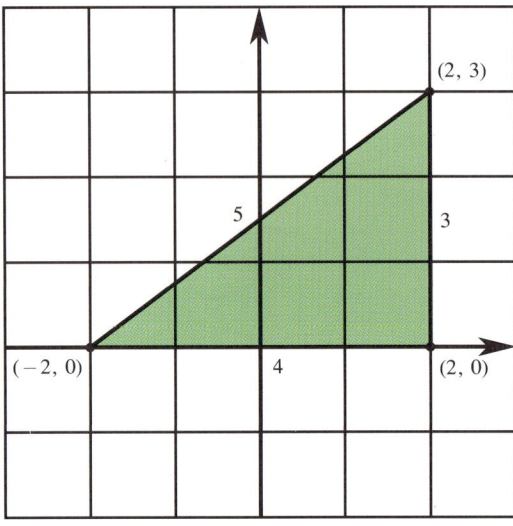

8.8 Die Abstandsformel in der Ebene ergibt sich aus dem Satz des Pythagoras.

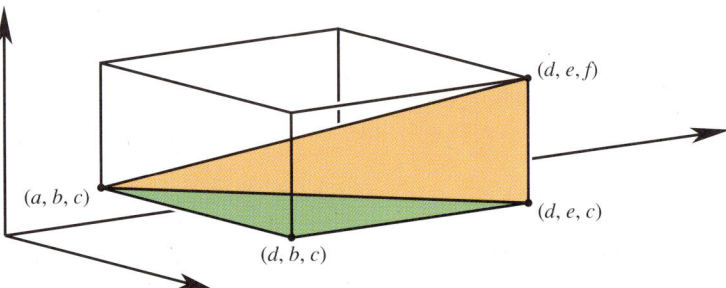

8.9 Die Abstandsformel im dreidimensionalen Raum läßt sich gewinnen, indem man die Abstandsformel aus der Ebene zweimal anwendet: einmal, um die Länge einer Flächendiagonale zu bestimmen (grünes Dreieck), und dann, um die Hypotenuse des rechtwinkligen Dreiecks (orange) auszurechnen, das diese Diagonale und eine Kante als Katheten besitzt.

winkligen Dreiecks darstellt, dessen Katheten parallel zu den Koordinatenachsen verlaufen. Da die Grundseite dieses Dreiecks die Länge $|a-b|$ besitzt und die Höhe des Dreiecks $|c-d|$ beträgt, sagt uns der Satz des Pythagoras, daß die Länge der Diagonalen durch $\sqrt{(a-b)^2+(b-d)^2}$ gegeben ist. Beispielsweise ist die Diagonale des Einheitsquadrats so lang wie die Strecke von $(0,0)$ bis $(1,1)$, also $\sqrt{2}$.

Der Satz des Pythagoras kann auf den dreidimensionalen Raum angewendet werden, indem man ein rechtwinkliges Dreieck in einem Kasten betrachtet. Die Raumdiagonale des Kastens bildet die Hypotenuse des Dreiecks, dessen Katheten von einer Kante des Kastens und einer Flächendiagonale gebildet werden. Wir können den Satz des Pythagoras nun einmal zur Bestimmung der Länge der Flächendiagonale und ein weiteres Mal für die Raumdiagonale anwenden. Die sich daraus ergebende dreidimensionale Abstandsformel ist eine direkte Verallgemeinerung der Formel in der Ebene. Statt die Wurzel aus der Summe der Quadrate der zwei Seiten eines Dreiecks zu ziehen, bilden wir die Wurzel aus der Summe der Quadrate der drei Seiten eines rechtwinkligen Kastens. In der Ausdrucksweise der analytischen Geometrie läßt sich mithin der Abstand zwischen zwei Punkten mit den Koordinaten (a,b,c) beziehungsweise (d,e,f) anhand der drei Differenzen der entsprechenden Koordinaten durch eine Wurzel mit drei Summanden darstellen: $\sqrt{(a-d)^2+(b-e)^2+(c-f)^2}$. Beispielsweise ist die Raumdiagonale des dreidimensionalen Einheitswürfels so lang wie die Strecke von $(0,0,0)$ bis $(1,1,1)$, also $\sqrt{3}$.

Die Verallgemeinerung der Abstandsformel bei höheren Dimensionen setzt sich geradlinig so fort. Die Anwendung des Satzes von Pythagoras auf eine Folge ebener Dreiecke, deren Seiten durch die Kanten oder Diagonalen eines Hyperkubus gebildet werden, liefert als Abstandsformel für zwei Punkte eine Wurzel aus vier Summanden, den vier Quadraten der Koordinatendifferenzen. Daher entspricht die Länge der Raumdiagonale des Einheitshyperkubus dem Abstand zwischen den beiden Ecken $(0, 0, 0, 0)$ und $(1, 1, 1, 1)$, also $\sqrt{4} = 2$.

Koordinaten für den n-Simplex

Wir haben bereits gesehen, wie die Ecken eines n-Kubus im n-dimensionalen Raum nur unter Verwendung von Nullen und Einsen als Koordinaten dargestellt werden können. Es ist häufig etwas mühsamer, eine einfache n-dimensionale Koordinatendarstellung eines n-Simplex anzugeben. Aber nicht immer ist diese Aufgabe schwierig. Für die Ecken eines Dreiersimplex im dreidimensionalen Raum gibt es eine ganz einfache Möglichkeit: indem man vier der acht Ecken eines Würfels auswählt, beispielsweise $(0, 0, 0)$, $(1, 1, 0)$, $(0, 1, 1)$ und $(1, 0, 1)$. Wir wissen, daß das durch diese Ecken definierte Tetraeder regelmäßig ist, weil der Abstand zwischen je zwei seiner Ecken $\sqrt{2}$ beträgt. Die übrigen Ecken des Würfels, $(1, 0, 0)$, $(0, 1, 0)$, $(0, 0, 1)$ und $(1, 1, 1)$, legen ebenfalls ein regelmäßiges Tetraeder fest. Diese beiden überlappenden Tetraeder fügen sich zu einer Figur zusammen, die man als *oktaedrischen Stern* bezeichnet; die Schnittflächen des oktaedrischen Sternes beschreiben das im Würfel enthaltene duale Oktaeder.

Aber schon wenn wir die Koordinaten des Zweiersimplex in der Ebene bestimmen wollen, ist die Situation sehr viel komplizierter. Beginnen wir beispielsweise mit zwei Koordinatenpaaren $(0, 0)$ und $(1, 0)$, so erhalten wir für die dritte Koordinate entweder $(1/2, \sqrt{3}/2)$ oder $(1/2, -\sqrt{3}/2)$ — hier treten unweigerlich Brüche und irratio-

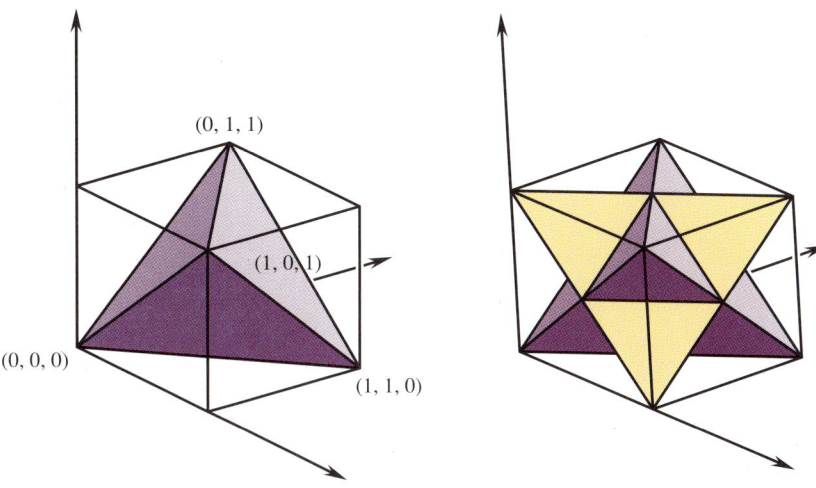

8.10 Das regelmäßige Tetraeder im Einheitswürfel.

8.11 Der oktaedrische Stern besteht aus zwei sich schneidenden Tetraedern im Einheitswürfel.

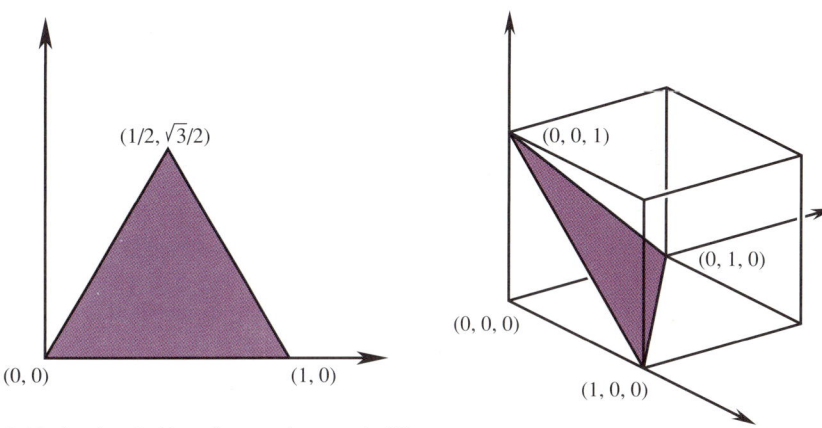

8.12 Irrationale Koordinaten des regelmäßigen Zweiersimplex in der Ebene.

8.13 Rationale Koordinaten für den regelmäßigen Zweiersimplex im Dreidimensionalen.

nale Zahlen als Koordinaten auf. Es gibt keine Möglichkeit, solche irrationalen Zahlen als Koordinaten eines gleichseitigen Dreiecks zu vermeiden, solange wir uns in der Ebene befinden. Wenn wir jedoch bereit sind, in den dreidimensionalen Raum

165

überzugehen, genügt zur Beschreibung der Ecken eines regelmäßigen Zweiersimplex eine ganz einfache Menge von Punkten, zum Beispiel drei der Ecken des oben bei der Beschreibung eines Würfels angegebenen zweiten regelmäßigen Tetraeders, $(1,0,0)$, $(0,1,0)$ und $(0,0,1)$.

Die Punkte, deren eine Koordinate Eins und alle anderen Null sind, ergeben nicht nur eine befriedigende Lösung des Problems der Darstellung des Zweiersimplex mit einfachen Koordinaten, sondern sie liefern auch eine Methode zur Bestimmung der Koordinaten eines Simplex beliebiger Dimension. Um die Koordinatendarstellung der $n+1$ Ecken eines n-Simplex zu finden, können wir die Punkte mit Einheitsabstand im $n+1$-dimensionalen Raum heranziehen. Dies ist unter der Betrachtungsweise der Schnittbildung der natürliche Weg, da an jeder Ecke eines $n+1$-Kubus als Schnitt ein n-Simplex erzeugt wird. Wenn wir beispielsweise senkrecht zur Raumdiagonale eines Hyperkubus von $(0,0,0,0)$ nach $(1,1,1,1)$ schneiden, enthält eine schneidende Hyperebene die vier Eckpunkte $(1,0,0,0)$, $(0,1,0,0)$, $(0,0,1,0)$ und $(0,0,0,1)$. Da der Abstand zwischen je zwei dieser Eckpunkte $\sqrt{2}$ beträgt, sind dies die Ecken eines regelmäßigen Dreiersimplex.

Die Koordinaten hyperkubischer Schnitte

Wir haben drei- und vierdimensionale Objekte bereits vom synthetischen Standpunkt aus analysiert und dabei einiges über die Struktur von Würfeln und Hyperkuben erfahren, indem wir Schnittfolgen senkrecht zur Raumdiagonale untersucht haben. Anhand von Koordinaten können wir hier neue Einblicke gewinnen — wobei einige wichtige geometrische Beziehungen dieser Schnitte bereits in der Struktur der Koordinaten auftreten.

Wenn wir einen Einheitswürfel in Ebenen senkrecht zur Raumdiagonale schneiden, so ist der erste Schnitt, den wir erhalten, ein einziger Punkt $(0,0,0)$. Dann folgt das gleichseitige Dreieck mit den Eckpunkten $(1,0,0)$, $(0,1,0)$ und $(0,0,1)$, deren Koordinaten sich jeweils zu Eins aufaddieren. Während sich die Schnittebene weiter vom Ursprung entfernt, sind die nächsten Eckpunkte, auf die wir treffen, solche, deren Koordinaten sich zu Zwei addieren — $(0,1,1)$, $(1,0,1)$ und $(1,1,0)$ — und ebenfalls die Ecken eines gleichseitigen Dreiecks bilden. Der letzte Eckpunkt, auf den wir treffen, ist $(1,1,1)$, der einzige Eckpunkt des Würfels, dessen Koordinaten eine Summe von Drei ergeben.

Die gleiche Analyse können wir für den vierdimensionalen Hyperkubus ausführen. Während wir den Hyperkubus senkrecht zu seiner längsten Diagonale von $(0,0,0,0)$ nach $(1,1,1,1)$ schneiden, ergibt sich als erster Schnitt wieder der Ursprung, also $(0,0,0,0)$. Als nächstes erhalten wir einen Dreiersimplex mit den vier Eckpunkten $(1,0,0,0)$, $(0,1,0,0)$, $(0,0,1,0)$ und $(0,0,0,1)$, deren Koordinaten sich zu Eins aufaddieren. Ganz allgemein werden die Eckpunkte, die in einer bestimmten zu dieser längsten Diagonale senkrechten Hyperebene liegen, jeweils Koordinaten besitzen, die sich zu einer gegebenen ganzen Zahl zwischen Eins und Vier addieren. Der einzige Eckpunkt, dessen Koordinaten sich zu Null addieren, ist der Ursprung; und der gegenüberliegende Eckpunkt $(1,1,1,1)$ ist der einzige Punkt, dessen Koordinaten sich zu Vier aufaddieren. Die Schnittform, die Eckpunkte mit Koordinatensumme Drei enthält, wird ein Dreiersimplex mit den vier Eckpunkten $(0,1,1,1)$, $(1,0,1,1)$, $(1,1,0,1)$ und $(1,1,1,0)$ sein. Genau in der Mitte finden wir eine sehr interessante Schnittfigur, wenn sich die Koordinaten zu Zwei aufaddieren. In diesem Schnitt sind sechs Eckpunkte enthalten – $(1,1,0,0)$, $(1,0,1,0)$, $(1,0,0,1)$, $(0,1,1,0)$, $(0,1,0,1)$ und $(0,0,1,1)$ – die Ecken

untersuchen, können wir die Anzahl der Eckpunkte in jeder Schnittebene voraussagen. Für den n-Kubus mit Eckpunkten aus den Koordinaten Null oder Eins wird der zur längsten Diagonale senkrechte Schnitt mit einem Eckpunkt beginnen, dessen sämtliche Koordinaten Null sind, und mit einem Eckpunkt enden, dessen Koordinaten aus lauter Einsen bestehen. Ein Schnitt, der Eckpunkte mit Koordinatensumme k enthält, wird $C(k,n) = k!/n!(k-n)!$ solcher Eckpunkte enthalten, da dies die Anzahl der Möglichkeiten ist, k Koordinaten gleich Eins und den Rest gleich Null zu wählen. Wie uns diese Beobachtung zeigt, können wir die Anzahl der Eckpunkte in den Schnitthyperebenen einfach in den Reihen des Pascalschen Dreiecks finden.

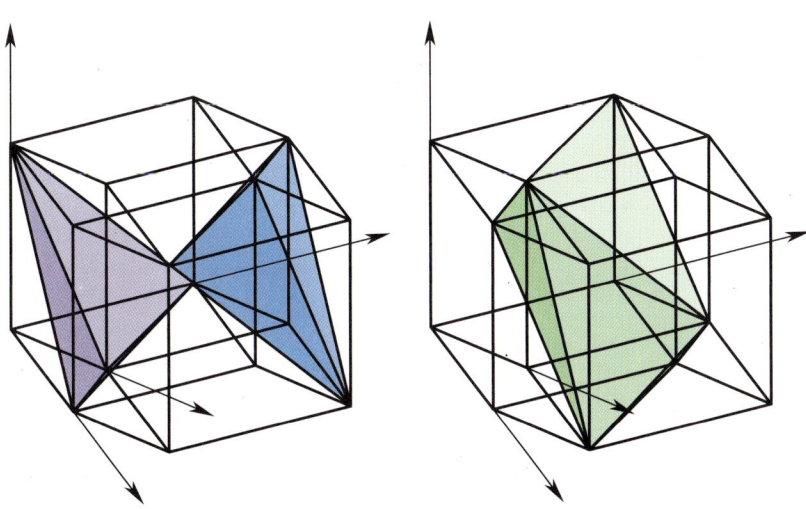

8.14 Hyperebenenschnitte des Hyperkubus. Für Eckpunkte mit Koordinaten, die sich zu Eins oder Drei aufaddieren, ergeben sich als Schnittfiguren Tetraeder, während bei Eckpunkten mit der Koordinatensumme Zwei ein Oktaeder auftritt.

eines regelmäßigen Oktaeders auf halbem Wege durch den Hyperkubus.

Die Tatsache, daß wir sechs Eckpunkte auf der mittleren Ebene des Hyperkubus finden, beruht darauf, daß es sechs Möglichkeiten gibt, zwei Nullen und zwei Einsen für vier Koordinaten auszuwählen. Indem wir die Kombination der Nullen und Einsen

Koordinaten für regelmäßige Polyeder

Wir haben gerade Koordinaten für die Eckpunkte eines regelmäßigen dreidimensionalen Oktaeders erhalten, das wir uns als mittleren Schnitt eines Hyperkubus im vierdimensionalen Raum denken. Es ist genauso einfach, eine dreidimensionale Koordinatendarstellung für das Oktaeder anzuge-

167

ben, indem man die Tatsache ausnützt, daß das Oktaeder das Duale des Würfels ist: Die Eckpunkte eines regelmäßigen Oktaeders lassen sich als Mittelpunkte der sechs quadratischen Flächen eines Würfels bestimmen. Wenn wir die Koordinaten für die Eckpunkte eines Würfels auswählen, können wir die Koordinaten der Mittelpunkte der quadratischen Flächen ausrechnen und erhalten so Koordinaten für die Eckpunkte des Oktaeders. Im vorigen Abschnitt haben wir einen Würfel mit solchen Eckpunkten betrachtet, bei denen sämtliche Koordinaten Null oder Eins waren, aber wenn wir das Duale betrachten wollen, ist es bequemer, den Ursprung als Mittelpunkt des Würfels zu wählen, so daß die Koordinaten sämtlich entweder -1 oder $+1$ betragen. Die quadratischen Flächen dieses Würfels erhält man, indem man jeweils eine der Koordi-

te die sechs Punkte mit Einheitsabstand auf der positiven und der negativen Koordinatenachse sind, $(\pm1,0,0)$, $(0,\pm1,0)$ und $(0,0,\pm1)$. Diese sechs Punkte sind die Ecken eines regelmäßigen Oktaeders mit Kantenlänge $\sqrt{2}$. Im n-dimensionalen Raum ergibt die gleiche Konstruktion die Koordinaten der $2n$ Eckpunkte des n-dimensionalen Würfeldualen als Punkte mit Einheitsabstand vom Ursprung auf der positiven und der negativen Koordinatenachse.

Was ist mit den übrigen regelmäßigen Polyedern im dreidimensionalen Raum? Wir können die Symmetrie des Ikosaeders ausnützen, um möglichst wenige irrationale Zahlen in den Koordinaten zu erhalten — nämlich jeweils nur eine. Zunächst stellen wir fest, daß es für jede Kante des Ikosaeders eine parallele Kante auf der gegenüberliegenden Seite gibt. Wir können das Ikosaeder so in einen kubischen Kasten packen, daß alle zwölf Eckpunkte auf dem Rand des Kastens liegen und außerdem der Schnitt mit dem Rand des Kastens sechs zu den Koordinatenachsen parallele Kanten ergibt. Als vorläufige Koordinaten für diese Strecken können wir $(\pm1,0,\pm t)$, $(0,\pm t,\pm1)$ und $(\pm t,\pm1,0)$ wählen, wobei t eine später zu bestimmende Zahl ist. Im allgemeinen wird ein Polyeder mit diesen zwölf Ecken zwei verschiedene Kantenlängen besitzen: $2t$ für die Kanten, die auf dem Rand des Kastens liegen, und $\sqrt{(1+t)^2+(1-t)^2}$ für die anderen Kanten.

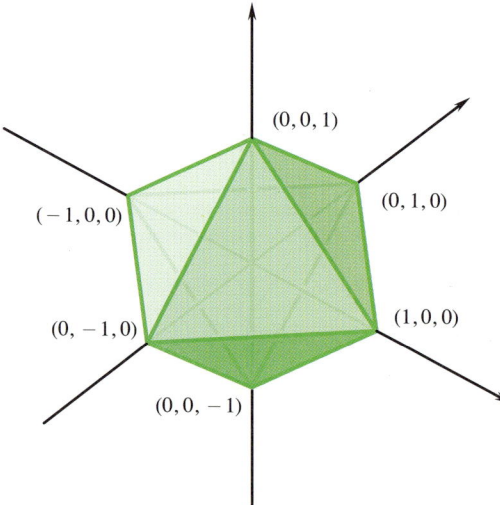

8.15 Koordinaten für das Oktaeder.

Damit das Ikosaeder regelmäßig wird, sollte die Länge aller dieser Strecken gleich sein. Diese Bedingung führt zu der algebraischen Gleichung $t^2+t-1=0$; die positive Lösung dieser Gleichung ergibt $t=(-1+\sqrt{5})/2$. Das ist eine wichtige Zahl, die in allen möglichen Zusammenhängen auftaucht, die Konzepte für Wachstum und Form einbeziehen. Man nennt sie den *goldenen Schnitt*, und sie drückt das Verhält-

naten fixiert. Zum Beispiel ist die quadratische Fläche, auf der alle Eckpunkte als erste Koordinate -1 besitzen, durch die vier Ecken $(-1,1,1)$, $(-1,-1,1)$, $(-1,-1,-1)$ und $(-1,1,-1)$ gegeben, und der Mittelpunkt dieses Quadrats ist $(-1,0,0)$. Allgemein gilt, daß die Mittelpunkte der Quadra-

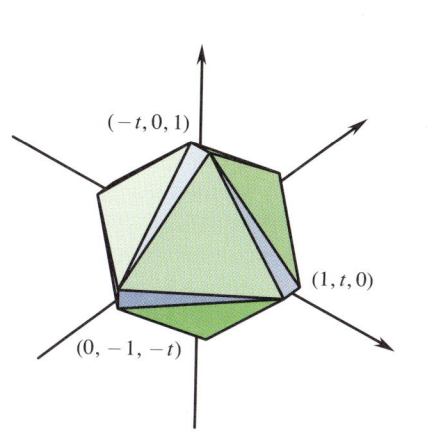

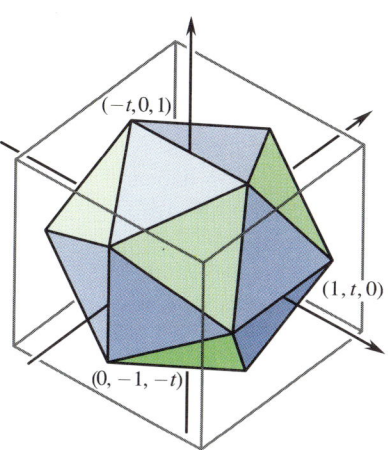

nis einer Seite eines regelmäßigen Fünfecks zu einer seiner Diagonalen aus. Wir sollten nicht überrascht sein, sie in Verbindung mit dem regelmäßigen Ikosaeder anzutreffen, da die Gestalt um jede Ecke dieses Objekts ein regelmäßiges Fünfeck ist.

Um Koordinaten für das regelmäßige Dodekaeder zu erhalten, können wir die Mittelpunkte der Flächen des oben gegebenen Ikosaeders bestimmen, aber die Koordinaten lassen sich einfacher gewinnen, indem wir eine andere Beziehung mit dem Würfel ausnützen. Wir beginnen mit einer einzelnen Diagonale einer Fünfecksfläche des Dodekaeders, wählen dann Diagonalen in den benachbarten Flächen, so daß die drei Diagonalen, die sich an einem Eckpunkt treffen, wechselseitig senkrecht aufeinander stehen und sämtlich gleiche Länge besitzen. Wenn wir diesen Vorgang wiederholen, erhalten wir zwölf Diagonalen, die sich zu den Kanten eines dem Dodekaeder einbeschriebenen Würfels zusammenfügen, wobei eine Kante auf jeweils einer der zwölf Flächen des Dodekaeders liegt. Beginnen wir mit anderen Diagonalen unseres Ausgangsfünfecks, so erhalten wir fünf verschiedene Würfel; in dieser Menge von Würfeln wird jede der 60 Diagonalen des Dodekaeders genau einmal benützt. Wenn

8.16 Mit wachsenden Werten für t öffnet sich das Oktaeder ($t = 0,1$) durch Einfügen gleichschenkliger Dreiecke entlang seiner Kanten. Bei dem Wert ($t \approx 0,618$) sind die Dreiecke sämtlich gleichseitig und besitzen die Koordinaten des regelmäßigen Ikosaeders.

8.17 Das Muster der Samen in der Blüte einer Sonnenblume scheint ein System aus Spiralen zu bilden, das allgemeinen Regeln des Wachstums und der Form gehorcht. Mit dem Uhrzeigersinn laufen 55 Spiralen und gegen den Uhrzeigersinn 34. Das Verhältnis dieser Zahlen ist eine gute Näherung für das Verhältnis zwischen einer Seite eines Fünfecks und einer seiner Diagonalen — der goldene Schnitt.

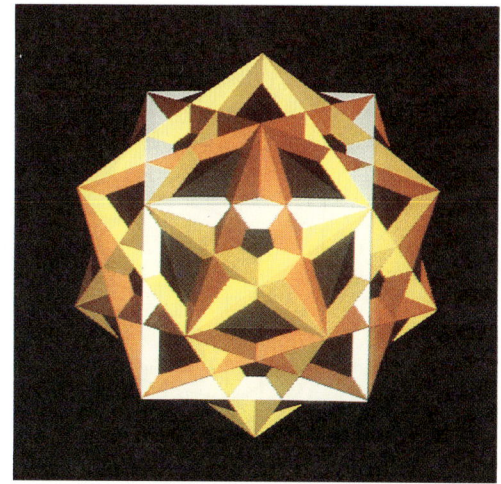

8.18 Ein regelmäßiges Dodekaeder enthält fünf Würfel entlang der Diagonalen seiner Flächen.

wir die acht Ecken des ersten Würfels kennen, können wir anhand der Symmetrie dieser Figur die Koordinaten für die anderen zwölf Eckpunkte des Dodekaeders finden. Angenommen, die Eckpunkte des Würfels sind $(\pm 1, \pm 1, \pm 1)$, dann haben die übrigen Dodekaederpunkte die Form $(\pm t, 0, \pm 1/t)$, $(0, \pm 1/t, \pm t)$ und $(\pm 1/t, \pm t, 0)$, wobei t die gleiche Zahl wie in den Koordinaten des Ikosaeders ist.

Koordinaten für regelmäßige Polytope

Während wir die Koordinaten für regelmäßige Polyeder bestimmt haben, sind nebenbei die Koordinaten für jedes der drei regelmäßigen Polytope im n-dimensionalen Raum abgefallen, nämlich für den n-Simplex, den n-Kubus und das Duale des n-Kubus. Für die Dimensionen über $n = 4$ sind dies die einzig möglichen regelmäßigen Figuren, aber im vierdimensionalen Raum gibt es drei weitere regelmäßige Polytope mit 24, 120 und 600 Zellen. Um zu beweisen, daß diese Polytope wirklich existieren, können wir die Koordinaten ihrer Eckpunkte angeben.

Die selbstduale 24-Zelle aus oktaedrischen Flächen läßt sich am einfachsten mit Koordinaten beschreiben, wenn man einen ähnlichen Weg wählt wie bei der Bestimmung des Dualen. Statt von den Mittelpunkten der höchstdimensionalen Flächen auszugehen, können wir den Mittelpunkt auf den Kanten oder Flächen wählen. Dieses Verfahren wird immer eine Form mit einem hohen Grad an Symmetrie ergeben, aber gewöhnlich entstehen dabei Zellen unterschiedlicher Gestalt. Beispielsweise ergeben die zwölf Mittelpunkte der Kanten beim dreidimensionalen Würfel die Eckpunkte eines Kuboktaeders mit acht Dreiecksflächen und sechs quadratischen Flächen. Überraschenderweise stellt sich heraus, daß die Mittelpunkte der 24 Quadrate eines Hyperkubus die Eckpunkte eines regelmäßigen Polytops im vierdimensionalen Raum sind — sie definieren die selbstduale 24-Zelle. Wenn die Koordinaten der Eckpunkte eines Hyperkubus alle entweder $+1$ oder -1 sind, wird ein Quadrat dieses Hyperkubus durch die vier Eckpunkte festgelegt, indem je zwei Koordinaten festgehalten werden und die beiden anderen entweder $+1$ oder -1 sind. Beispielsweise hat ein solches

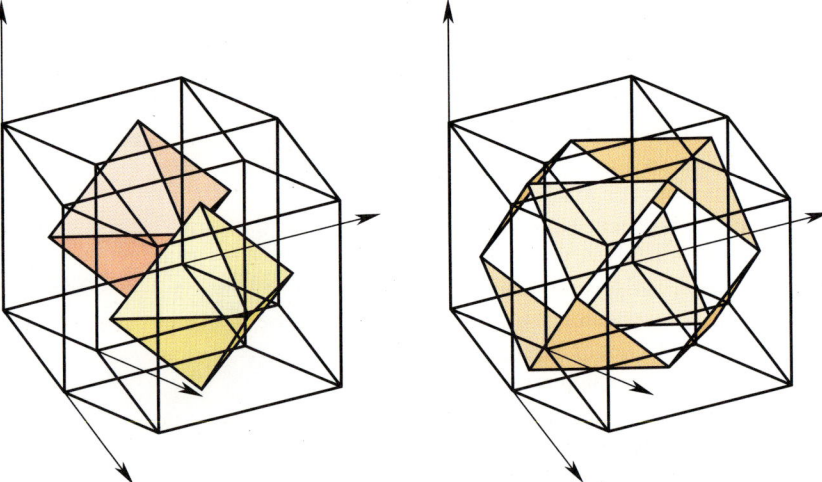

8.19 Die Schnitte durch die zentrierte 24-Zelle mit letzter Koordinate +1 oder −1 sind Oktaeder, während der Schnitt mit letzter Koordinate Null zwölf Eckpunkte enthält, die die Ecken eines Kuboktaeders bilden.

Quadrat die Eckpunkte $(\pm 1, \pm 1, 1, 1)$, und sein Mittelpunkt wird $(0, 0, 1, 1)$ sein. Die Koordinaten der Mittelpunkte sämtlicher Quadrate des Hyperkubus können in sechs Gruppen aufgeführt werden:

$(\pm 1, \pm 1, 0, 0)$, $(\pm 1, 0, \pm 1, 0)$, $(\pm 1, 0, 0, \pm 1)$, $(0, 0, \pm 1, \pm 1)$, $(0, \pm 1, 0, \pm 1)$ und $(0, \pm 1, \pm 1, 0)$.

Wir erhalten acht von den Oktaedern der 24-Zelle, indem wir eine Koordinate als $+1$ oder -1 festhalten, zum Beispiel

$(\pm 1, 0, 0, 1)$, $(0, \pm 1, 0, 1)$ und $(0, 0, \pm 1, 1)$.

Die übrigen 16 Oktaeder erhält man, indem man einen Eckpunkt des Hyperkubus auswählt und zwei seiner Koordinaten auf sechs Arten durch Null ersetzt; so ergibt $(1, -1, -1, 1)$ die Eckpunkte

$(1, -1, 0, 0)$, $(1, 0, -1, 0)$, $(1, 0, 0, 1)$, $(0, 0, 1, 1)$, $(0, -1, 0, 1)$ und $(0, -1, -1, 0)$.

Anhand ihrer Symmetrien lassen sich Koordinaten für alle 600 Eckpunkte der 120-Zelle und alle 120 Eckpunkte der 600-Zelle auswählen. Wir können einen Graphikcomputer so programmieren, daß er das Bild jedes dieser Polytope in der Ebene darstellt, oder wir machen uns die Animationsfähigkeiten der Maschine zunutze, um durch geeignete Bewegungen des Bildes eine dreidimensionale Veranschaulichung zu erreichen. Es erfordert einige Kunstfertigkeit, die Koordinaten so geschickt zu wählen, daß möglichst viel Information im Bild dargestellt wird. Einige grundlegende mathematische Prinzipien dieser Kunst hat H. S. M. Coxeter, einer der Pioniere bei der Beschreibung der Polyeder und Polytope, in seinen Büchern dargelegt. Seine erste Veröffentlichung dazu schrieb er 1923 im Alter von 16 Jahren.

Komplexe Zahlen als zweidimensionale Zahlen

Als Koordinaten haben wir bis jetzt Paare, Tripel und n-Tupel reeller Zahlen betrachtet, um Punkte anhand von Abständen auf eindimensionalen reellen Zahlengeraden zu definieren. Für sehr viele Probleme in Algebra und Geometrie sind die reellen Zahlen auch völlig ausreichend, aber für einige einfache Gleichungen gibt es keine Lösung innerhalb dieses Zahlenkörpers. Zum Beispiel ist es unmöglich, eine reelle Zahl zu finden, die die Gleichung $x^2 = -1$ löst, denn das Quadrat einer reellen Zahl kann nicht negativ sein. Um allgemeinere Zahlen zu konstruieren, mit denen sich diese Gleichung lösen läßt, führten die Mathematiker eine neue imaginäre Zahl ein, die sie mit dem Symbol i bezeichneten und die so definiert ist, daß $i^2 = -1$ ergibt. Um weiterhin Zahlen addieren und mit reellen Zahlen multiplizieren zu können, mußte das neue System Zahlen der Form $x + iy$ mit reellem x und y enthalten. Diese Zahlen wurden *komplexe Zahlen* genannt.

Jede komplexe Zahl $x + iy$ entspricht einem Zahlenpaar (x, y), so daß wir von einer komplexen Zahlenebene als zweidimensionaler Menge sprechen können. Die beiden Koordinaten des Paares (x, y) entsprechen dann dem Real- und Imaginärteil der komplexen Zahl. Wir wissen bereits, wie wir Zahlenpaare addieren und mit reellen Faktoren multiplizieren, und dies führt uns auf die Regeln für die Addition und die (skalare) Multiplikation komplexer Zahlen. Die Summe aus $x + iy$ und $u + iv$ ist definiert als $(x + u) + i(y + v)$, und das Produkt von $x + iy$ mit einer reellen Zahl c beträgt $cx + i(cy)$.

Aber es ist auch möglich, eine Multiplikation einer komplexen Zahl mit einer anderen zu definieren, wobei das Produkt aus zwei komplexen Zahlen durch

$$(x+iy)(u+iv)$$

$$= (xu + iyu + ixv + i^2yv)$$

$$= (xu - yv) + i(yu + xv)$$

gegeben ist. Dabei ist das Produkt zweier komplexer Zahlen wieder ein Ausdruck der gleichen Form. Für jedes $x + iy$ ungleich Null gibt es eine komplexe Zahl $u + iv$ mit $(x+iy)(u+iv) = 1$, dergestalt, daß $u + iv = x/(x^2 + y^2) - iy/(x^2 + y^2)$. Wie diese Beispiele zeigen, teilen die komplexen Zahlen sehr viele Eigenschaften mit den reellen Zahlen. In gewisser Weise können wir sagen, daß die komplexen Zahlen im wesentlichen eine Menge von Zahlenpaaren sind, die mit der gewöhnlichen Regel für die Addition und einer ungewöhnlichen Regel für die Multiplikation versehen werden: $(x, y) \times (u, v) = (xu - yv, yu + xv)$. Diese Regel wird dadurch gerechtfertigt, daß sehr viele der wünschenswerten algebraischen Eigenschaften reeller Zahlen weiterhin gel-

ten. Da zum Beispiel $(x, y) \times (1, 0) = (x, y)$ gilt, ist $(1, 0)$ — bei den reellen Zahlen — ein Einselement der Multiplikation. Jedoch haben wir bei den komplexen Zahlen auch ein Element $(0, 1)$, für das $(0, 1) \times (0, 1) = (-1, 0)$ ergibt. Das Quadrat dieses Elements ist also das Negative des Einselements — und dies gehört zu den Schlüsseleigenschaften der komplexen Zahlen. Die entscheidende Bedeutung dieser Konstruktion liegt darin, daß die algebraischen Eigenschaften der komplexen Zahlen mit den geometrischen Eigenschaften der Ebene in Beziehung gesetzt werden. Das Wechselspiel zwischen Algebra und Geometrie ist für die reiche Struktur des komplexen Zahlenkörpers und für seine überraschend vielfältigen Anwendungen in Wissenschaft und Technik verantwortlich.

Ein sehr effizientes Grundelement der analytischen Geometrie ist die Darstellung von Funktionen einer reellen Veränderlichen in einem zweidimensionalen Koordinatensystem. So kann die Gleichung $u = x^2$ in der Ebene durch das Zeichnen sämtlicher Paare

8.20 Koordinaten in der komplexen Zahlenebene.

8.21 Der Graph der reellen Parabel im reellen zweidimensionalen Koordinatensystem.

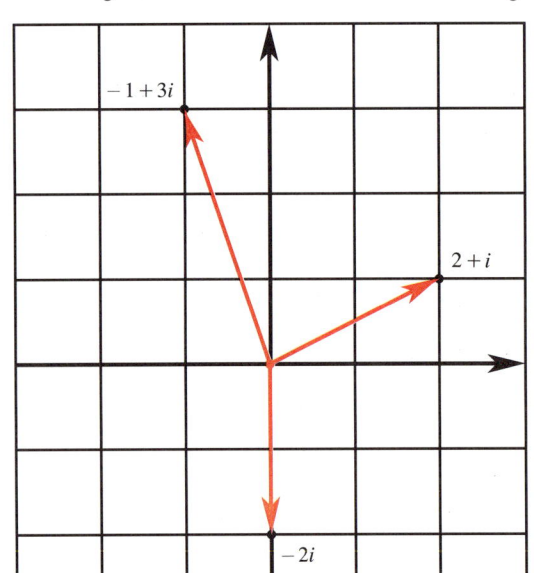

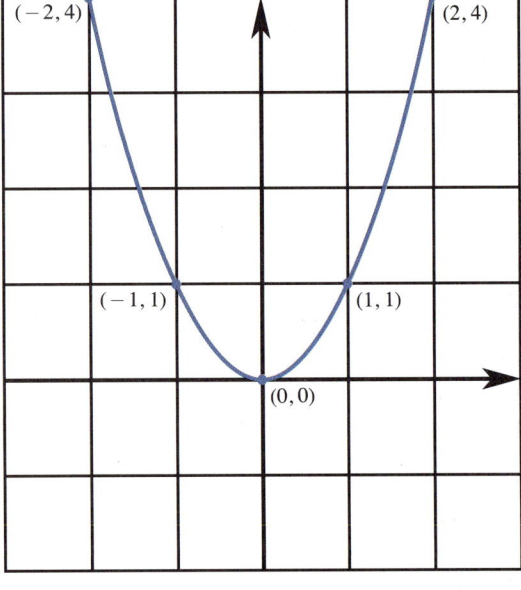

(x, x^2) dargestellt werden, wobei sich als Graph eine Parabel ergibt, die symmetrisch zur senkrechten Achse durch den Ursprung verläuft. Diese Kurve zeigt unmittelbar die Symmetrie der Funktion und die Lage des Minimums.

Was geschieht aber mit komplexen Funktionen einer komplexen Zahl? Wir können immer noch von der Gleichung $w = z^2$ reden, wobei z und w komplexe Zahlen sind. Wir können die Funktion algebraisch untersuchen, aber wie können wir sie zeichnen? Ein Dimensionsproblem schließt einen einfachen Graphen in der Papierebene aus. Eine einzige komplexe Zahl erfordert bereits zwei reelle Zahlen für ihren Real- und Imaginärteil, so daß wir zwei reelle Koordinaten für z und zwei weitere für w erhalten. Der vollständige Graph beansprucht also vier reelle Dimensionen, zwei für den Definitionsbereich und zwei für den Wertebereich; das ergibt eine zweidimensionale Fläche in einem vierdimensionalen Raum. Um ein solches Objekt geometrisch zu untersuchen, können wir alle Techniken anwenden, die wir bei Hyperkuben und anderen Körpern im vierdimensionalen Raum herangezogen haben.

Im vorigen Jahrhundert haben Mathematiker Gipsmodelle hergestellt, um dreidimensionale Projektionen der Graphen solcher komplexen Funktionen darzustellen, aber es war häufig schwierig, sich klarzumachen, wie diese verschiedenen Ansichten ein und desselben vierdimensionalen Objekts zustande kommen. Dieser Ansatz führte erst viel später, nämlich in unserer Zeit, zum gewünschten Ergebnis, als interaktive Computergraphik die Möglichkeit bot, die Graphen von verschiedenen Seiten zu betrachten. Viele moderne Graphiksysteme können eine ausgefüllte Fläche im vierdimensionalen Raum beinahe so schnell wie im dreidimensionalen drehen, so daß wir anhand der Bilder eines komplexen Funktionsgraphen verfolgen können, was geschieht, wenn wir sie im Vierdimensionalen drehen und in den unseren Sehgewohnheiten entsprechenden Raum projizieren.

An einem einfachen Beispiel soll demonstriert werden, wie der Computer die Gleichungen komplexer Funktionen behandelt. Wir haben bereits die Parabel in der Ebene diskutiert, die den Graphen der reellen Gleichung $u = x^2$ darstellt. Für komplexe Zahlen kann die Beziehung $w = z^2$ mit $z = x + iy$ und $w = u + iv$ mit reellen Koordinaten x, y, u und v ausgedrückt werden. Die üblichen algebraischen Regeln ergeben

$$z^2 = (x + iy)^2 = x^2 + 2ixy + (iy)^2$$

$$= x^2 - y^2 + i(2xy) = u + iv$$

Daher ist $u = x^2 - y^2$ und $v = 2xy$. Das vierdimensionale Analogon des Graphen der Parabel in der Ebene ist die Menge der Punkte der Form (z, z^2), nur daß jetzt jede dieser Koordinaten durch zwei reelle Zahlen festgelegt wird, was insgesamt vier reelle Koordinaten ergibt. Wir können die Real- und Imaginärteile von z und z^2 in einem Viertupel $(x, y, x^2 - y^2, 2xy)$ auflisten, so daß die Menge dieser Viertupel im vierdimensionalen Raum den Graphen der komplexen Quadratfunktion ergibt.

Für jeden gegebenen Punkt der (x, y)-Ebene können wir zwei andere Koordinaten bestimmen und die Punkte zeichnen. Wie früher können wir diese vierdimensionale Punktmenge effizient darstelllen, indem wir sie in die Ebene oder in den dreidimensionalen Raum projizieren. Die gleichen Mittel, mit denen wir einen Film von einem rotierenden Hyperkubus erzeugen können, ermöglichen es auch, den Graphen einer komplexen quadratischen Funktion aus dem vierdimensionalen Raum zu projizieren.

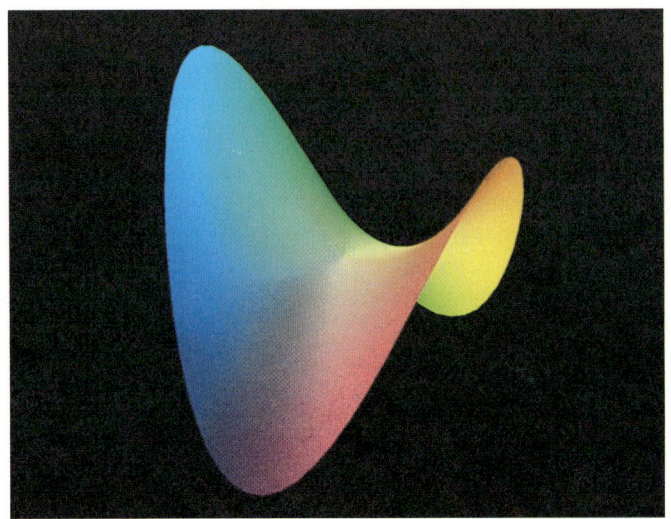
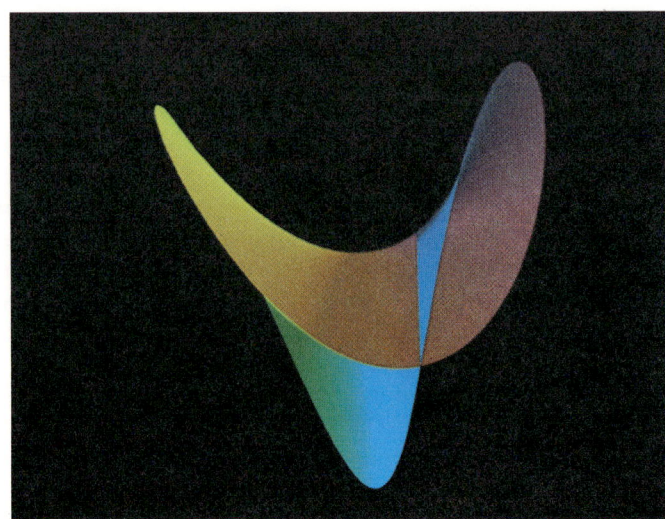

8.22 Der Graph des Realteiles der komplexen Parabel in einer dreidimensionalen Projektion (a) und der Graph des Imaginärteiles der Quadratwurzelfunktion (b).

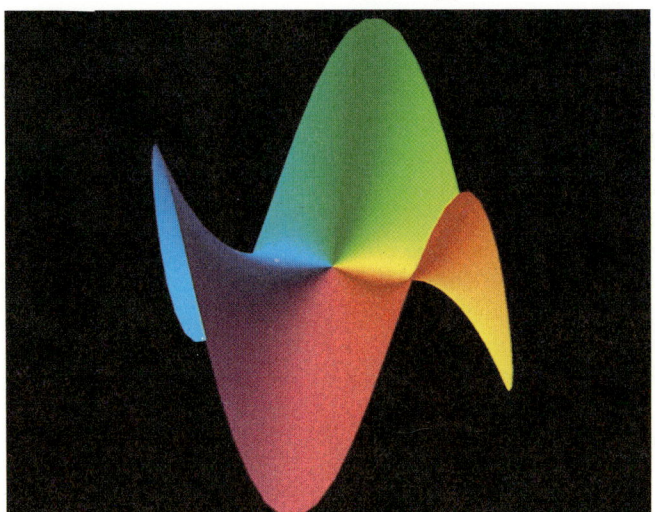
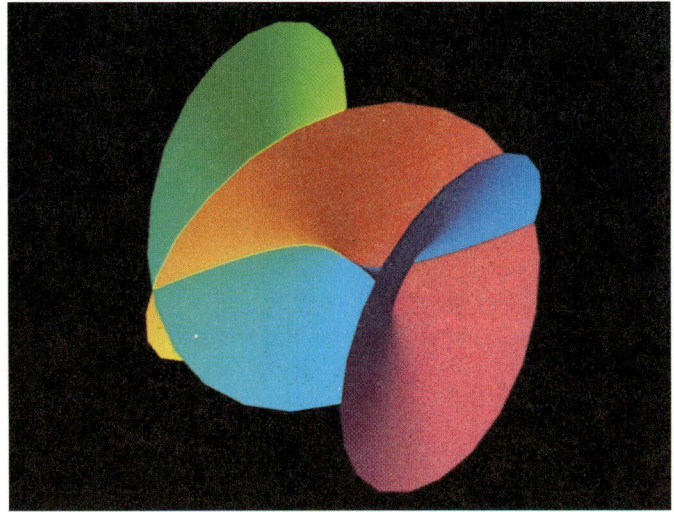

8.23 Der Graph des Realteiles der Kubikwurzelfunktion ($w = z^3$) in der dreidimensionalen Projektion (a) und der Graph des Imaginärteiles (b).

Die dreidimensionale Projektion für die ersten drei Koordinaten ergibt $(x, y, x^2 - y^2)$, den Graphen einer reellen Funktion zweier Veränderlicher — ein hyperbolisches Paraboloid. Als Projektion in die Hyperebene, die durch die erste, zweite und vierte Koordinate festgelegt ist, wird durch $(x, y, 2xy)$ ein gedrehtes Paraboloid erzeugt.

Es ergeben sich interessantere Bilder, wenn wir auf die Hyperebene der letzten drei Koordinaten projizieren. Wir erhalten den Graphen von $(y, x^2-y^2, 2xy)$, der als Imaginärteil der Quadratwurzelrelation bekannt ist. Das Bild sieht ganz anders aus als beim hyperbolischen Paraboloid – im Ursprung entsteht ein singulärer Punkt. Die Figur durchdringt sich selbst entlang eines Strahles von Doppelpunkten auf einer Koordinatenachse, der im sogenannten „Pinchpoint" im Ursprung endet. Die Darstellung dieser Figur bringt bereits höchste Anforderungen an einen Graphikcomputer mit sich, führt aber auch zu besonders interessanten Bildern im vierdimensionalen Raum.

Vierdimensionale Zahlen: Die Quaternionen

Als die komplexen Zahlen eingeführt wurden, stießen sie bei vielen zunächst auf Skepsis. Welche Bedeutung sollten dabei die Zahlen im Imaginärteil haben? Aber es dauerte nicht lange, bis Mathematiker und Wissenschaftler anderer Fachdisziplinen einen ungeheuer breiten Anwendungsbereich für diese Zahlen entdeckten. Die komplexen Zahlen stellten sich als genau das Richtige heraus, um Strömungsmuster in der Hydrodynamik und Ladungsflüsse in der Elektrodynamik beschreiben zu können.

Vor hundert Jahren erfand Sir William Hamilton einen Zahlenkörper von noch höherer Dimension, eine Menge von vierdimensionalen Zahlen, die als *Quaternionen* bezeichnet werden. Die Addition der Quaternionen ist genauso definiert, wie die Addition der Punkte im vierdimensionalen Raum, aber das Multiplikationsgesetz ist eine komplizierte Mischung aus verschiedenen Formeln, die aus der Vektorrechnung stammen. Genauer definieren wir $(a,b,c,d) \times (x,y,u,v) = (ax-by-cu-dv, ay+bx+$

$cv-du, au-bv+cx+dy, av+bu-cy+du)$. Wie im Falle der komplexen Zahlen gibt es ein Einselement $(1,0,0,0)$, und für jedes Quaternion (a,b,c,d) ungleich Null existiert ein Quaternion (x,y,u,v) mit der Eigenschaft, daß $(a,b,c,d) \times (x,y,u,v) = (1,0,0,0)$ ergibt.

Würden aber solche Zahlen je praktische Bedeutung haben? Tatsächlich sind dies genau die Zahlen, die zur Beschreibung der Bahnkurven des bewegten Doppelpendels gebraucht werden. Und in den letzten Jahren hat man in den Quaternionen ein effizientes Mittel gefunden, um einem Graphikcomputer Informationen über rotierende Figuren einzugeben. So können einige der abstraktesten algebraischen Konstruktionen im vierdimensionalen Raum geometrisch sichtbar gemacht werden.

Koordinaten für Kreise und Sphären

Bislang haben wir noch keine trigonometrischen Ausdrücke zur Beschreibung geometrischer Objekte herangezogen, aber diese Formeln sind überaus nützlich, wenn man Punkte auf Kreisen, Sphären und Hypersphären kennzeichnen will. Ein Einheitskreis in der Ebene ist die Menge der Punkte (x,y), die zum Ursprung den Abstand Eins besitzen. Diese Bedingung kann mit dem Satz des Pythagoras als algebraische Aussage ausgedrückt werden: $x^2+y^2=1$.

Ähnlich wird im dreidimensionalen Raum die Einheitssphäre als Menge aller Punkte mit Einheitsabstand zum Ursprung definiert, so daß in Koordinatenschreibweise die Einheitssphäre die Menge der Punkte (x,y,u) mit $x^2+y^2+u^2=1$ ist. Die Einheitshypersphäre im vierdimensionalen Raum wird analog durch die Menge der Punkte (x,y,u,v) mit $x^2+y^2+u^2+v^2=1$ dargestellt.

8.24 Verdrillte Bänder fügen sich zu einem Graphen zusammen, der die Bahnkurven eines Systems von Pendeln in bezug auf die vierdimensionale Hypersphäre beschreibt.

Um die Koordinaten des Einheitskreises zu bestimmen, erfanden die Mathematiker zwei Funktionen, den Sinus und den Cosinus. Dies Funktionen beschreiben den Ort, den ein Punkt beim Durchlaufen des Kreises, beginnend bei $(1, 0)$ gegen den Uhrzeigersinn, nach einer bestimmten Bogenlänge erreicht hat. Beträgt diese Länge t, so sind die Koordinaten des Punktes auf dem Einheitskreis durch $(\cos(t), \sin(t))$ gegeben.

Aus den Koordinaten für den Kreis können wir geographische Koordinaten für die Punkte auf der Einheitssphäre im Raum erhalten. Genauer sind für einen Punkt mit der Länge t und der Breite s die Koordinaten $(\cos(t)\cos(s), \sin(t)\cos(s), \sin(s))$. Man kann nachrechnen, daß die Summe der Quadrate dieser Koordinaten Eins er-

gibt – entsprechend der Eigenschaft, durch die die Einheitssphäre definiert wird.

Ähnlich können wir die Punkte auf der Einheitshypersphäre erhalten, indem wir drei Winkelkoordinaten t, s, r benutzen und als $(\cos(t)\cos(s)\cos(r), \sin(t)\cos(s)\cos(r), \sin(s)\cos(r), \sin(r))$ definieren. Eine andere Darstellung mit den Winkelkoordinaten t, s, r ist noch symmetrischer, nämlich $(\cos(t)\cos(s), \sin(t)\cos(s), \cos(r)\sin(s), \sin(r)\sin(s))$. In jedem Fall können wir zeigen, daß die Summe der Quadrate der Koordinaten Eins ergibt – was nur bestätigt, daß die Punkte auf der Einheitshypersphäre liegen. In der zweiten Darstellung erhalten wir für eine feste Wahl der Variablen s einen Kreis aus Kreisen. Wählen wir s gleich 45 Grad, so erhalten wir den Clifford-Torus aus der einfachen Formel $(1/\sqrt{2}) \times (\cos(t), \sin(t), \cos(r), \sin(r))$. Auf diese Weise definieren wir eine Menge von Torusflächen auf der Hypersphäre, die genau die Flächen darstellen, die wir bereits im Zusammenhang mit stereographischen Projektionen und den Orbits dynamischer Systeme kennengelernt haben. Die Orbits eines synchronisierten Doppelpendels sind durch $(\cos(t)\cos(s), \sin(t)\cos(s), \cos(t+c)\sin(s), \sin(t+c)\sin(s))$ für eine beliebige, aber feste Wahl von s und c gegeben. Ein Graphikcomputer kann aus solchen einfachen Gleichungen einen bemerkenswerten Formenreichtum an Bildern erzeugen.

9. Nichteuklidische Geometrien und nichtorientierbare Flächen

In der Mitte des 19. Jahrhunderts wurde den Mathematikern zum ersten Mal bewußt, daß es verschiedene Arten von Geometrien gibt, die nicht den Euklidischen Regeln für die ebene und räumliche Geometrie gehorchen. Vom Standpunkt eines Realismus in der Geometrie wirkte bereits die Überlegung, daß Geometrien höherer Dimensionen existieren könnten, abwegig, aber der Vorschlag, unterschiedliche Arten zweidimensionaler Geometrien in Erwägung zu ziehen, schien indiskutabel. Es war natürlich bekannt, daß sich die Geometrie auf gekrümmten Oberflächen wie der Sphäre grundsätzlich von der Geometrie der Ebene unterscheidet. Aber würde die Geometrie auf einem Teil einer Kugeloberfläche eine zweidimensionale Geometrie ausbilden, wie einige Mathematiker nun behaupteten? Welche Bedeutung sollten verschiedene Arten von Geometrien haben? Um ihre Ideen zu erklären, griffen die Verfechter der neuen Theorien auf die bewährten Analogien zurück. Sie verlangten von ihren Zuhörern, sich in ein zweidimensionales Wesen einzufühlen, das darauf beschränkt ist, sich auf einer gekrümmten Fläche zu bewegen. Denn in allen Stadien der kontroversen Debatten um die neuen Geometrien spielte es eine wichtige Rolle, die Dimensionen auf anschauliche Weise zu verdeutlichen.

Die Axiome der ebenen Euklidischen Geometrie

Über mehr als zweitausend Jahre hinweg glaubte man, daß es nur eine mögliche Geometrie gibt, und man nahm an, daß diese Geometrie die Realität beschreibt. Es ge- hört zu den größten Errungenschaften der Griechen, ein Regelsystem für die ebene Geometrie aufgestellt zu haben. Dieses System beruhte auf einigen undefinierten Begriffen wie Punkt und Gerade und fünf Axiomen, aus denen alle anderen Eigenschaften formal anhand logischer Schlüsse abgeleitet werden konnten. Vier Axiome wurden als selbstverständlich angesehen, so daß es undenkbar schien, irgendein System als Geometrie klassifizieren zu können, ohne sie zu erfüllen.

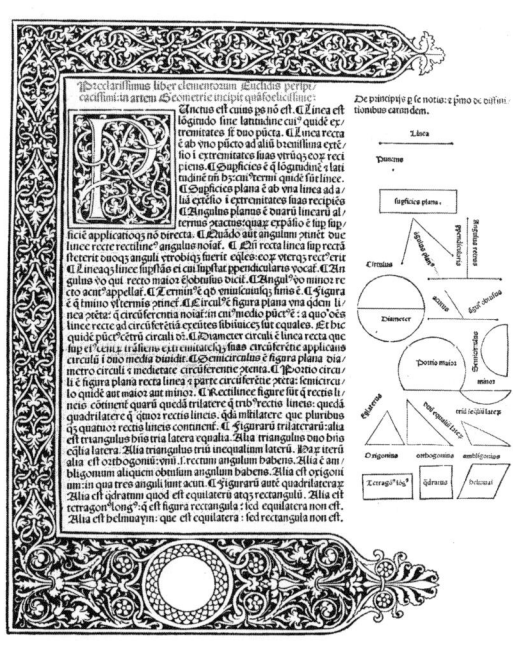

9.2 Die erste Textseite der *Elemente* von Euklid in der ersten gedruckten Ausgabe von 1482.

9.1 Diese sich selbst durchdringende Flasche aus Glas vermittelt einen dreidimensionalen Eindruck von einer wichtigen nichtorientierbaren Fläche, die unter dem Namen Kleinsche Flasche bekannt ist.

1. Zwischen zwei beliebigen Punkten kann genau eine Gerade gezeichnet werden.
2. Eine begrenzte Strecke kann ins Unendliche fortgesetzt werden.
3. Um jeden beliebigen Punkt kann ein Kreis mit beliebigem Radius geschlagen werden.
4. Alle rechten Winkel sind gleich.

Doch das fünfte Axiom war eine Aussage ganz anderer Art:

5. Wenn zwei Geraden in der Ebene von einer weiteren Geraden geschnitten werden und die Summe der Innenwinkel auf der einen Seite weniger als zwei rechte Winkel beträgt, schneiden sich die beiden Geraden, wenn sie genügend weit fortgesetzt werden, auf der Seite, auf der die Winkelsumme geringer als zwei rechte Winkel ist.

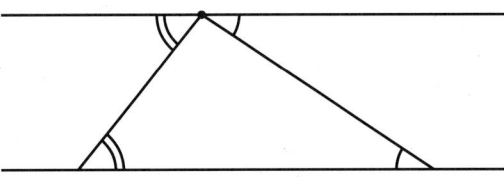

Da dieses Axiom sehr viel komplizierter als die vorigen war, wirkte es eher wie ein Lehrsatz und weniger wie eine offensichtliche Grundaussage, die ohne Beweis als wahr angenommen werden kann. Da alle Versuche fehlgeschlagen waren, dieses Axiom aus den ersten vier Axiomen abzuleiten, fügte Euklid es einfach hinzu, da er wußte, daß er es brauchen würde — zum Beispiel, um einen der bekanntesten Sätze seiner Geometrie zu beweisen: Die Summe der Winkel eines Dreiecks beträgt 180 Grad. Mathematiker fanden alternative Ausdrücke für das fünfte Axiom, die einfacher zu formulieren waren, wie:

5. Zu jedem beliebigen Punkt, der nicht auf einer gegebenen Geraden liegt, gibt es genau eine Gerade durch diesen Punkt, die die gegebene Gerade nicht schneidet.

In dieser Form wurde das fünfte Axiom als *Parallelenaxiom* bekannt. Diese Formulierung war zwar leichter zu verstehen als die ursprüngliche Euklidsche, aber sie ließ sich genausowenig aus den früheren Axiomen herleiten. Die Versuche, das fünfte Axiom zu beweisen, blieben bis ins 19. Jahrhundert hinein eine große Herausforderung — bis das Gegenteil gezeigt wurde: Das fünfte Axiom kann nicht aus den ersten vier Axiomen abgeleitet werden.

Der große Vorteil, die Geometrie als ein axiomatisches System aufzufassen, bestand darin, daß man nicht länger mit langen Listen unabhängiger Tatsachen über die Natur des Universums arbeiten mußte — es genügte, eine kleine Anzahl von Axiomen zu kennen, um darauf die Schlußregeln anzuwenden und so die ganze Fülle der geometrischen Wahrheiten zu rekonstruieren.

Die Griechen haben mit der Formulierung ihrer Geometrie zweifellos eine reale Welt beschreiben wollen, wobei die Realität dieser Welt als Realität abstrakter Ideen „im Geist Gottes" zu verstehen ist. Auch heute glauben viele Mathematiker, daß die vollständige Struktur der Mathematik etwas ideell in sich selbst Existierendes ist, das nach und nach von Menschen entdeckt wird, die den Geheimnissen dieser Welt nachspüren. Auch wenn die Mathematiker der Antike, die solche Axiomensysteme entwarfen, Punkt und Gerade als undefinierbare Begriffe heranzogen, hatten sie mit Sicherheit eine klare Vorstellung davon, was darunter zu verstehen sei; und sie gingen davon aus, daß das von ihnen entwickelte System, wenn es immer weiter ausgearbeitet würde, eine zunehmend ge-

9.3 Zum Beweis, daß die Winkelsumme im Dreieck 180 Grad beträgt, wird hier das Parallelenaxiom herangezogen. Wenn wir durch einen Eckpunkt eines Dreiecks eine Gerade ziehen können, die die Gerade durch die diesem Punkt gegenüberliegende Seite nicht schneidet, so können wir anhand der Wechselwinkel an Parallelen beweisen, daß die Summe der Innenwinkel 180 Grad ergibt.

naue Beschreibung der empirischen Welt sein würde.

Anders als bei der Geometrie war die Weiterentwicklung der Algebra im 19. Jahrhundert nicht so klar vorgezeichnet. Hier war man sehr viel eher bereit, Veränderungen der Standpunkte zu akzeptieren, als im Bereich der traditionsbeladenen Geometrie.

Nichtkommutative Algebra

Für die kritischen Rationalisten und insbesondere für die Anhänger der Philosophie Immanuel Kants liegt das Wesentliche der Geometrie darin, die Erfahrungswelt beschreiben zu können. Die Annahme, daß irgendein System von Aussagen als Geometrie gelten könnte, erschien als eine Bedrohung, auch wenn die Kantianer für die Algebra einräumten, daß viele Formeln nicht mehr empirische Zusammenhänge beschreiben. Nur die bekanntesten algebraischen Beziehungen beruhen auf konkreten Problemstellungen aus der Geometrie, der Ökonomie oder der Physik: Parabeln waren als Kegelschnitte und Flugbahnen von Projektilen bekannt und ließen sich als Kurven leicht mit den Techniken der analytischen Geometrie zeichnen. Für Volumina ergaben sich kubische Gleichungen, die sich geometrisch ebenfalls leicht darstellen und analysieren ließen. Rein mathematisch war es nicht sehr viel schwieriger, die gleichen Techniken für Polynome vierten, fünften oder höheren Grades anzuwenden, und kaum jemand erhob den Einwand, daß dies keine Algebra mehr sei, nur weil sie nicht mehr die übliche geometrische Interpretation zuließ.

9.4 Immanuel Kant war der führende Philosoph der deutschen Aufklärung. Seine philosophischen Überlegungen zur Bedingung der Möglichkeit wahrer Erkenntnis stellten eine Beziehung zwischen Geometrie und Erfahrungswelt her.

Allerdings gab es einige Widerstände, als für die Algebra zum ersten Mal eine nichtkommutative Operation vorgeschlagen wurde. Zunächst hatten die Mathematiker ihre Axiomensysteme für die gewöhnliche Algebra reeller Zahlen formuliert. Dabei enthalten die Regeln für die Addition und die Multiplikation zwei Aussagen für die Reihenfolge beim Summieren oder Multiplizieren reeller Zahlen: Die Reihenfolge darf vertauscht — also kommutiert — werden, ohne daß sich am Ergebnis etwas ändert: $a + b = b + a$; entsprechendes gilt für das Produkt: $a \times b = b \times a$. Später begannen die Mathematiker zu erkennen, daß die Gesetze zur Verknüpfung von Elementen anderer Arten von Systemen den meisten Axiomen der gewöhnlichen Algebra genügten, so daß diese Systeme sich im großen und ganzen

DIMENSIONEN

wie reelle Zahlen verhielten. Ein wichtiges Beispiel ist die Menge der Symmetrien eines Quadrats. Wir können die vier Eckpunkte eines Quadrats durch eine Vierteldrehung gegen den Uhrzeigersinn ineinander überführen. Das Quadrat noch einmal zu drehen, läuft auf eine halbe Drehung hinaus, und ein weiteres Mal ergibt eine Dreivierteldrehung. Es hat keine Bedeutung, in welcher Reihenfolge wir die Drehungen vornehmen. Die Rotationssymmetrien eines Quadrats bilden ein kommutatives System.

gebnis. Wird das Quadrat zuerst an der Diagonalen gespiegelt und dann um 90 Grad gedreht, so entspricht das Ergebnis einer Spiegelung an einer vertikalen Achse. Wird aber zuerst eine Drehung um 90 Grad und dann eine Spiegelung an der Diagonalen ausgeführt, ergibt sich das gleiche Resultat wie bei einer Spiegelung an einer horizontalen Achse. Auch wenn Symmetrieoperationen nicht kommutativ sind, so handelt es sich bei diesen Operationen doch um Algebra – allerdings um eine nichtkommutative Algebra. Diese Algebra erfüllt viele Axiome für Verknüpfungen wie Summe und Produkt, die das gewöhnliche

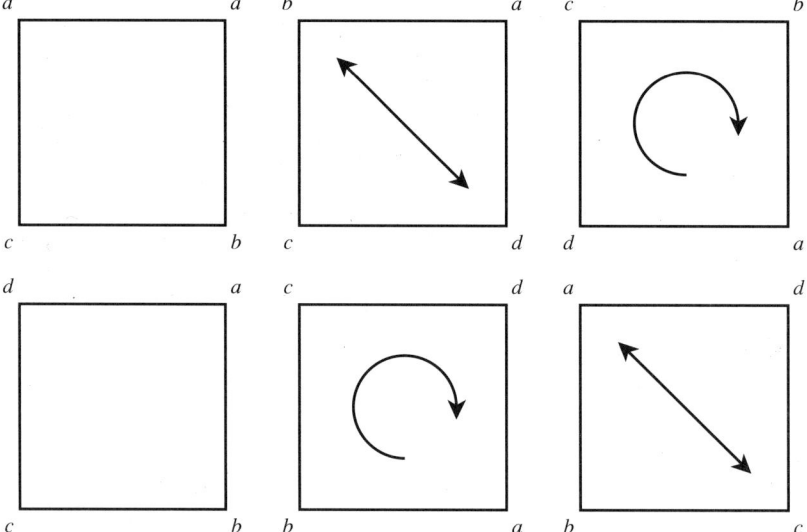

9.5 Bei der Kombination von Spiegelung und Drehung spielt die Reihenfolge eine entscheidende Rolle. Wird das Quadrat zuerst um die Diagonale gespiegelt und dann um 90 Grad gedreht, liegen die Eckpunkte völlig anders als bei der umgekehrten Reihenfolge der Operationen.

Andererseits bilden die Symmetrieoperationen bei einem Quadrat *kein* kommutatives System. Wir können ein Quadrat an einer Diagonalen spiegeln, wobei zwei Eckpunkte festgehalten und die anderen beiden vertauscht werden, oder durch Spiegelung an einer horizontalen oder vertikalen Symmetrieachse durch den Mittelpunkt alle vier Eckpunkte transformieren. Wenn wir solche Spiegelungen mit Drehungen verknüpfen, hat die Reihenfolge, in der wir diese Operationen anwenden, Einfluß auf das Er-

Rechnen mit Zahlen kennzeichnen, aber eben nicht alle. Ein weiteres nichtkommutatives System ist die Algebra der Quaternionen, die wir am Ende des vorigen Kapitels erwähnt haben. Angesichts der Tatsache, daß es den Mathematikern relativ leicht fiel, nichtkommutative Algebren zu akzeptieren, mag man sich fragen, warum sie einer andersartigen Geometrie, die allen Axiomen des Euklid mit einer Ausnahme genügte, so heftigen Widerstand entgegensetzten.

182

Eine Schwierigkeit bestand darin, daß viele Mathematiker nicht davon überzeugt waren, daß Euklids Axiome der Geometrie wirklich unabhängig sind. Eine solche Unabhängigkeit war für die Eigenschaft der Algebra, kommutativ zu sein, gegeben, da diese Eigenschaft nicht durch die anderen Axiome bewiesen werden konnte. Hier hatten die Mathematiker bei einer nichtkommutativen Algebra tatsächlich ein in sich stimmiges System vor sich, das allen Eigenschaften bis auf die Kommutativität genügte. Aber im Fall der Nichteuklidischen Geometrie dachten viele, daß es nur eine Frage der Zeit sei, bis jemand die Gültigkeit des fünften Axioms aus den ersten vier ableiten würde. Es war deshalb eine große Überraschung, als genau das Gegenteil passierte — und einige Mathematiker Systeme aufstellten, die wie eine Geometrie die ersten vier Euklidischen Axiome erfüllten, aber nicht dem fünften Axiom genügten. Niemand hatte erwartet, daß es Geometrien geben könnte, in denen ein Dreieck eine größere oder kleinere Winkelsumme als 180 Grad aufweist, und nun tauchten genau solche Geometrien auf.

Die Entwicklung der Nichteuklidischen Geometrie

Als einer der größten Gelehrten nach Newton hat Carl Friedrich Gauß in vielen Bereichen der Mathematik umwälzende Veränderungen eingeführt — in der Zahlentheorie ebenso wie in Algebra und Analysis oder der Geometrie. Schon relativ früh hatte er für die Konstruktion eines regelmäßigen 17-Ecks nur mit den traditionellen Euklidischen Hilfsmitteln, Zirkel und Lineal, ein Verfahren angegeben. Seine bedeutendsten Beiträge zur Geometrie ergaben sich aus der Analyse von Oberflächen, die für das Verständnis Nichteuklidischer Geometrien eine wichtige Rolle gespielt.

Gauß hat als Geometer große Teile Europas kartographiert und als Astronom viele Himmelsphänomene berechnet. Bei der Landvermessung bestimmte er Entfernungen durch Triangulation, indem er einzelne Gebiete in Dreiecksflächen einteilte, die von drei der kürzest möglichen Verbindungen auf der Kugeloberfläche begrenzt wurden — nämlich den Bögen der Großkreise. Bei seinen astronomischen Berechnungen wendete er ebenfalls Dreiecke an, um Entfernungen abzuschätzen, wobei er diesmal als kürzest möglichen Weg den Weg der Lichtstrahlen untersuchte. Gauß verband die Erkenntnisse, die er auf diesen beiden Gebieten ge-

9.6 Carl Friedrich Gauß, einer der größten Mathematiker der Neuzeit, hat umwälzende Neuerungen in die Geometrie eingeführt.

183

wonnen hatte, 1825 und später 1827, als er die intrinsische und die extrinsische Struktur einer Oberfläche beschrieb.

Um die Natur dieser beiden Ansätze zu verdeutlichen, benutzte Gauß eine Analogie zur Dimension: Man stelle sich vor, welche Art von Geometrie Plattwürmer, also zweidimensionale Kreaturen, erfahren, wenn sie auf eine Oberfläche beschränkt sind. Auch wir selbst sind durch die Schwerkraft der Erde meist an die Oberfläche unseres Planeten gebunden, aber als dreidimensionale Wesen können wir zumindest gelegentlich die Beschränkung überwinden, etwa wenn wir Hindernisse überspringen oder untertunneln. Der Plattwurm dagegen ist unfähig, sich aus einer Fläche heraus nach oben oder unten zu bewegen, und bleibt damit auf seine zweidimensionale Existenz beschränkt. Wie würde ein intelligenter Plattwurm die Geometrie seiner Welt beschreiben? Wenn die Fläche eben wäre, so wie Plattland, würden die Bewohner die gewöhnliche ebene Geometrie entwickeln, und innerhalb dieser Geometrie würden sie entdecken, daß die Winkelsumme bei jedem Dreieck 180 Grad beträgt. Wie aber sähen die Dinge aus, wenn sie auf einer sehr großen Sphäre leben würden, die derart groß ist, daß sie die Krümmung nicht bemerken, wenn sie sich darauf bewegen? Solange sie ein kleines Dreieck ausmessen würden, läge die Winkelsumme sehr nahe an 180 Grad, aber für große Dreiecke könnten die Resultate ganz anders aussehen. Die vom Plattwurm entdeckte Geometrie wäre die *intrinsische* Geometrie einer Oberfläche; diese Geometrie hängt nur von den Maßen innerhalb der Fläche ab.

Die *extrinsische* Geometrie auf einer Oberfläche hängt davon ab, wie die Fläche im umgebenden Raum liegt; diese Geometrie sehen wir, wenn wir auf die Welt des Plattwurmes herabblicken. Zum Teil durch seine astronomischen Arbeiten bedingt, bezog Gauß die Geometrie der Oberfläche auf die Richtungen des Himmelsglobus. Durch jeden Punkt einer glatten Oberfläche läßt sich eine Ebene finden, die die Fläche in diesem Punkt am besten annähert – die Tangentialebene. Zu jedem Punkt auf der Oberfläche fand Gauß einen entsprechenden Punkt auf der Einheitssphäre, so daß die Tangentialebenen der beiden Punkte zueinander parallel waren. Durch dieses Hilfsmittel definierte Gauß eine sphärische Abbildung einer Oberfläche als wirksames Instrument, um die Krümmung einer Fläche im Raum zu untersuchen.

Zu den überraschendsten und aussagekräftigsten Sätzen, die Gauß bewiesen hat, gehören seine Theoreme, die die intrinsische zur extrinsischen Geometrie einer Fläche in Beziehung setzen. Als eine seiner größten Entdeckungen stellte sich heraus, daß die zur Gauß-Abbildung gehörende extrinsische Krümmung sich aus der intrinsischen Geometrie ableiten läßt, so daß es genügt, Messungen innerhalb der Fläche vorzunehmen. Der Plattwurm könnte also entscheidende Eigenschaften im Hinblick auf die Gestalt seiner Welt herausfinden, ohne seine oberflächenhafte Umgebung jemals verlassen zu haben. Er wäre genau wie wir in der Lage, jedem Weg eine Länge zuzuordnen und den Abstand zwischen zwei Punkten als die kürzeste Wegstrecke unter allen Verbindungen zwischen diesen Punkten zu definieren. Genau wie wir Winkel zwischen zwei Strahlen messen, könnte er nun den Winkel zwischen einem Paar kürzester Kurven messen, die von einem Punkt ausgehen, und dann die Winkelsumme eines Dreiecks berechnen. Das Ergebnis, das der Plattwurm dabei in seiner intrinsischen Geometrie erhält, könnte von unserem extrinsischen Resultat abweichen. Wenn wir mit drei Punkten in der Welt des Plattwurmes anfangen, können wir eine Abkürzung durch den Raum nehmen und sie durch gerade Streckenabschnitte verbinden, so daß die Winkel des so erhaltenen Dreiecks sich zu 180 Grad addieren. Auf der anderen Seite könnte der Plattwurm behaupten, daß die Summe der Winkel nicht konstant ist, sondern von der Größe des Dreiecks abhängt.

Betrachten wir den Spezialfall, bei dem der Plattwurm auf die Oberfläche einer Kugel beschränkt ist. Er könnte ein großes Dreieck auf der Sphäre konstruieren, dessen Spitze am Nordpol liegt und dessen Grundseite einem Viertelkreis auf dem Äquator entspricht. Jeder Winkel dieses sphärischen Dreiecks beträgt 90 Grad, so daß die Winkelsumme erheblich größer als 180 Grad ist. Da wir die Oberfläche der Kugel verlassen können, um die Punkte im Raum zu verbinden, bilden der Nordpol und die zwei Punkte auf dem Äquator ein gleichseitiges Dreieck, in dem jeder Winkel 60 Grad beträgt.

Die geometrischen Untersuchungen der Kugeloberfläche haben eine sehr lange Geschichte, doch im großen und ganzen wurden sie der räumlichen Geometrie zugerechnet. Man sprach über die Bögen der Großkreise und wußte in gewisser Weise, daß sie die kürzesten Verbindungen auf der Oberfläche der Kugel darstellen. Aber man dachte dabei nicht an eine Analogie zu Strecken, die die kürzesten Verbindungen in der Ebene liefern. So war es zweifellos in der Antike bereits Ptolemäus bekannt, daß drei Großkreisbögen, die ein sphärisches Dreieck bilden, darin Innenwinkel definieren, die sich zu mehr als 180 Grad aufaddieren, und er hat tatsächlich bewie-

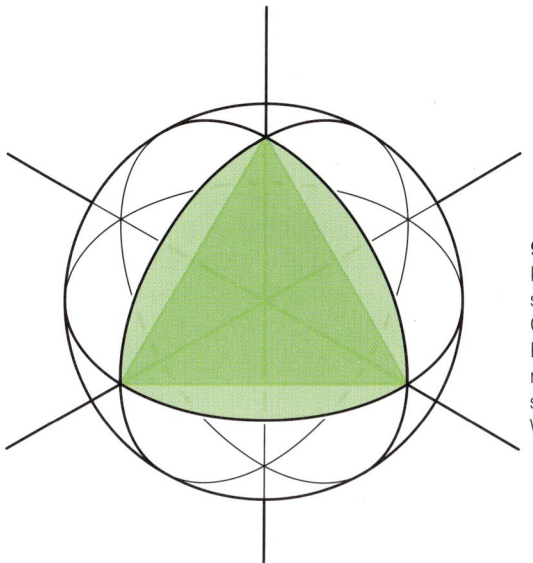

9.7 Ein sphärisches Dreieck kann drei rechte Winkel zwischen je zwei berandenden Großkreisen haben. Werden die Eckpunkte durch Geraden in einer Ebene verbunden, so entsteht ein ebenes Dreieck mit Winkeln von jeweils 60 Grad.

sen, daß die Winkelsumme um so größer ist, je größer die Fläche des Dreiecks wird. Durch eine geschickte Wahl der Einheiten kann man diese Beziehung explizit formulieren: Die Fläche eines dreieckigen Gebiets auf einer Sphäre ist dann genau gleich dem Betrag, um den die Winkelsumme 180 Grad überschreitet. Warum erkannte Ptolemäus nicht, daß dies ein Beispiel für eine Nichteuklidische Geometrie ist, in der der wichtige Euklidische Satz über die Winkelsumme von 180 Grad einfach nicht mehr gilt? Die Antwort lautet: Er betrachtete die Beziehungen zwischen den Punkten auf einer Sphäre und den Großkreisen nicht als Geometrie. Um als Geometrie gelten zu können, mußten die Elemente eines Systems Punkte und Geraden sein und den ersten vier Axiomen genügen. Ein System aus Punkten auf einer Sphäre und Geraden, die durch die Großkreise gegeben sind, erfüllte offensichtlich das dritte und vierte Axiom und zudem auch das zweite Axiom, wenn wir es richtig anwenden, aber das erste Axiom gilt hier nicht. Zwar legen zwei nahegelegene Punkte auf der Sphäre eindeutig einen Großkreis fest, aber es gibt Punktepaare, für die das nicht zutrifft. So gibt es zwischen Nord- und Südpol mehr als einen Großkreisbogen, genauer gesagt sind es unendlich viele Halbkreise aus Längengraden, die diese Punkte verbinden und alle die gleiche Länge haben. Daher ließ sich die sphärische Geometrie nicht als eine Nichteuklidische Geometrie einstufen, obwohl wir später in diesem Kapitel noch sehen werden, daß sie nahe mit einer solchen Geometrie verwandt ist.

Im frühen 19. Jahrhundert wurden Nichteuklidische Geometrien von Mathematikern in drei verschiedenen Teilen Europas gefunden – zum einen von Gauß selbst (der seine Entdeckung jedoch zurückhielt) sowie von Janós Bolyai in Ungarn und Nikolai Iwanowitsch Lobatschewski in Rußland. Sie hatten bemerkt, daß eine zweidimensionale Geometrie aus Punkten und kürzesten Verbindungen konstruiert werden kann, die die ersten vier Axiome der Euklidischen Geometrie erfüllen, ohne daß auch das fünfte gültig ist. Das Parallelenpostulat fordert, daß es für jeden beliebigen Punkt, der nicht auf einer gegebenen Geraden liegt, genau eine Gerade durch diesen Punkt gibt, die die gegebene Gerade nicht schneidet. Dieses Postulat kann auf zweierlei Weise verletzt werden: indem jede Gerade durch den gegebenen Punkt die gegebene Gerade schneidet oder indem es zwei oder mehr verschiedene Geraden durch den Punkt gibt. Die Begründer Nichteuklidischer Geometrien stützten sich auf beide Alternativen zum fünften Axiom.

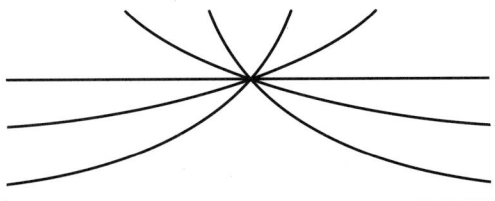

9.8 In der hyperbolischen Geometrie ist das Parallelenaxiom durch die folgende Alternative ersetzt: Für einen Punkt, der nicht auf einer gegebenen Geraden liegt, existieren viele Geraden, die diese Gerade nicht schneiden.

Das alternative Axiom, das besagt, daß mehr als eine Gerade durch einen gegebenen Punkt existiert, die die gegebene Gerade nicht schneidet, führt auf eine *hyperbolische* Geometrie. Die Sätze, die Bolyai und Lobatschewski für eine solche Geometrie ableiteten, schienen befremdlich, waren aber genauso konsistent wie die ebene Euklidische Geometrie. Die Diagramme in ihren Erläuterungen sahen völlig anders aus als in Euklids Texten, und die Mathematiker suchten nach bildlichen Darstellungen, um diese Geometrie verständlich zu machen. Einer der erfolgreichsten Protagonisten dieser Geometrie war Hermann von Helmholtz. Ähnlich wie Gauß benutzte er in einem Gedankenexperiment eine Analogie zur Dimension, um eine Nichteuklidische Geometrie anschaulich zu erläutern.

Helmholtz forderte seine Leser auf, sich ein zweidimensionales Wesen vorzustellen, das sich nur auf der Oberfläche einer marmornen Statue bewegen kann, aber Kurvenlängen und Winkel zu messen vermag. Beispielsweise würde ein Plattwurm auf der Oberfläche einer zylindrischen Säule feststellen, daß für jedes durch drei kürzeste Kurven begrenzte Gebiet die Winkelsumme 180 Grad beträgt, genau wie es in der Ebene der Fall wäre, aber wenn die Säule die Gestalt einer langen Trompete hätte, wäre die innere Geometrie ganz anders. Bei der Fläche, die Helmholtz betrachtete, handelte es sich um eine *Pseudosphäre*, wie sie der italienische Geometer Eugenio Beltrami eingeführt hatte. Zwar hatte diese Fläche eine scharfe Kante, aber sie veranschaulichte gleichwohl die meisten wichtigen Eigenschaften einer hyperbolischen Geometrie, die nur die ersten vier Euklidischen Axiome erfüllt, aber nicht das fünfte. Für jeden gegebenen Punkt und jede kürzeste Verbindungsgerade gibt es viele Linien durch diesen Punkt, die die Gerade nicht treffen, und jedes Dreieck auf der Fläche hat eine Winkelsumme, die deutlich kleiner als 180 Grad ist!

Das alternative Axiom, daß jede Gerade durch einen gegebenen Punkt jede andere Gerade schneidet, führt auf die *elliptische Geometrie*. Dieser Fall erinnert an die Geometrie auf der Sphäre, wo je zwei Großkreise sich notwendig schneiden. Das Problem der sphärischen Geometrie besteht darin, daß sich ihre Geraden zweimal schneiden. Eine Radikallösung wäre, die Hälfte der Punkte der Sphäre wegzulassen und nur die Punkte einer Halbkugel, sagen wir unterhalb des Äquators, zuzulassen. Wenn wir die Punkte dieser Südhalbkugel als Punktelemente der Geometrie und die Großkreisbögen als die Geraden betrachten, sollten je zwei Punkte genau eine Gerade festlegen. Das erste Axiom wäre gerettet. Das dritte und vierte Axiom gelten weiterhin, während das fünfte sicher nicht erfüllt ist, da es Dreiecke auf der Südhalbkugel gibt, deren Winkelsumme größer als 180 Grad ist.

Aber es entsteht ein neues Problem — das zweite Axiom ist nicht erfüllt, da die großen Halbkreise der Südhalbkugel beim Erreichen des Äquators stumpf enden, während das zweite Axiom fordert, daß jede Gerade ins Unendliche fortgesetzt werden

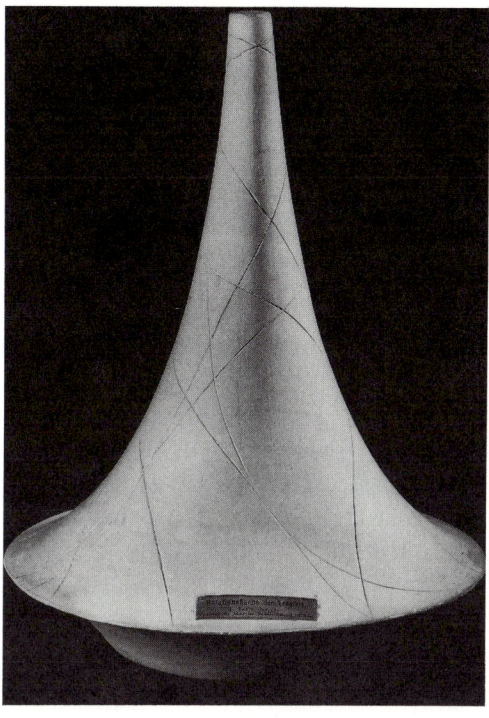

9.9 Ein Gipsmodell zur Beltramischen Pseudosphäre, das aus dem 19. Jahrhundert stammt.

kann. Diese Schwierigkeit wurde durch einen anderen radikalen Vorschlag überwunden: Zusätzlich zu den Punkten der Südhalbkugel wird die Hälfte der Punkte des Äquators mit hinzugenommen, sagen wir diejenigen, die auf der östlichen Halbkugel liegen. Wenn sich ein Punkt auf einem Großkreisbogen auf der Südhalbkugel bewegt und den Äquator erreicht, springt er

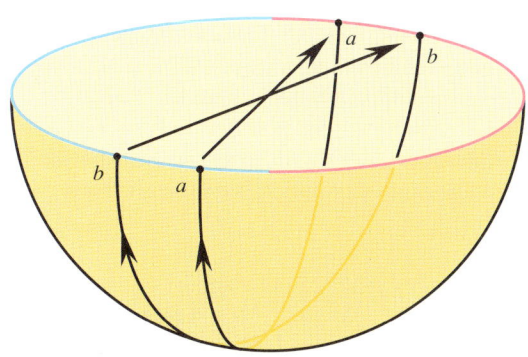

9.10 Eine Halbkugel kann als Modell für eine elliptische Geometrie dienen, wenn man gegenüberliegende Punkte des Äquators miteinander identifiziert.

187

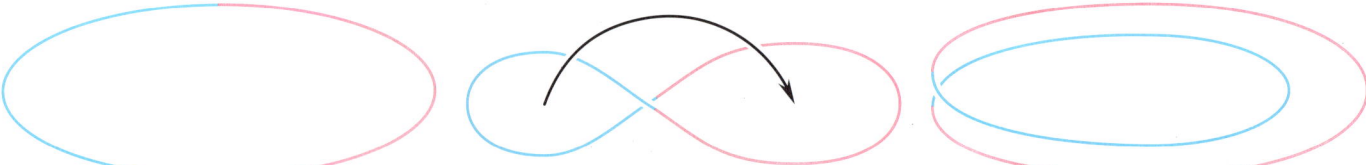

9.11 Jeder Punkt des Äquators kann mit seinem Antipodenpunkt verbunden werden, indem man den Kreis einmal verdrillt und dann die entstehenden Schleifen übereinanderlegt.

sofort auf den gegenüberliegenden Punkt des Äquators und setzt dort seine Bewegung auf dem Großkreisbogen fort! Damit dieser Vorgang funktioniert, müssen wir den Punkt des ersten Meridians auf dem Äquator bei null Grad Länge mit einem Punkt der Datumsgrenze bei 180 Grad Länge identifizieren. Das Erstaunliche war, daß diese Idee funktionierte. Mit der Hälfte der Punkte der Sphäre ließ sich eine Geometrie mit Großkreisbögen als Geraden konstruieren, so daß die Winkelsumme für jedes Dreieck mehr als 180 Grad ergibt.

In der elliptischen Geometrie geht man mit jedem antipodischen Punktepaar so um, als würde es ein und denselben Punkt bezeichnen, so daß wir nur den auf der Südhalbkugel liegenden Punkt zu berücksichtigen brauchen. Diese Geometrie erinnert an die Geometrie der Geraden durch den Ursprung im dreidimensionalen Raum, die wir im siebten Kapitel betrachtet haben. Dort haben wir jede Gerade mit dem antipodischen Punktepaar identifiziert, in dem sie die Einheitskugel schneidet. Daher ist die neue Interpretation der Halbkugelgeometrie mit der Geometrie der Geraden und ebenso mit der projektiven Geometrie verwandt.

Diese Modifikation der sphärischen Geometrie führt in der Nähe des Äquators zu einigen merkwürdigen Eigenschaften. Die

Schwierigkeit liegt darin, daß in der neuen Geometrie jeder Punkt des Äquators als mit seinem Antipoden auf der Sphäre identisch angesehen wird. Man versuchte, sich das anschaulich zu machen, indem man einfach die gegenüberliegenden Punkte miteinander „verklebte", wobei man den Äquator auf sich selbst abwickeln mußte; in der Tat gelang es auch, einen schmalen Streifen auf diese Weise zusammenzuwickeln, indem man einen Teil der Oberfläche nahe dem Äquator mit hinzunahm, aber dazu war es nötig, eine Drehung einzuführen. Allerdings mißglückte der Versuch, diese Konstruktion über die gesamte südliche Hemisphäre auszudehnen. Die neue Geometrie funktionierte ganz gut — unabhängig von der Frage, ob man sie nun im dreidimensionalen Raum zusammenfügen konnte oder nicht. Glücklicherweise wußten die Mathematiker zu dem Zeitpunkt bereits, wo sich die neue Geometrie ansiedeln ließ — nämlich in der vierten Dimension.

Dreidimensionale Nichteuklidische Geometrien

Bolyai, Lobatschewski und Gauß hatten zweidimensionale Nichteuklidische Geometrien konstruiert, bei denen der umgebende Raum für jeden Punkt wie ein kleines Stück der Ebene aussah. Um die mögliche Krümmung des Raumes nachzuprüfen, genügten im Prinzip einige sorgfältige Messungen. Tatsächlich schließt das natürlich nicht aus, daß die Krümmung des Raumes zu gering oder unser Dreieck zu klein ist, um eindeutig feststellen zu können, daß eine Nichteuklidische intrinsische Geometrie vorliegt. Um das einzusehen, brauchen wir nur zu Gauß und seiner Tätigkeit als Landvermesser zurückzukehren. Solange er sich auf Gebiete beschränkte, die sehr klein waren, ergab die Winkelsumme innerhalb der Toleranzen seiner Meßinstrumente in der Tat 180 Grad. Doch für ein hinreichend großes Dreieck ist die Abweichung beachtlich.

Die Vorstellung, daß es verschiedene Arten von Geometrien auf Oberflächen geben könnte, war befremdlich genug, aber die Annahme, es könne andere Arten dreidimensionaler Geometrie geben, schien eine noch weitaus größere Bedrohung für die traditionellen Ansichten. Schien es doch nur eine einzige Möglichkeit der Raumanschauung zu geben – aus der Sicht der Kantianer. Für Gauß war eine andere Raumgeometrie zumindest nicht undenkbar; er zog die Möglichkeiten Nichteuklidischer dreidimensionaler Räume immerhin in Betracht und spekulierte darüber, ob dieses Nichteuklidische Modell nicht vielleicht die wahre Beschreibung des Raumes liefert, in dem wir leben; allerdings stand er seinen Ergebnissen zunächst selbst so skeptisch gegenüber, daß er sie nicht veröffentlichte.

Ist es möglich, daß unser Raum eher gekrümmt als gerade ist? Eine der wichtigsten Einsichten von Gauß war, daß wir die Gestalt des Raumes, in dem wir leben, anhand der Winkelsumme von Dreiecken messen können, und zwar nicht nur in zwei Dimensionen, sondern auch im dreidimensionalen Raum. Um zu beweisen, daß der Raum Nichteuklidisch ist, müssen wir nichts weiter tun, als ein Dreieck finden, dessen Winkelsumme eine merkliche Abweichung von 180 Grad aufweist. Gauß machte sich daran, die Winkelsumme für das größte Dreieck zu messen, das er finden konnte. Er wollte es nicht auf der Oberfläche der Erde auslegen, da er wußte, daß die Winkelsumme sphärischer Dreiecke größer als 180 Grad sein kann. Statt dessen betrachtete er als direkteste Verbindungen im Raum Lichtstrahlen. Um ein großes Dreieck aus Lichtstrahlen zu erzeugen, stellte er Blinklichter auf den Spitzen dreier hoher Berge auf, so daß die Krümmung der Erde die Lichtstrahlen nicht auf ihrem Weg zu den auf jedem Berg positionierten Beobachtern behindern würde. Die Geometer maßen die Winkel und addierten sie, aber das Experiment war nicht überzeugend. Die Summe ergab innerhalb der Genauigkeit der Meßinstrumente 180 Grad. Es ist sehr schwierig zu beweisen, daß die Winkelsumme des Dreiecks aus Lichtstrahlen exakt 180 Grad beträgt, und selbst mit modernen Computern läßt sich nicht nachweisen, daß zwei Zahlen genau gleich sind, auch wenn man leicht überprüfen kann, ob zwei Zahlen innerhalb der gewünschten Genauigkeit übereinstimmen.

Wir wissen immer noch nicht, ob unser dreidimensionaler Raum den Axiomen der räumlichen Euklidischen Geometrie genügt, aber wir wissen, daß wir als Geraden in dieser Geometrie keine Lichtstrahlen benützen dürfen. Eine der entscheidenden Entdeckungen der modernen Physik besagt, daß Lichtstrahlen in der Nähe großer Massen abgelenkt werden, so daß sich ein

Lichtstrahl „krümmt", wenn er einen Stern passiert. Diese Lichtablenkung verändert die Winkelsumme eines Dreiecks aus Lichtstrahlen. Das bedeutet nicht, daß unsere Geometrie eine Nichteuklidische dreidimensionale Geometrie ist, sondern es heißt lediglich, daß wir bei dem Versuch, eine solche Geometrie auf Lichtstrahlen im interstellaren Raum anzuwenden, mit Bedacht vorgehen müssen.

Höherdimensionale Euklidische Geometrien

Die Nichteuklidischen Geometrien kamen ungefähr zur selben Zeit auf wie die Vorstellung von Geometrien höherer Dimensionen. Manchmal wurden beide Konzepte durcheinandergebracht, was dann zu dem falschen Schluß führte, daß jede Geometrie mit einer höheren Dimension als Drei Nichteuklidisch sein müsse. Aber die Mathematiker erkannten sehr rasch, daß es einen wesentlichen Unterschied zwischen den beiden Konzepten gibt. Es ließ sich sehr wohl eine höherdimensionale Geometrie konstruieren, deren Axiome analog zu sämtlichen Axiomen des Euklid sind und in der jedes Dreieck eine Winkelsumme von präzise 180 Grad aufweist.

Als einer der ersten entwickelte Hermann Grassmann in Deutschland eine vollständige Geometrie mit mehr als drei Dimensionen, und seine Vorstellungen wurden in England unter anderem von Arthur Cayley und John J. Sylvester weiter ausgearbeitet. Insbesondere beschrieben sie eine Geometrie in vier Dimensionen, deren Elemente Punkte und Geraden waren, die von Punktepaaren festgelegt werden, sowie Ebenen, die von nicht auf einer Geraden liegenden Punktetripeln bestimmt sind, und schließlich Hyperebenen, die von nicht in einer Ebene liegenden Quadrupeln von Punkten aufgespannt wer-

den. Um zur nächsthöheren Dimension übergehen zu können, wurde dabei ein zusätzliches Axiom aufgestellt: Außerhalb jeder gegebenen dreidimensionalen Hyperebene gibt es weitere Punkte.

In der räumlichen Geometrie besagt das Analogon des Parallelenaxioms, daß durch jeden Punkt, der nicht in einer Ebene liegt, genau eine Ebene gelegt werden kann, die die erste Ebene nicht schneidet. In einer vierdimensionalen Geometrie besagt das analoge Axiom, daß durch einen nicht in einer Hyperebene liegenden Punkt genau eine Hyperebene gelegt werden kann, die die erste Hyperebene nicht trifft.

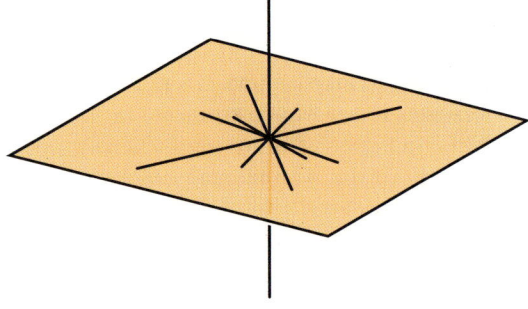

In der ebenen Geometrie gibt es zu einem gegebenen Punkt auf einer Geraden eine eindeutige senkrechte Gerade. In der räumlichen Geometrie gibt es zu einem gegebenen Punkt auf einer Geraden viele Geraden, die sie im rechten Winkel treffen und sämtlich in einer zu der gegebenen Geraden senkrechten Ebene durch diesen Punkt liegen. In der vierdimensionalen Geometrie füllen die Geraden, die eine gegebene Gerade in einem bestimmten Punkt im rechten Winkel schneiden, eine ganze Hyperebene aus.

9.12 Durch einen Punkt auf einer senkrechten Geraden im Raum lassen sich beliebig viele rechtwinklig zu dieser Geraden verlaufende Geraden zeichnen, die gemeinsam eine Ebene ausfüllen.

gang in der Farbe verändert. Wir könnten die Anordnung drehen, um zu bestimmen, ob die Gerade wirklich senkrecht steht. Wenn wir ein Quadrat auf die Ebene malen und die Ebene so halten, daß das Quadrat als Quadrat mit vier gleichen Kanten und vier rechten Winkeln erscheint, wird die senkrechte Gerade als Punkt erscheinen. Das gleiche können wir in vier Dimensionen mit Hilfe eines Graphikcomputers machen. Wir können eine Anordnung zweier senkrechter Ebenen im vierdimensionalen Raum so drehen, daß das Bild auf dem Schirm gerade eine Ebene ist und die andere Ebene genau auf einen Punkt abgebildet wird. Eine gute Darstellung der Resultate der synthetischen Geometrie in vier Dimensionen findet sich in dem Buch *Geometry in Four Dimensions* (Geometrie in vier Dimensionen) von Henry Parker Manning.

9.13 Henry Parker Manning von der Brown-Universität beschrieb 1914 in seinem Buch *Geometry of Four Dimensions* die Geometrie der vier Dimensionen; die vierte Dimension erläuterte er bereits 1910 in einer einfachen Darstellung mit dem Titel *The Fourth Dimension Simply Explained.*

In der dreidimensionalen Geometrie geht durch einen Punkt auf einer Ebene genau eine zur Ebene senkrechte Gerade. In der vierdimensionalen Geometrie gibt es zu einem Punkt auf einer Ebene viele Geraden, die diese Ebene im rechten Winkel schneiden und sich zu einer zur ersten Ebene senkrechten Ebene formieren, die diese Ebene in einem einzigen Punkt trifft.

Es ist einigermaßen überraschend, daß sich zwei senkrechte Ebenen im vierdimensionalen Raum in einem einzigen Punkt schneiden können, zumal sich dies kaum anschaulich darstellen läßt. Aber tatsächlich ist es auch nicht so einfach zu sehen, daß im dreidimensionalen Raum genau eine Gerade senkrecht zu einem gegebenen Punkt in der Ebene verläuft. Wenn die Ebene undurchsichtig ist, scheint die Gerade auf sie zu treffen und darunter zu verschwinden. Ist die Ebene halbdurchsichtig, könnten wir erkennen, daß sich die Gerade beim Durch-

Die grundlegenden Gaußschen Überlegungen zur Geometrie gekrümmter Flächen und zur Maßtheorie und die Entwicklung der höherdimensionalen analytischen Geometrie regten schließlich Bernhard Riemann in seiner Dissertation zu einer allgemeinen Theorie der *n*-dimensionalen Mannigfaltigkeit an, in der anhand einer Regel für die Zuordnung einer Länge zu einem Weg eine *Metrik* definiert war. Die weitreichenden Auswirkungen dieser Verallgemeinerung haben die Sichtweise der Mathematiker nachhaltig beeinflußt und die Grundlage für den Raumbegriff der Relativitätstheorie geschaffen. Die höherdimensionalen analytischen Methoden haben einige Mathematiker zu einem rein formalen, von der traditionellen Veranschaulichung geometrischer Objekte unabhängigen geometrischen Ansatz veranlaßt, aber diese Methoden können — unter einer anderen Perspektive — ebenso als Grundlage für computergraphische Verfahren zur Untersuchung von Objekten höherdimensionaler Räume herangezogen werden.

Immanuel Kant und die Nichtorientierbarkeit

Die Axiomensysteme Nichteuklidischer Geometrien waren nicht der einzige Stein des Anstoßes für die Anhänger Kants; hinzu kam als weiterer Streitpunkt der geometrische Begriff der *Orientierbarkeit*. In der ebenen Geometrie sind zwei Figuren deckungsgleich oder kongruent, wenn es möglich ist, eine exakt in die Position der anderen zu bringen — durch Verschieben

9.14 Wenn ein schiefwinkliges Dreieck an einer Geraden gespiegelt wird, kann das Spiegelbild durch Verschiebung in der Ebene nicht mit dem ursprünglichen Dreieck zur Deckung gebracht werden.

9.15 Ein schiefwinkliges Dreieck läßt sich durch Drehung im Raum mit seinem Spiegelbild zur Deckung bringen.

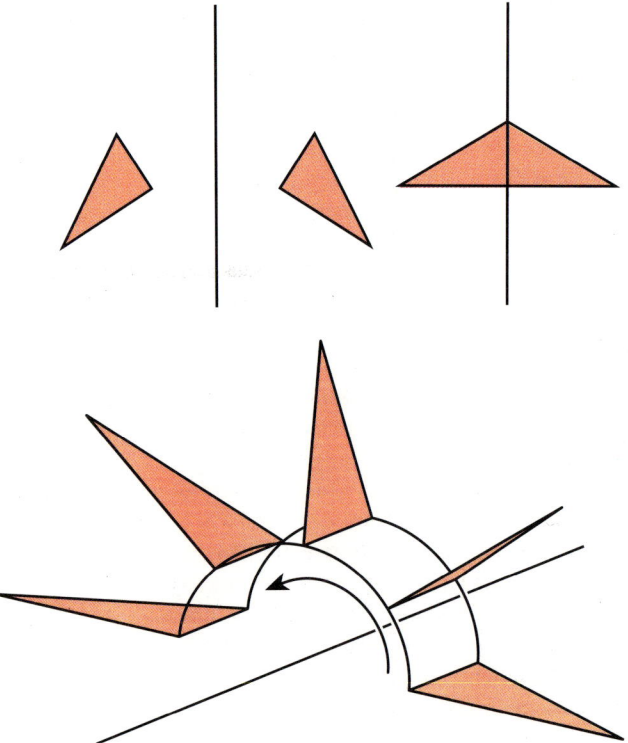

oder Drehen innerhalb der Ebene. Man stelle sich zwei Figuren auf durchsichtigen Plastikfolien vor, die übereinander hinweggeschoben werden können. Figuren sind kongruent, wenn sie sich durch Verschieben der Folien exakt zur Deckung bringen lassen.

In der traditionellen Geometrie nennen wir zwei Figuren (stark) kongruent, wenn sie deckungsgleich übereinandergelegt werden können, aber nicht jedes Paar kongruenter Figuren kann allein durch Verschieben ineinander übergeführt werden. Nach einem der Euklidischen Kongruenzsätze folgt für Dreiecke, bei denen die Längen der drei Seiten paarweise gleich sind, daß diese Dreiecke in einem weiteren Sinne als kongruent gelten. Man stelle sich ein rechtwinkliges Dreieck mit drei unterschiedlich langen Seiten und sein Spiegelbild an einer Geraden vor (dem Analogon eines lebensgroßen Spiegels in Plattland). Jeweils zwei Seiten haben gleiche Länge, aber es ist nicht mehr möglich, die Dreiecke durch Drehungen innerhalb der Ebene ineinander zu überführen. Wenn wir eines der Dreiecke so verschieben, daß zwei Kanten derselben Länge zusammentreffen, so liegen die beiden Dreiecke in der Tat auf gegenüberliegenden Seiten der Geraden, die die gemeinsame Seite enthält.

Kant würde diese zwei Dreiecke als ein *enantiomorphes Paar* bezeichnen, da sie (schwach) kongruent, aber nicht deckungsgleich (stark kongruent) sind. Es ist klar, daß dieser Begriff wesentlich von der Geometrie der Ebene abhängt. Wenn wir uns die Dreiecke im Raum angeordnet denken, ist es ganz einfach, eines herauszugreifen und auf das andere zu legen, indem man die entsprechenden Folien wie die Seiten eines Buches umblättert.

Daraus folgt, daß die Definition von enantiomorphen Paaren von der Dimension des Raumes abhängt, in dem wir arbeiten. Diese Tatsache spielt eine entscheidende Rolle, wenn wir es mit enantiomorphen Paaren von Objekten im dreidimensionalen Raum zu tun haben. Anstelle eines rechtwinkligen Dreiecks stelle man sich eine exzentrische Pyramide vor, die wir durch Schneiden ei-

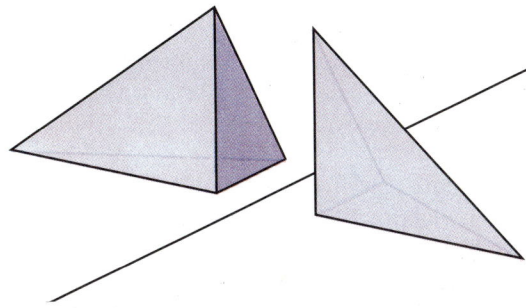

9.16 Spiegelbildliche exzentrische Pyramiden sind (schwach) kongruent, aber nicht deckungsgleich.

nes Quaders erhalten, wenn wir einfach eine Ecke abschneiden – und zwar so, daß die drei Kanten unterschiedliche Längen aufweisen. Wir können nun noch die gegenüberliegende Ecke des Quaders abschneiden, um eine exzentrische Pyramide zu erhalten, deren Seiten jeweils die gleichen Kantenlängen besitzen. Die einander entsprechenden Dreiecksflächen der beiden Pyramiden sind kongruent, aber die beiden Pyramiden selber sind nicht deckungsgleich. Sie sind Spiegelbilder voneinander und haben unterschiedliche „Händigkeit".

Kant betrachtete in diesem Zusammenhang eine Hand, die von einer Marmorstatue abgebrochen war. Wir können leicht feststellen, ob dieses Bruchstück eine rechte oder eine linke Hand ist, indem wir versuchen, sie mit unserer rechten zum Händeschütteln zu ergreifen. Wenn uns dies glückt, ist die marmorne Hand ebenfalls eine rechte

Hand, andernfalls eine linke. Aber was wäre, wenn wir die Hand nicht berühren könnten? Wie ließe sich dann bestimmen, ob es sich um eine rechte oder eine linke Hand handelt? Kant stellte ein extremeres Gedankenexperiment auf – was wäre, wenn die marmorne Hand das einzige Objekt im gesamten Universum wäre? Hätte es dann noch Sinn zu sagen, daß es entweder eine rechte oder eine linke Hand sei?

In gewisser Weise verschwindet das Problem völlig, wenn wir uns nicht auf den dreidimensionalen Raum beschränken. Ähnlich wie sich ein Dreieck durch eine dreidimensionale Drehung in sein Spiegelbild überführen läßt, kann eine linke Marmorhand durch eine Drehung um eine Ebene im vierdimensionalen Raum in ihr rechtshändiges Spiegelbild transformiert werden. So gesehen ist die Frage, ob eine frei im vierdimensionalen Raum schwebende Marmorhand eine rechte oder linke ist, ebenso sinnlos wie die Überlegung, ob deckungsgleiche Konturen einer Hand auf einer frei schwebenden Folie als Bild einer rechten oder einer linken Hand zu interpretieren sind.

Das Möbius-Band, reelle projektive Ebenen und Kleinsche Flaschen

Nichtorientierbare Objekte lassen sich auch auf andere Weise erzeugen, indem man nicht die Dimensionen, sondern gleichsam die Gestalt des Raumes verändert. August Möbius erfand 1840 ein Fläche, die man ihm zu Ehren als Möbius-Band bezeichnet. Man kann sie aus einem rechteckigen Streifen erzeugen, indem man ein Ende um 180 Grad dreht und dann mit dem anderen Ende so verbindet, daß der oberste Eckpunkt der einen Seite mit dem untersten Eckpunkt der anderen zusammenfällt. Die sich daraus ergebende Fläche hat nur *einen* Rand. Wir

193

DIMENSIONEN

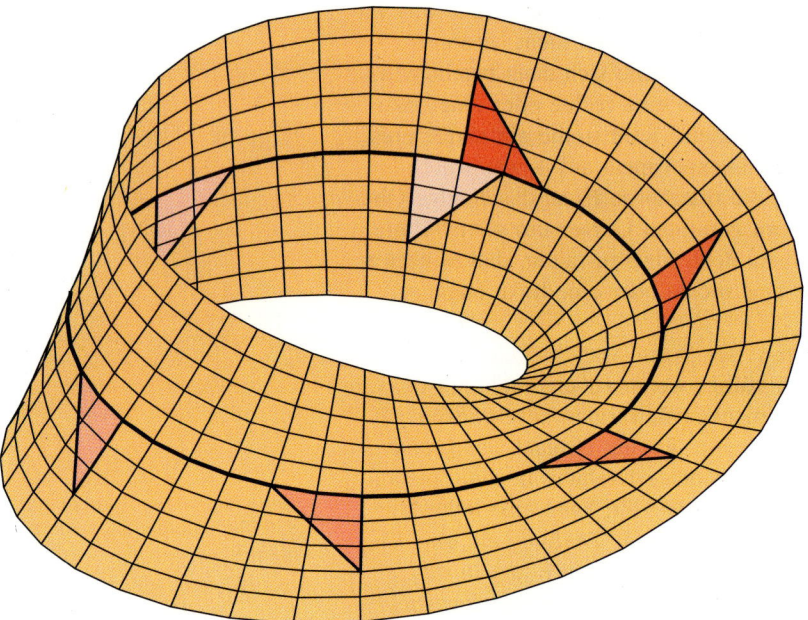

9.17 Auf einem Möbius-Band kann ein schiefwinkliges Dreieck mit seinem Spiegelbild zur Deckung gebracht werden.

können uns das Band aus einem löschpapierartigen Material denken, durch das eine mit Tinte gezeichnete Figur hindurchfärbt, so daß wir nicht zu sagen vermögen, auf welcher Seite des Streifens die Figur ursprünglich gezeichnet wurde. Ein auf — oder besser: *in* — dieses zweidimensionale Band gezeichnetes Dreieck kann sich durch Verschieben längs des Bandes in sein Spiegelbild verwandeln. Es gibt keine enantiomorphen Paare auf dem Möbius-Band.

Das Möbius-Band ist ein Beispiel für eine *nichtorientierbare* Fläche, was bedeutet, daß es nicht möglich ist, ein Objekt auf der Fläche von seinem Spiegelbild zu unterscheiden. Eine Fläche wird genau dann nicht orientierbar sein, wenn sie einen dieser orientierungsumkehrenden Wege enthält. Es wäre ein ganz schöner Schock für die Bewohner von Plattland, wenn ein Entdecker von einer Expedition zurückkehrte und seine sämtlichen rechtshändigen Werkzeuge in linkshändige verkehrt mitbrächte. Dieses Szenario hat Jeffrey Weeks ausführ-

lich in einer brillanten Abhandlung über alternative Geometrien unter dem Titel *The Shape of Space* (Die Gestalt des Raumes) beschrieben, als er William Thurstons Forschungsarbeiten erläuterte. Angesichts der Tatsache, daß wir über die Raumstruktur unseres Universums im großen Maßstab noch nicht allzuviel wissen, mag man spekulieren, daß Weltraumforscher vielleicht in Zukunft auch einen orientierungsumkehrenden Weg in unserem eigenen dreidimensionalen Raum entdecken könnten, der Schraubenschlüssel und rechte Marmorhände linkshändig werden läßt.

Im vierdimensionalen Raum lassen sich zwei wichtige Flächen angeben, die beide Möbius-Bänder enthalten. Beide haben die wichtige Eigenschaft, keinen Rand zu besitzen — ähnlich wie die Oberfläche der Kugel. Die erste Fläche wird *reelle projektive Ebene* genannt; sie läßt sich durch Verkleben des Randes einer Scheibe mit dem Rand des Möbius-Bandes erzeugen. Die zweite Fläche entsteht durch Zusammenfügen zweier Möbius-Bänder entlang ihres gemeinsamen Randes und heißt (nach ihrem Erfinder Felix Klein) *Kleinsche Flasche*.

Wir sind der reellen projektiven Ebene bereits früher in diesem Kapitel im Zusammenhang mit der elliptischen Geometrie begegnet, als wir mit der südlichen Halbkugel begannen und versuchten, gegenüberliegende Punkte am Äquator in unserer Vorstellung zur Deckung zu bringen. Wir können nun verstehen, wie wir einen schmalen Streifen um einen Großkreisbogen durch den Südpol schließen können: Wir müssen den Streifen am Äquator wie ein Möbius-Band verdrillen und mit der verbleibenden Halbschale der Südhalbkugel so verbinden, daß deren Rand jeweils mit dem Rand des Möbius-Bandes zusammenfällt. Daher kann der Raum der elliptischen Geometrie — die südliche Halbkugel, bei der jeder Punkt des

194

Äquators mit seinem gegenüberliegenden Punkt identifiziert wird – als eine an ein Möbius-Band geklebte Halbschale oder auch Scheibe beschrieben werden, das heißt als reelle projektive Ebene.

Eine der einfachsten Möglichkeiten, sich die Konstruktion einer beliebigen Fläche vorzustellen, besteht darin, sie als aus Dreiecken zusammengesetzt aufzuzeichnen. Anstatt die Halbkugel einer ganzen Sphäre zu betrachten, können wir versuchen, die reelle projektive Ebene aus den zehn Dreiecken der Hälfte eines regelmäßigen Ikosaeders zu erzeugen. Der Rand dieses halben Ikosaeders besteht aus sechs Kanten, von denen jede mit ihrer gegenüberliegenden „verdrillt" zu verbinden ist und einen Rand aus drei Eckpunkten zurückläßt. Da es noch drei sichtbare Ecken gibt, die nicht auf dem Rand liegen, erhalten wir eine Darstellung der reellen projektiven Ebene, bei der gerade sechs Eckpunkte und zehn Dreiecke gebraucht werden. Ein Streifen aus fünf Dreiecken, der sich von einer Kante des Randes zur gegenüberliegenden Kante erstreckt, bildet ein Möbius-Band, wenn die Endkanten miteinander verdrillt verklebt werden. Das Möbius-Band enthält fünf der sechs Eckpunkte, und die übrigen fünf Dreiecke passen so zusammen, daß sie eine Scheibe um den sechsten Eckpunkt bilden.

Um eine reelle projektive Ebene im dreidimensionalen Raum zu konstruieren, können wir ein fünfeckiges Möbius-Band durch eine Auswahl von fünf Dreiecken in der Projektion eines Vierersimplex erzeugen, wie Abbildung 9.19 zeigt. Der Rand dieses Bandes wird aus einem räumlichen Fünfeck bestehen. Um die verbleibenden fünf Dreiecke so einzufügen, daß sie sich nicht mit den bereits in Position gebrachten Dreiecken ins Gehege kommen, müssen wir einen Punkt finden, von dem aus wir alle

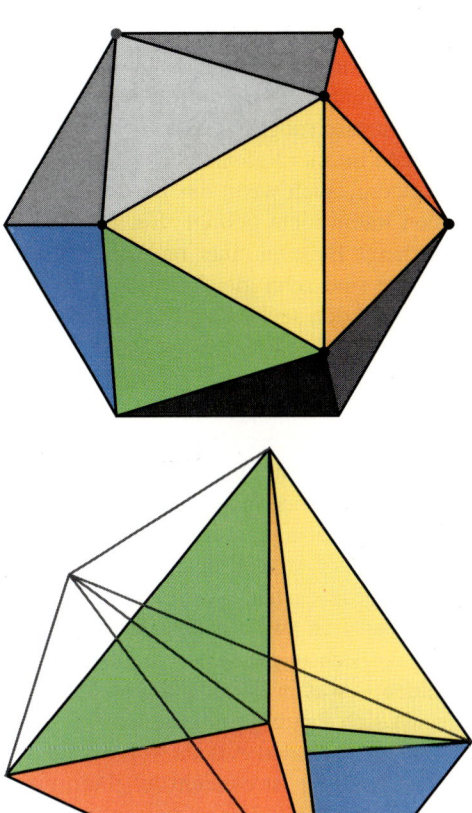

9.18 Die reelle projektive Ebene läßt sich als ein halbes Ikosaeder auffassen, dessen gegenüberliegende Randkanten verdrillt miteinander verbunden sind.

9.19 Um die reelle projektive Ebene zu konstruieren, verbindet man den Rand des Möbius-Bandes aus fünf Dreiecken mit einem Punkt.

fünf Kanten des Pentagons unverdeckt einsehen können, ohne daß zuvor festgelegte Kanten im Wege sind. Es zeigt sich, daß sich ein solcher Standpunkt im dreidimensionalen Raum nicht finden läßt, aber wenn wir bereit sind, in den vierdimensionalen Raum auszuweichen, ist diese Forderung ganz leicht zu erfüllen. Ähnlich, wie wir das dreidimensionale Wesen aller Räume eines Plattlandhauses einsehen können, sollten wir von einem günstigen Punkt des vierdimensionalen Raumes gleichzeitig alle Punkte im dreidimensionalen Raum überblicken können. Folglich lassen sich die fünf verbleibenden Dreiecke ohne Durchdringungen mit den Dreiecken des Bandes

9.20 Eine geschlossene Kurve im Raum, die der Mittellinie des Möbius-Bandes folgt, schneidet das Band in einer ungeraden Anzahl von Punkten.

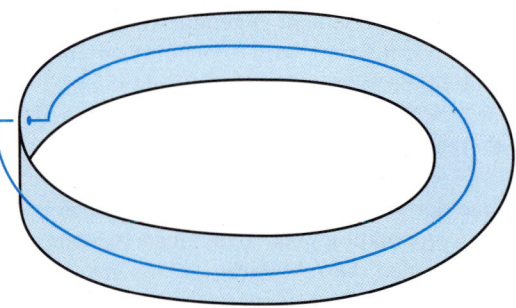

so anordnen, daß sämtliche fünf Randkanten des Möbius-Bandes mit einem Punkt im vierdimensionalen Raum verbunden werden. Es ist also möglich, eine reelle projektive Ebene im vierdimensionalen Raum zu konstruieren, auch wenn das im dreidimensionalen Raum nicht gelingt. Ein noch symmetrischeres Beispiel einer reellen projektiven Ebene sind zehn gleichseitige Dreiecke, die zu den sechs Eckpunkten eines im fünfdimensionalen Raum eingebetteten regelmäßigen Fünfersimplex gehören.

Ein wichtiger Satz besagt, daß sich eine randlose Fläche, die ein Möbius-Band enthält, im dreidimensionalen Raum nicht ohne Selbstdurchdringung konstruieren läßt. Das können wir anhand einer Dimensionsanalogie verdeutlichen. Auf einem Möbius-Band lassen sich zwei geschlossene Kurven finden, die sich in genau einem Punkt schneiden — was in der Ebene unmöglich wäre, da sich Paare geschlossener Kurven dort in einer geraden Anzahl von Punkten schneiden. Daher ist es nicht möglich, ein Möbius-Band in der Ebene zu konstruieren. Nun kann ein Möbius-Band im Raum der mittleren Kurve dicht folgen und einen Punkt auf der anderen, gerade dem Startpunkt gegenüberliegenden Seite des Bandes erreichen. Wenn wir dann beide Punkte verbinden, erhalten wir eine geschlossene Kurve, die das Band an einer einzigen Stelle schneidet. Wenn nun das Band Teil einer Fläche ohne Rand wäre — etwa einer Kleinschen Flasche oder einer projektiven Ebene —, so ergäbe diese Konstruktion eine dreidimensionale Kurve, die die Fläche in einem einzigen Punkt schneidet. Aber im dreidimensionalen Raum muß jede geschlossene Kurve eine beliebige Fläche ohne Rand in einer geraden Anzahl von Punkten schneiden. Daher ist es unmöglich, eine randlose nichtorientierbare Fläche im dreidimensionalen Raum zu konstruieren, die sich nicht selbst durchdringt.

Eine weitere sehr wichtige nichtorientierbare Fläche ist die Kleinsche Flasche. Der Bauplan für eine Kleinsche Flasche ist eigentlich ganz einfach: Man beginnt mit einem Rechteck und füge die vertikalen Seiten verdrillt und die horizontalen unverdrillt aneinander. Wir können die eine oder die andere Anweisung befolgen, aber niemals beide gleichzeitig. Da die Konstruktion eine Fläche ohne Rand beschreibt, die aber ein Möbius-Band enthält, wissen wir aufgrund der Argumentation im vorigen Abschnitt, daß eine Kleinsche Flasche im dreidimensionalen Raum Selbstdurchdringungen aufweisen muß. Es wird den Leser nicht überraschen, daß wir sie im vierdimensionalen Raum durchdringungsfrei konstruieren können. Eine Möglichkeit wäre, mit dem oben beschriebenen fünfeckigen Möbius-Band anzufangen und es senkrecht zu den drei Achsen des dreidimensionalen Raumes zu verschieben, bis es ein paralleles Möbius-Band erreicht. Bei dieser Bewegung ziehen die fünf Kanten des pentagonalen Randes fünf Quadrate aus, die den Rand des einen Möbius-Bandes mit dem des anderen verbinden und dabei eine Kleinsche Flasche im vierdimensionalen Raum erzeugen — ohne Selbstdurchdringung.

Viele Jahre hat man versucht, die Kleinsche Flasche ohne Selbstdurchdringungen im dreidimensionalen Raum darzustellen, aber dabei mußte stets eine Selbstdurchdringung in der dreidimensionalen Projek-

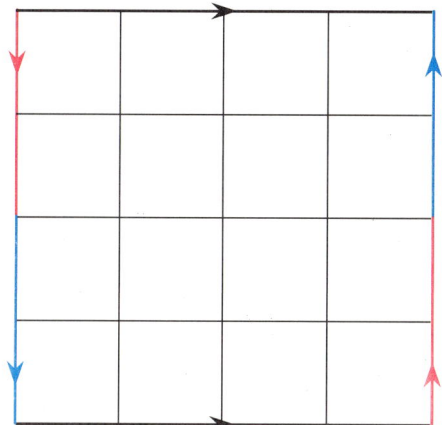

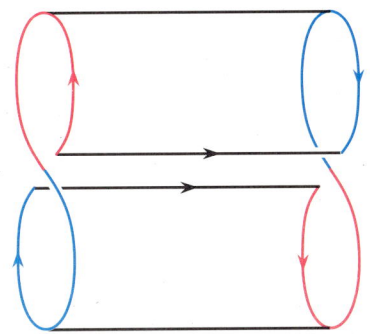

9.22 Zur Konstruktion einer Kleinschen Flasche wird hier die obere Kante eines Rechtecks nach vorn und die untere nach hinten auf die Mittellinie gebogen, so daß eine Art Doppelzylinder mit einem Querschnitt von der Form einer Acht entsteht. Um aus einem solchen Achterzylinder eine achtförmige Kleinsche Flasche zu gewinnen, drehen wir die Achten, während wir die zwei Enden auseinanderziehen. Das Computerbild zeigt diesen Schnitt, bevor die letzte Verbindung vorgenommen wurde (vergleiche Bild 9.23).

9.21 Konstruktion einer Kleinschen Flasche. Bei dem rechteckigen Faltmuster müssen die obere und untere Kante so verbunden werden, daß ein Zylinder entsteht; zusätzlich müssen die linke und die rechte Seite verdrillt zusammengefügt werden, so daß sich ein Möbius-Band bildet.

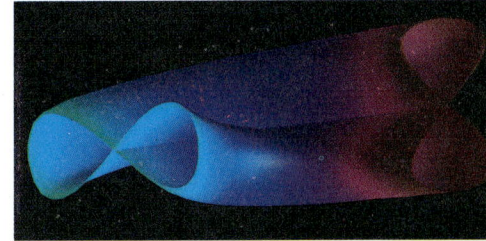

tion in Kauf genommen werden. Glasbläser brachten räumliche Modelle Kleinscher Flaschen in Mode, bei denen ein röhrenförmiger Flaschenhals durch die Oberfläche ins Innere dringt (siehe Abbildung 9.1). Eine andere Konstruktion lag aufgrund unserer Arbeiten zur vierdimensionalen Geometrie nahe. Wir erzeugen die Kleinsche Flasche nicht aus einem runden Zylinder, sondern aus einem sich selbst unter Bildung einer „Achterfigur" durchschneidenden Zylinder. Diese Achterfigur läßt sich an ihren Enden mit sich selbst verdrillt verbinden, um eine Kleinsche Flasche zu bilden. Wenn wir Oberflächen auf einem Computerbildschirm modellieren, erweist es sich als einfacher, die Kleinsche Flasche anhand der Achterfigur zu beschreiben. Sie ist unser letztes Beispiel dafür, daß sich mit modernen Graphikcomputern komplizierte Objekte im vierdimensionalen Raum modellieren und dann durch Projektion in den uns sichtbaren Raum darstellen und untersuchen lassen – unser letztes Bild zur Veranschaulichung von Dimensionen.

9.23 Eine computergraphische Darstellung der vierdimensionalen Kleinschen Flasche in der dreidimensionalen Projektion.

Weiterführende Literatur

Eine ausgezeichnete Einführung in die Zusammenhänge zwischen Physik und Dimensionen ist der vor kurzem erschienene Band der Spektrum-Bibliothek *Gravitation und Raumzeit* von Archibald Wheeler (Heidelberg (Spektrum der Wissenschaft) 1991). Zwei Bücher von Rudolf Rucker stellen außerdem die Beziehungen der Geometrie zur Relativität dar: *The Fourth Dimension: Toward a Geometry of a Higher Reality* (Houghton-Mifflin, 1984) und *Geometry, Relativity, and the Fourth Dimension* (Dover, 1977). Das erstgenannte Buch behandelt auch philosophische Aspekte des Gebiets, wobei Rucker unter anderem auf Texte von Charles Howard Hinton zurückgreift, dessen Werk er bereits in einem Kompendium *Speculations on the Fourth Dimension: Selected Writings of C. H. Hinton* (Dover, 1980) zusammengestellt hatte. Jeff Weeks hat eine schöne Abhandlung über die gegenwärtige Arbeit in der Topologie des dreidimensionalen Raumes mit dem Titel *The Shape of Space* (Marcel Dekker, 1985) geschrieben.

Eine empfehlenswerte Quelle zur Geschichte der Geometrie des 19. Jahrhunderts ist das jüngste Buch von Joan Richards, *Mathematical Visions: The Pursuit of Geometry in Victorian England* (Academic Press, 1988), das auch eine ausgezeichnete Bibliographie enthält. Ein historischer Abriß der höheren Dimensionen erscheint in der Einführung zu der von Henry Parker Mannings 1914 geschriebenen und von Dover 1956 wieder aufgelegten *Geometry of Four Dimensions*. Siehe hierzu auch das Vorwort von Mannings Buch *The Fourth Dimension Simply Explained* (Munn and Company, 1910; Neuauflage von Dover, 1960).

Das wichtigste Buch über höhere Dimensionen in der Kunst ist Linda Hendersons Band *The Fourth Dimension and Non-Euclidian Geometry in Modern Art* (Princeton University Press, 1983). Ein weiterer guter Tip zu diesem Bereich ist das von David Brisson herausgegebene Buch *Hypergraphics: Visualizing Complex Relationships in Art, Science, and Technology*, das neben vielen anderen den bahnbrechenden Artikel von A. Michael Noll enthält (Westview Press, 1978).

Martin Gardner hat die vierte Dimension in vielen seiner mathematischen Spielereien im *Scientific American* und dessen deutscher Ausgabe *Spektrum der Wissenschaft* thematisiert, die auch in mehreren Buchfassungen zu finden sind, darunter seine *Logik unterm Galgen* (Vieweg, 1980) und *Mathematischer Karneval* (Ullstein, 1985) und *The New Ambidextrous Universe* (Freeman, 1990). Alexander Dewdney schrieb in seinen Kolumnen im *Scientific American* ebenfalls Artikel über Dimensionen. Von besonderem Interesse ist seine Behandlung der zweidimensionalen Technologie und Wissenschaft, die in voller Länge in seiner Allegorie *Das Planiversum* (Zsolnay, 1985) dargestellt wird. In Dewdneys „Computer-Kurzweil" im Juniheft 1986 von *Spektrum der Wissenschaft* geht es um den bewegten Hyperkubus.

Ivars Peterson bezog in sein Buch *The Mathematical Tourist* (Freeman, 1988) einen Bericht der Hypergraphik-Konferenz an der Brown-Universität ein, die aus Anlaß der hundertsten Wiederkehr der Veröffentlichung von *Flatland* 1984 stattfand. Es gab während der vergangenen Jahre verschiedentlich Neuauflagen von *Flatland*, von denen die zuerst 1952 bei Dover erschienene eine gute Einleitung von Banesh Hoffmann besitzt. Eine Neuauflage durch Princeton University Press mit einer Einleitung von Thomas Banchoff ist noch für 1991 geplant. Eine deutsche Ausgabe erschien unter dem Titel *Flächenland* (Klett-Cotta, 1982). Eine Fortsetzung von *Flatland* namens *Sphereland* von Dionys Burger erschien 1965 in Erstauflage und wurde von Harper and Row 1983 neu aufgelegt.

Einige sehr gute Bücher über fraktale Geometrie sind *Die fraktale Geschichte der Natur* von Benoit Mandelbrot (Birkhäuser, 1989), *The Beauty of Fractals* von Heinz-Otto Peitgen und P. H. Richter (Springer, 1986) sowie *Fractals Everywhere* von James Barnsley (Academic Press, 1988).

Allgemeine Darstellungen der Topologie der Oberflächen sind in dem klassischen Werk *Anschauliche Geometrie* von David Hilbert und Stefan Cohn-Vossen und in *A Topological Picturebook* von George Francis (Springer, 1987) enthalten.

Der Hinweis für die mit dem Doppelpendel verbundenen dynamischen Systeme findet sich in dem Artikel *Topology and Mechanics* von Hüseyin Koçak, Fred Bisshopp, David Laidlaw und dem Autor in der Zeitschrift *Advances in Applied Mathematics* 7 (1986) S. 282–308. Zur Singularitätstheorie in der Geometrie bietet *Curves and Singularities* von Peter Giblin und James Bruce (Cambridge University Press, 1984) wertvolle Hinweise.

Die Standardliteratur über Polyeder findet sich in den folgenden Büchern von H. S. M. Coxeter: *Unvergängliche Geometrie* (Birkhäuser, 1981), *Regular Complex Polytopes* (Cambridge University Press, 1974) sowie *Introduction to Geometry* (Wiley, 1961). Der Klassiker *Geometry of* n *Dimensions* von D. M. Y. Sommerville (Methuen, London, 1929; Neuauflage Dover, 1958) ist ebenfalls ein ausgezeichnetes Buch. Eine weitere, eher formale Abhandlung findet sich in *Convex Polytopes* von Branko Grünbaum (Springer, 1990). Neuere Literatur stellen die Bücher *Space Structures: Their Harmony and Counterpoint* von Arthur Loeb (Addison-Wesley, 1976) und *Shaping Space*, herausgegeben von Marjorie Senechal und George Fleck (Birkhäuser, 1987), dar. Zur analytischen Geometrie in vier Dimensionen sei auf *Linear Algebra Through Geometry* von Thomas Banchoff und John Wermer (Springer, 1983) verwiesen.

Die ersten Arbeiten über die Visualisierung von Daten sind *The Visual Display of Quantitative Information* von Edward Tufte (Graphics Press, 1983) und *Exploratory Data Analysis* von John Tukey (Addison-Wesley, 1977). Ebenfalls von John Tukey mit Co-Autor Paul Tukey stammt der Artikel *Graphic Display of Data Sets in III or More Dimensions*, der in *Interpreting Multivariate Data* (Wiley, 1981) erschien.

Auch viele belletristische Werke sind hier eine anregende Lektüre, beispielsweise *A Wrinkle in Time* von Madeleine L'Engle (Farrar, Straus and Giroux, 1962; deutsche Ausgabe: *Die Zeitfalle*, Thienemann, 1985), die ganze Generationen von Lesern in die Vorstellung des Tesserakts einführte. Robert Heinleins Geschichte „*. . . and He Built a Crooked House*" erschien zusammen mit anderen mathematischen Geschichten in Clifton Fadimans Sammlung *Fantasia Mathematica* (Simon and Schuster, 1958).

Schließlich ist *The Hypercube: Projections and Slicing* als Film und auf Video beim International Film Bureau, 332 South Michigan Avenue, Chicago, Illinois 60604, erhältlich. Videobänder des Filmes *The Hypersphere: Foliation and Projections and Fronts and Centers* werden von Thomas Banchoff Productions, Box 2430, East Side Station, Providence, Rhode Island 02906, vertrieben.

Danksagung

Ich möchte an dieser Stelle einer Reihe von Personen danken, die mich über viele Jahre unterstützt und inspiriert haben und mehr oder weniger direkt zum Schreiben des Buches beitrugen.

Meine früheste mathematische Förderung verdanke ich meiner Mutter, einer Kindergärtnerin, und meinem Vater, einem Lohnbuchhalter. Herb Lavine, der drei Jahre älter war als ich, erklärte mir algebraische Strukturen auf den Kartondeckeln im Lebensmittelladen seines Vaters. Im ersten Jahr an der Trenton Catholic Boys' High School hörte sich Pater Ronald Schultz mein erstes Theorem an — eine Berechnung, wann die fortschreitenden Schatten die dreieckigen Fliesen des Kirchenbodens schneiden —, und er hörte mir ebenfalls bei meiner ersten Theorie über die Verbindung von vierter Dimension und Dreieinigkeit zu. William Hausdoerffer am Trenton State hielt die erste Vorlesung, die ich je gehört habe, und ist bis heute mein Ansprechpartner auf dem Gebiet der Sonnenuhren geblieben.

An der Universität von Notre Dame habe ich von meinen Lehrern und späteren Kollegen und Freunden viel profitiert. Bei Frank O'Malley lernte ich das Abfassen von Texten, bei R. Catesby Taliaferro Mathematik; Dean Charles Sheedy und Arnold Ross, der mir zum ersten Mal die Möglichkeit gab, an seinem Sommerprogramm für High-School-Lehrer zu unterrichten, gehörten ebenso zu meinen Lehrern wie G. Y. Rainich, der mich mit Nichteuklidischer Geometrie und Relativitätstheorie vertraut machte, und die Patres Robert Pelton und John Dunne, die mir eine intensive Beschäftigung mit Geometrie und Theologie ermöglichten.

Mein Doktorvater an der Universität von Kalifornien in Berkeley, Professor Shiing-Shen Chern, und mein Geometrielehrer Nicolaas Kuiper ermutigten mich bei meiner Arbeit zur Geometrie polyedrischer Flächen in höheren Dimensionen. Als Benjamin Peirce Instructor in Harvard hatte ich erstmals Gelegenheit, über die vierte Dimension zu unterrichten. Viel verdanke ich hier meinem Kontakt mit William Reimann und William Wainwright am Carpenter Center für Bildende Künste und meinen Freunden Edwin Moise und George Hunston Williams.

An der Brown-Universität danke ich besonders Charles Strauss, meinem Mitstreiter über mehr als zwölf Jahre in Computergraphik und Geometrie, sowie Harold Weber, der den ersten Trick zur Darstellung vierdimensionaler Objekte in Echtzeit entwickelte. Viele Kollegen an der Brown-Universität haben unmittelbar zur Entwicklung der Ideen dieses Buches beigetragen, darunter Fred Bisshopp und Philip Davis (Angewandte Mathematik), Hunter Dupree (Geschichte), Richard Fishman (Kunst), Richard Gould (Anthropologie), Peter Heywood (Biologie), John Hughes (Mathematik), Hüseyin Koçak (Angewandte Mathematik), Martha Mitchell (Archiv), Alfred Moon (Radiologie), Henry Pohlman (Mathematik), Joan Richards (Geschichte), Karen Romer (Dekan), James Schevill (Anglistik), Gerald Shapiro (Musik), Merton Stoltz (Rektor), Julie Strandberg (Tanz), James Van Cleve (Philosophie), Andries van Dam (Computerwissenschaft), Tom Webb (Geologie) und Arnold Weinstein (vergleichende Literatur). Zu danken habe ich darüber hinaus für die stete Hilfe der Büroangestellten im Bereich Mathematik — Dale Cavanaugh, Carol Oliveira und Nathalie Johnson (sowie deren Vater). Dank auch meinen Kollegen an anderen Instituten — Antoni Raubitschek (Klassische Philologie), Joan und Erik Erikson (Psychologie) sowie John Tukey und Paul Tukey (Forschungsdatenanalyse) und den Mitgliedern der Clavius-Gruppe. Ich möchte der National Science Foundation, dem Office of Naval Research und dem Mathematical Sciences Education Board für die Unterstützung bei verschiedenen in diesem Buch beschriebenen Projekten danken. Meinen Mitarbeitern in der Geometrie – Peter Giblin, Wolfgang Kühnel, Ockle Johnson und Clint McCrory – danke ich für die Geduld, die sie mit mir hatten, während ich an diesem Buch arbeitete. Mit Dank gedenke ich besonders meiner verstorbenen Kollegen in der Geometrie – Hassler Whitney, William Pohl und Stephanie Troyer.

Künstler, die sich mit den Dimensionen beschäftigen, verweisen ausnahmslos auf die Beiträge David Brissons von der Rhode Island School of Design, der die Hypergraphics Group gründete. Ihm und den anderen Künstlern, deren Arbeiten in diesem Buch erschienen sind, danke ich herzlich: James Billmyer, Salvador Dalí, Attilio Pierelli, Lana Posner, Tony Robbin und José Yturralde. Ebenfalls danken möchte ich den Künstlern Nieves Billmyer, Harriet Brisson, Arthur Loeb, Colin Low, Michele Emmer, Charles Eames, Malcolm Grear, C. C. Beck (der das Captain-Marvel-Comic zeichnete, mit dem alles begann) und allen meinen Freunden vom Providence Art Club, besonders aber David Aldritch, William Gardner, Carlton Goff, Garvin Morris, Maxwell Mays, Raymond Parker und Thomas Sgouros. Viele Unterhaltungen mit meinen Autorenkollegen über höhere Dimensionen haben dieses Buch bereichert; zu danken habe ich hier Dionys Burger, H. S. M. Coxeter, Alexander Dewdney, Henry Thomas Dolan, Martin Gardner, Linda Dalrymple Henderson, Madeleine L'Engle und Jeff Weeks. Besondere Hilfe für dieses Projekt erhielt ich von meinen Freunden aus England – Sir Basil Blackwell, William Hallett und Terence Heard von der City of London School, Barbara Phillipson und David und Deborah Singmaster. Viele Freunde haben mir zugehört, wenn ich über die Jahre von diesem Buch geredet habe, besonders Donald Albers, Frederick Barnes, Carl Bridenbaugh, Daniel Driscoll, James Fitzwater, Ambrose Kelly, Margaret Langdon Kelly, Richter William Mackenzie, Louise Mackenzie, David Masunaga, Thomas Roberts und Allen Russell sowie während des vergangenen Jahres Peter Chase, Harold Ellsworth, Bishop John Higgins und Robert Morehead Perry.

Für die Illustrationen, die mir von vielen Studenten zur Verfügung gestellt wurden, habe ich eine eigene Danksagung geschrieben, die all denen gilt, die zu unserer Arbeit in Geometrie und Computergraphik an der Brown-Universität beigetragen haben. Schließlich möchte ich allen Studenten danken, die in den letzten 25 Jahren an meinen Vorlesungen über die vierte Dimension teilgenommen haben, und ganz besonders denen, die bei diesen Kursen meine Assistenten waren – wie Michael Holleran, Steven McInnis, Lindley Gifford, David Pinchbeck, Brandt Goldstein, David Goldsmith, Anne Morgan, Michael Chorost, Ilise Lombardo und Eric Chaikin – oder derzeit sind – David Burrowes und Matthew Salbenblatt. Sie werden viele ihrer eigenen Ideen in diesem Buch wiedererkennen.

Danksagung für Illustrationen

Einer ganzen Reihe von Einzelpersonen und Gruppen verdanke ich die vielen Illustrationen dieses Buches.

Nicholas Thompson hat als Student der Brown-Universität in Zusammenarbeit mit Robert Batchelder, Greg Berghorn, Robert Gordon und mir in einem zweijährigen Projekt bei der Prime Computer Inc. die Computerbilder 1.4, 6.20, 6.23, 6.24, 7.17, 7.18, 7.20, 7.21 und 7.23 bis 7.27 sowie 8.22 und 8.23 erzeugt; das Programm lief auf einer Prime PXCL 5500 Workstation. Die computererzeugten Kleinschen Flaschen in den Bildern 1.8, 9.22 und 9.23 hat ebenfalls Nicholas Thompson mit der Prime Workstation erstellt, wobei er einer Gestaltungsidee von David Salesin folgte.

Die computererzeugten Bilder 6.21, 7.5, 8.18 und 8.24 entstanden im Rahmen eines gemeinsamen Projekts in Zusammenarbeit mit zwei Kollegen aus der Angewandten Mathematik, Hüseyin Koçak und Fred Bisshopp, und zwei Doktoranden, David Laidlaw und David Margolis. Die Bilder wurden auf einem Lexidata Solidview Computer unter Verwendung von an der Brown-Universität entwickelter Software erzeugt.

Die Computerbilder 3.28, 3.29, 3.31 bis 3.34, 7.16, 7.19, 7.22 und 9.11 wurden mit dem Computerprogramm Vector erstellt, einem interaktiven Programm, das von Rashid Ahmad entwickelt und von Jeff Achter, Cassidy Curtis, Curtis Hendricksen, Greg Siegle und Matthew Stone vervollständigt wurde. Das Programm läuft auf einer SUN Workstation.

Die Sierpiński-Dreiecke (Abbildung 2.28) wurden unter Verwendung eines impliziten Funktionenprogramms erzeugt. Das Programm wurde von Kevin Pickhardt und Steven Ritter entwickelt, von Trey Matteson modifiziert und von Edward Chang zum Laufen gebracht.

Von den vielen Studenten, deren frühere Arbeiten als Grundlage für die neueren Programme dienten, möchte ich hier einige nennen: Andrew Astor, Timothy Kay, Edward Grove, Richard Hawkes, Robert Shapire, Kathleen Curry, Richard Schwartz, Paul Strauss, Steve Feiner und Scott Draves.

Schließlich hat Davide Cervone als Doktorand der Mathematik an der Brown-Universität nahezu alle Linienzeichnungen unter Verwendung von „Aldus Freehand" auf einem Macintosh II ausgeführt. Die Graphiken im dritten und vierten Kapitel wurden von Nicholas Thompson erzeugt.

Index

Originaltitel: Beyond the Third Dimension
Aus dem Amerikanischen übersetzt von Susanne Krömker

Die Deutsche Bibliothek — CIP-Einheitsaufnahme:

Banchoff, Thomas F.:
Dimensionen : Figuren und Körper in geometrischen Räumen /
Thomas F. Banchoff.
[Aus d. Amerikan. übers. von Susanne Krömker.] —
  (Spektrum-Bibliothek ; Bd. 31)
  Einheitssacht.: Beyond the third dimension ⟨dt.⟩
  ISBN 3-89330-817-2
NE: GT

Amerikanische Erstausgabe bei
The Scientific American Library,
A Division of HPHLP, New York.
© 1990 Scientific American Library
© der deutschen Ausgabe 1991
Spektrum Akademischer Verlag GmbH
Heidelberg · Berlin · New York

Lektorat: Katharina Neuser-von Oettingen
Produktion: Karin Kern

Typographie, Umschlag- und Buchgestaltung:
Studio für Visuelle Gestaltung
Paul-Henri Wirthner, Gengenbach

Gesamtherstellung: Klambt-Druck GmbH, Speyer

Gedruckt auf säurefreiem und chlorarmem Papier